华为ICT学院指定教材

新一代信息技术系列

专家委员会主任 吕卫锋

工信知识赋能工程

华为基础软件

操作系统基础与实践

—— 基于openEuler平台

华为技术有限公司 组编

主 编 郝家胜
副主编 肖寅东 周文建 王培丞

U0377243

人民邮电出版社

北 京

图书在版编目（CIP）数据

操作系统基础与实践 : 基于 openEuler 平台 / 郝家胜主编. -- 北京 : 人民邮电出版社，2024. --（新一代信息技术系列）. -- ISBN 978-7-115-64787-0

Ⅰ. TP316

中国国家版本馆 CIP 数据核字第 2024S2F306 号

内 容 提 要

本书围绕操作系统基础、UNIX 设计思想和 openEuler 实践 3 个方面展开，并将理论知识、设计思想和应用实践紧密结合。本书内容涵盖绪论、操作系统初识、openEuler 使用入门、操作系统原理与实践、openEuler 开发环境、嵌入式操作系统开发、网络基础与管理、服务器操作系统管理，以及 openEuler 开源创新等。本书合理安排理论知识、精心设计操作实例，注重有机结合、循序深入，以帮助读者深入理解 Linux 优秀设计思想，灵活运用其高效系统功能，并从开源社区中更好地学习和成长。

本书适合作为高等院校计算机、自动化、电子测量等专业方向本科生和研究生学习操作系统的教材或参考书，也适合 Linux 系统开发和运维人员阅读，对从事计算机相关工作的专业人员具有参考价值。

- ◆ 主　　编　郝家胜
　　副 主 编　肖寅东　周文建　王培丞
　　责任编辑　邓昱洲
　　责任印制　马振武
- ◆ 人民邮电出版社出版发行　　北京市丰台区成寿寺路 11 号
　　邮编　100164　　电子邮件　315@ptpress.com.cn
　　网址　https://www.ptpress.com.cn
　　北京捷迅佳彩印刷有限公司印刷
- ◆ 开本：787×1092　1/16
　　印张：19　　　　　　　　　　2024 年 10 月第 1 版
　　字数：443 千字　　　　　　　2025 年 5 月北京第 3 次印刷

定价：79.80 元

读者服务热线：**(010)81055410**　印装质量热线：**(010)81055316**
反盗版热线：**(010)81055315**

当下，信息技术的浪潮正以惊人的速度重塑着全球社会经济的版图。云计算、大数据、人工智能、物联网等新一代信息技术不断涌现，推动产业结构经历深刻的变革。在这场技术革命中，基础软件扮演着至关重要的角色，它不仅是信息系统的基石，更是技术创新的源泉和信息安全的守护者。

回首数十年来我国基础软件的发展历程，国家在这一领域倾注了大量资源。得益于国家科技重大专项和政策的有力支持，我国的基础软件实现了迅猛发展，步入了快车道。国产软件阵营蔚为壮观，操作系统、数据库管理系统、中间件等核心领域硕果累累，不仅在国内市场占据了一席之地，更在多个关键领域跻身国际先进行列。随着开源生态的逐步繁荣，我国也积极响应，拥抱开源生态建设。我们目睹了 openEuler、OpenHarmony 等国产操作系统的蓬勃发展，见证了 MindSpore 人工智能框架的突破性创新，以及 Ascend C 编程语言的闪亮登场。在华为等科技企业和广大开发者的共同努力下，基础软件在开源生态蓬勃发展的推动下取得了更大的成就。这些成就是我国基础软件实力的有力证明，也是自主创新能力的生动展示。它们不仅彰显了我国在全球化技术竞争中的坚定立场，更体现了对技术自主权的坚守与对自主创新的决心。

在全球化的技术竞争中，自主创新是我们的必由之路，开源生态建设是关键一环。开源生态支持多元化的技术体系和发展路径，有助于形成多样化的产业生态系统，满足不同行业和领域的需求；推动了技术和接口的标准化，使得不同软件之间能够更容易地实现互操作和集成；促使资源共享，减少了重复开发和资源浪费，提高了资源的利用效率。因此，未来基础软件的发展离不开开源生态的建设。

当前，在核心技术、产业生态和国际标准制定上，我国的基础软件与国际先进水平仍有一定的差距。我们必须深化对基础软件的认识，加大研发投入，更加积极地拥抱开源生态建设，培育卓越人才，以确保在科技革命和产业变革中占据有利地位。当下，各大高校正在构建相关课程体系，强化理论与实践结合，建立先进的基础软件实验室，通过校企合作，推动学术与产业的融合，致力于培养具有国际视野的高水平基础软件人才。

由此，我们精心编撰了这一丛书，以响应国家对基础软件国产化替代的战略需求，为信息技术行业的人才培养提供有力的知识支持。本丛书以国产基础软件为核心，全面覆盖操作系统、数据库、编程语言、人工智能等关键技术领域，深入剖析基础软件的发展历程、核心技术、应用案例及未来趋势，力图构建多维度、立体化的知识架构，为读者提供全方位的视角。

本丛书在内容布局上，注重系统性与实用性的结合，侧重于培养读者的实践能力和创新思维。我们不仅深入探讨基础软件的理论基础与技术原理，更通过丰富的实际案例与应用场景，展示华为等企业在该领域的最新成果与创新实践，引导读者将理论知识转化为解决实际问题的能力。本丛书的编撰团队由国内一流院校的教师和业界资深专家组成，他们深厚的学术背景和丰富的实践经验，为丛书内容的权威性和实用性提供了坚实保障。

我们期望通过这套丛书，传播国产基础软件的先进理念与优秀成果，激发广大师生与从业人员的使命感，鼓励他们投身于我国基础软件国产化的创新征程。我们坚信，唯有汇聚全社会的智慧与力量，持续推动创新，才能实现我国基础软件的自主可控与高质量发展。让我们携手并进，共同推动新一代信息技术的繁荣发展，助力我国从信息技术大国迈向信息技术强国。

北京航空航天大学副校长　吕卫锋

培养基础软件人才 助力软件行业根深叶茂

当下，AI 创新风起云涌，大模型"百花齐放"，云计算步入"黄金时代"……我们看到，以人工智能、云计算、大数据等为代表的新一代信息技术加速突破应用，推动社会生产方式变革、创造人类生活新空间。基础软件作为新一代信息技术的底座，为信息产业和数字经济的发展提供了强有力的支撑，它不仅是各种应用软件运行的平台，还承载着数据处理、网络通信、系统安全等核心功能。一个强大、稳定、高效的基础软件体系，能够确保整个信息产业和数字经济的顺畅运行，为各种创新应用提供坚实的土壤。因此，基础软件技术也被称为"根技术"。

为构筑软件行业的根基，华为与全球伙伴一起，围绕鲲鹏、昇腾、欧拉、CANN、昇思等产品，构建数字基础设施生态，打造数字世界的算力底座。同时，华为秉持包容、公平、开放、团结和可持续的理念，与开发者共建世界级开源社区，加速软件创新和共享生态繁荣。

人才是高科技产业的关键资源。基础软件作为底层技术，通用性和专业性更强，因此需要更多对操作系统领域有深入研究、有自主创新能力的人才。

在 ICT 人才培养方面，华为已沉淀了 30 多年的丰富经验。华为将这些在 ICT 行业中摸爬滚打积累而来的经验、技术、人才培养标准贡献出来，联合教育主管部门、高等院校、培训机构和合作伙伴等各方生态角色，通过建设人才联盟、融入人才标准、提升人才能力、传播人才价值，构建良性 ICT 人才生态，从而促进科技进步、产业繁荣，助推社会可持续发展。

为培养高校 ICT 人才，从 2013 年起，华为携手全球高校共建华为 ICT 学院。这一校企合作项目通过提供完善的课程体系，搭建线上学习和实验平台，培养师资力量，携手高校培养创新型和应用型人才；同时通过例行发布 ICT 人才白皮书，举办华为 ICT 大赛、华为 ICT 人才双选会等，营造人才成长的良好环境和通路，促进人才培养良性循环。

教材是知识传递、人才培养的重要载体，华为通过校企合作模式出版教材，助力高校人才培养模式改革，推动 ICT 人才快速成长。为培养基础软件人才，华为聚合技术专家、高校教师等，倾心打造华为 ICT 学院教材。本丛书聚焦华为基础软件，内容覆盖 OpenHarmony、openEuler、MindSpore、Ascend C 等基础软件技术方向，系统梳理和融合前沿基础软件技术；包含大量基于真实工作场景编写的行业实际案例，理实结合；将知识条理清晰、由浅入深地拆解分析，逻辑严谨；配套丰富的学习资源，包括源代码、实验手册、在线课程、测试题等，利于学习。本丛书既适合作为高等院校相关课程的教材，也适合作为参与相关技术方向华为认证考试的参考书，还适合计算机爱好者用以学习和探索基础软件的开发和应用。

智能化的大潮正在奔涌而来，未来智能世界充满机遇和挑战。同学们，请在基础软件的知识海洋中遨游，完成知识积累，拓展实践能力，提升软件技能，为未来职场蓄力。华为也期待与你们携手，共同打造根深叶茂的操作系统基座和开源生态系统，为促进基础软件根技术生态发展、实现科技创新、促进数字经济高速增长贡献力量。

华为 ICT 战略与业务发展部总裁　彭红华

随着 ICT（Information and Communication Technology，信息通信技术）与"云边端"技术的迅猛发展，操作系统作为基础软件在各行各业扮演着越来越重要的角色。为满足广大读者学习当代操作系统基础知识和应用技能的需求，我们基于产教融合教学改革的优秀成果编写了本书。

本书注重理论知识、设计思想与应用实践的紧密结合，精简组织必要的理论基础知识，力求化繁为简；精心设计经典的实践案例，力求画龙点睛；"分而治之"的设计思想贯穿全书。全书共 9 章，分别介绍了操作系统发展、操作系统初识、openEuler 使用入门、操作系统原理与实践、openEuler 开发环境、嵌入式操作系统开发、网络基础与管理、服务器操作系统管理，以及 openEuler 开源创新等内容，并提供文件系统操作、进程监控与进程管理、Shell 脚本编程、my-utils 跨平台构建、嵌入式开发环境构建、创建 VLAN、配置 firewalld、WordPress 建站等应用案例。本书将这些知识有机地联系起来，用案例来诠释相关设计思想和理论知识，以期帮助读者学以致用、格物致知。

本书选择 openEuler 作为实践环境。openEuler 是对 Linux 操作系统的创新和发展，在内核和应用上都体现了 ICT 与"云边端"时代操作系统的新型特征，在使用上则兼容其他 Linux 操作系统。作为面向数字基础设施的新一代开源操作系统，它支持服务器、云计算、边缘计算、嵌入式等应用场景，有利于推动多样性计算、促进生态繁荣、加速技术创新，对人工智能与物联网领域新型创新人才的培养具有重要的意义。

本书具有两个突出特色，可帮助读者深入理解 Linux 的优秀设计思想，并灵活运用其高效的系统功能。一是致力于将操作系统的基本原理、经典设计原则与实际应用相结合。通过讲述 Linux 操作系统基本原理和 UNIX "分而治之"的设计哲学（例如"只做一件事，并做到极致"等），帮助读者深入理解 wc、sort、find、Vim、grep、sed、gawk、管道、重定向等经典 UNIX 工具和机制，做到"知其所以然"并灵活运用。即使对于日志管理等系统维护方面的内容，本书也深入分析了 Rsyslog 等软件的优秀设计逻辑。二是基于 openEuler 操作系统，提供了丰富的实用案例，涉及系统日常使用、文本流处理、应用开发、嵌入式 Linux 开发、网络配置、系统安全等内容，可帮助读者快速掌握和灵活运用 Linux 操作系统。

本书的编写团队由具有丰富教学经验和深厚工程背景的教师组成。团队成员均具有长达近 30 年的 UNIX 类操作系统开发经验，近年来支持并完成了机器人系统、虚拟仪器等多项嵌入式 Linux 应用科研课题，以及教育部产学合作协同育人项目、教育部-华为"智能基座"合作课程等项目。但由于编者水平所限，书中难免存在错误或疏漏之处，恳请读者批评指正。

感谢华为公司提供优质的产教融合资源，赵小虎、杨磊、李洋等众多工程师提供了 openEuler 相关资料与技术支持，并在本书的撰写过程中提出了非常详尽的意见和建议。感谢张天丽、马镭、汪洋等研究生在图表制作和文字校对等工作上的贡献。

希望本书能够成为读者学习和应用 openEuler 操作系统的"良师益友"，帮助读者在 ICT 与"云边端"时代的深造和实践创新中打下坚实的基础。

编者

2024 年 8 月

目　录

第1章
绪论

学习目标

① 了解操作系统的基本功能和对行业的影响
② 了解操作系统发展的基本脉络

③ 了解 openEuler 操作系统的历史与现状

1.1 操作系统与 ICT 时代

OS（Operating System，操作系统）的发展与 ICT 时代存在着密切的关系。操作系统作为最重要的基础软件，直接影响数字基础设施发展的水平，已成为 ICT 时代产业发展的重要基石，并对 ICT 时代的演进产生深刻影响。

操作系统是计算机的系统软件，它像一个大管家一样管理和控制计算机的各种硬件和软件资源，为应用程序提供通用的计算平台，并为用户提供操作界面。操作系统是计算机系统和应用程序的中介，负责协调和分配各种资源，以保障计算机系统高效、可靠和安全地运行。例如，在台式计算机、笔记本电脑等 PC（Personal Computer，个人计算机）中，Microsoft Windows就是一种非常流行的操作系统。它支持磁盘、显卡、声卡、网卡多种硬件设备，提供文件系统、网络连接等系统服务和管理工具，以及易于使用的用户界面。此外，在含有电子设备的各种产品中，如手机、汽车、飞机等，也运行着操作系统。

如今，在以信息技术和通信技术为主旋律的 ICT 时代，大数据、人工智能和物联网等应用高速增长，现有计算系统的能力和规模面临严峻挑战。一方面，CPU、GPU、TPU、NPU 等多种不同体系的新型芯片不断涌现，计算系统呈现出体系结构、性能规模等硬件的多样性，如高性能服务器、AI 边缘设备和低功耗的嵌入式系统等；另一方面，云边端协同、万物互联等新型计算架构和人工智能赋能的新型计算业务不断迭代，计算系统呈现出资源调度、服务架构等场景的多样性，如云原生计算、多核并发和智能交互等。ICT 时代呈现的这些复杂变化，对操作系统提出了全新的要求。

操作系统的重要性使得各企业、高校、研究所都投入了大量精力来研究它、使用它，使操作系统成为 ICT 时代的基础设施。万丈高楼平地起，本章将简要介绍操作系统的起源和发展。

1.2 操作系统起源

计算机刚出现时，为了管理计算机具备的资源，为程序员提供一个可以快速开发程序的环境，业界涌现出了很多操作系统，包括 IBM OS/360、DEC VMS、MS-DOS 等。经过漫长的演进，目前的操作系统主要包含两个系列：一是从 MS-DOS 发展过来的 Windows 操作系统；二是以 UNIX 为基础的各类操作系统，如开源的 Linux、BSD，为便携设备设计的 Android、macOS、iOS 等移动操作系统，这些操作系统均符合 POSIX（Portable Operating System Interface，可移植操作系统接口）协议要求，可统称为 UNIX 类操作系统。

1.2.1 Multics 项目

1965 年，美国麻省理工学院和通用电气公司、贝尔实验室共同参与 Multics（Multiplexed Information and Computing Service）项目，旨在开发一套能运行在 GE-645 等大型主机上的多用户、多任务分时操作系统。这些参与者是当时全球领先的研究机构和企业，通用电气公司具有设计和生产全新硬件的能力，能够更好地支持分时和多用户体系计算机；贝尔实验室则是业界著名的研究机构，且在 20 世纪 50 年代就打造了自己的操作系统。但 Multics 的过度设计导致其太过复杂，开发周期长、成本高昂，并且由于系统庞大且运行缓慢，不被市场看好，于 1969 年宣告失败。尽管 Multics 项目失败了，但它对后续操作系统的发展产生了深远影响。

1.2.2 UNIX 诞生

1969 年，贝尔实验室退出 Multics 项目后，项目组成员肯·汤普森（Ken Thompson）在闲置的 DEC PDP-7 小型机上写了一个叫"太空旅行"的游戏，并沉溺其中。然后，他发现只需要再编写 3 个程序，就可为 PDP-7 提供一个完整的操作系统。汤普森利用妻子带孩子度假的 3 周时间，用汇编语言实现了这个大胆的想法。这 3 个程序分别是一个用来创建代码的编辑器，一个将代码转换为机器可运行文件的汇编器，以及一个包含执行调用功能、Shell 交互程序的"内核外层"。这个新的操作系统吸取了 Multics 的失败教训，设计非常简单精巧，受到丹尼斯·里奇（Dennis Ritchie）等人的关注，很快就有了一小群用户。

这个新的操作系统被命名为 UNICS（UNiplexed Information and Computing Service），表示它提供的是"毫不复杂的信息与计算服务"，以突出与 Multics 完全不同的设计思想。UNICS 吸引了贝尔实验室的一群天才程序员，他们不断提升 UNICS 的功能，添加新的工具。不久之后，这个年轻的多用户、多任务操作系统改名为 UNIX。

UNIX 的第 1 版于 1971 年 11 月发布，附带了 Fortran 编译器。许多被沿用至今的经典小程序也都有了雏形，如 ar、cat、chmod、chown、cp、dc、ed、find、ln、ls、mail、mkdir、mv、rm、sh、su 和 who 等。由于具备优秀的特性，UNIX 在发布初期，就得到迅速传播。

此外，由于汇编语言限制了 UNIX 的功能扩展和应用传播，汤普森和里奇决定使用 BCPL（Basic Combined Programming Language，基本组合编程语言）进行开发。在开发过程中，他们对 BCPL 做了进一步的改进，推出了 B（取 BCPL 中的第一个字母）语言，后来发现使用 B 语言还是无法达到预期要求。随后，里奇和布莱恩·柯林汉（Brian Kernighan）在 B 语言的基础上重新设计了一种新语言，支持丰富的数据类型和大量运算符的编程语言。这种新语言较 B 语言有质的飞跃，被命名为 C 语言。1973 年，C 语言基本成型，UNIX 也完成了用 C 语言的重写，功能稳定且具有良好的可移植性和可维护性，为 UNIX 的进一步推广和普及奠定了坚实的基础。

像所有起步工作一样，UNIX 的早期开发也遇到了各种各样的困难，起初它运行在 PDP-7 这样的"旧设备"上，在那个以大型机器为主的年代，小型机器可做的事情非常有限，而且贝尔实验室高层并没有对操作系统开发表现出过多兴趣，造成 UNIX 的开发者们"无机可用"。当然，历史的巧合总是相似的，机遇出现了。当时，贝尔实验室需要申请大量专利，编写具有行号标注需求的文档使得专利申请团队非常痛苦。因此，贝尔实验室同意购置性能一般的 PDP-11 用于准备专利申请材料，UNIX 小组负责编写所需的程序。UNIX 就这样作为专利申请文档工具成功地"存活"了下来。这个专利排版工具就是 Nroff，后来广泛应用于各类 UNIX 操作系统，并对后续的文档排版系统产生了深远的影响。图 1.1 所示为肯·汤普森和丹尼斯·里奇在 PDP-11 上运行早期的 UNIX。

图 1.1　肯·汤普森和丹尼斯·里奇在 PDP-11 上运行早期的 UNIX

当 UNIX 发展到第 6 版时，这个系统已经成为广泛应用的通用、多用户、交互式操作系统。该系统核心特色在于其分层设计的可拆卸文件系统，具有高度兼容性的文件、设备输入输出接口。同时，它还支持 100 多个子系统和十几种语言。UNIX 借助可移植的 C 语言获得了在多种机器之间移植的能力，这一能力对操作系统的发展非常重要。当时的形势和现在的不同，计算机行业远没有现在发达，也没有形成垄断性的商业机构，不同公司设计的计算机使用的硬件各不相同，操作方式也百花齐放。程序员需要为每种计算机编写不同的程序来适应不同硬件各自的特点，非常痛苦。而操作系统提供了统一的可移植接口，使编写程序的过程大大简化，"拯救"了广大计算机程序设计人员，为后来计算机行业的发展奠定了基础。

1.3 操作系统发展

操作系统的发展按照用户界面划分大致可分为 3 个时期。第一个时期是以控制台为代表的字符时期，控制台最开始是由显示屏和键盘构成的机器，人们通过它访问计算机，看到的界面是由字符构成的，没有图形元素；第二个时期是以 Windows 等操作系统为代表的图形化桌面时期，这个时期的计算机操作系统普遍具有图形化桌面，此时的计算机因为简单的操作、强大的功能走入了千家万户、各个行业；第三个时期是以万物互联为特征的 ICT 时代，此时操作系统具有形态各异的用户界面，用户可通过设备互联的方式使用操作系统。

1.3.1 UNIX 的繁荣与版权困境

早期 UNIX 在全世界范围内的推广方式与后来的开源社区有着异曲同工之妙，当时 AT&T 公司和高校签署了商业保密协议，高校通过支付象征性的"许可费"就能够获取该系统的源码。很多高校对其展开了深入研究，自由地对其进行分析和改进，相互交流意见和成果，由此促进了 UNIX 的发展。UNIX 家族如图 1.2 所示。

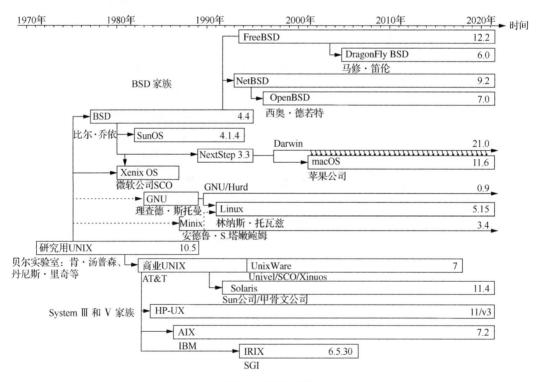

图 1.2 UNIX 家族

UNIX 的发展速度超乎想象，用户群体在世界各地涌现，并出现了许多重大技术革新。开源社区还建立了 USENIX 这样的 UNIX 用户组，针对许多主题开展会议演讲并推出教程，大大促进了 UNIX 的传播。当然，这种推广模式也为后来的版权之争埋下了隐患。

BSD（Berkeley Software Distribution，伯克利软件套件）又称为 Berkeley UNIX，诞生于

加利福尼亚大学伯克利分校，它以完整源码的形式发布。作为"UNIX 家族"举足轻重的一个分支，为 UNIX 的发展做出了重要贡献，如 UNIX V5 中包含 TCP/IP（Transmission Control Protocol/Internet Protocol，传输控制协议/互联网协议）堆栈等最初由 BSD 编写的大量代码。BSD 还有一个不那么有名的解释"Because Sleep is Dumb"。因为早期的 BSD 开发者们经常在伯克利分校的计算机实验室里通宵达旦地工作，这种作息导致很多人都开玩笑地说"BSD 是在夜间开发的"。这也反映了开发者们对于创造和探索的热情，以及他们对技术的投入。

从 1979 年的 V7 版本开始，UNIX 的许可证开始禁止高校使用 UNIX 源码，包括在课堂中学习。如果想要继续使用，就要支付价格不菲的费用获得授权。1984 年 AT&T 公司分解后，终于放弃了"垄断"，立即将 UNIX 进行商业化。到了 20 世纪 80 年代后期，UNIX 日益流行，AT&T 公司将许可费从最初的 99 美元稳步提高到 250000 美元。

UNIX 在发展过程中逐步形成了两大流派：AT&T 公司的商业化闭源 UNIX 版本和 BSD 的开源系列。这种格局在 20 世纪 90 年代初期达到极盛，不同的 UNIX 版本有 100 多种，其中包括 SunOS、IBM AIX、HP-UX、Xenix OS、Solaris 等，这些变种均基于 UNIX 开源版本派生而来，多发展为闭源的商业版。

20 世纪 90 年代初期，伯克利分校的 CSRG（Computer Systems Research Group，计算机系统研究组）创立了 BSDi 公司，销售自己的 BSD 发行版，这无疑触动了 UNIX 版权持有者的商业利益，从而引发了一场"专利战争"。1992 年，UNIX 的版权持有者 AT&T 公司起诉了 BSDi 公司，指控他们将 UNIX 的代码与 BSD 的代码混合使用，侵犯了 AT&T 公司的 UNIX 版权。这场诉讼持续了多年，最终于 1994 年结案。解决方案包括从 BSD 代码中移除涉及 UNIX 的部分，并支付 AT&T 公司提出的赔偿诉求。从此之后，BSD 就成了一个完全重新编写的操作系统。

UNIX 的版权争议一直存在并发酵，SCO（Santa Cruz Operation）公司通过购入 Novell 公司（贝尔实验室的合作方）间接获取了部分 UNIX 版权，2003 年该公司起诉 IBM，声称 IBM 将 SCO 的 UNIX 代码非法插入了 Linux 操作系统，并通过这种方式削弱了 SCO UNIX 的市场份额，要求 IBM 支付 50 亿美元的侵权赔偿。当时，若 SCO 公司胜诉则可认定该公司拥有对 UNIX 的版权，IBM 自有的 AIX、Sun 公司的 Solaris 等一系列操作系统均会受到影响。这场"专利战争"持续了 7 年之久，诉讼期间这个问题引发了广泛的关注和讨论，直到 2010 年才以 SCO 公司败诉而结束。值得一提的是，这场"专利战争"对开源软件运动产生了重要影响，它不仅提高了当时刚诞生的 Linux 操作系统（一种开源 UNIX 变种）的法律地位，还为 Linux 的快速发展提供了重要的历史时机。

> BSD 开创了现代计算机的潮流。伯克利分校的 UNIX 率先包含库，以支持互联网协议栈（Stack）、伯克利套接字（Socket）。通过将套接字与 UNIX 操作系统的文件描述符相整合，库用户可以通过计算机网络读写数据，跟直接在硬盘上操作数据一样容易。

1.3.2　桌面操作系统的崛起

随着微处理器的发展和个人计算机的问世，新型的桌面操作系统出现并迅速发展。若字符时期的计算机还是专业人士独享的"玩具"，那么图形化桌面时期的计算机则成为人们工作、生活必不可少的部分。形成这一局面的原因，除了制造商将硬件成本不断降低，快捷、操作方便的操作系统是更重要的"功臣"。

1984 年，苹果公司推出了非常成功的一代计算机 Macintosh，它上面运行的 Macintosh System 1（见图 1.3）具有便捷的图形化功能，支持窗口显示、鼠标操作、文件夹访问和拖放等功能，使它成为当时风靡一时的计算机。可以说正是这台计算机的问世和推广开启了计算机的图形化桌面时代。macOS 借鉴了部分 BSD 代码，仍可视为 UNIX 操作系统的延续。不过，苹果公司一贯的封闭特点，使其操作系统不兼容其他厂商的硬件，仅在平面设计、音视频制作等专业领域内使用。当今，macOS 仍是非常受欢迎的桌面操作系统之一，它具有非常高的稳定性和安全性，以及独特的用户界面和设计风格。macOS 具备出色的设备兼容性，提供广泛的应用程序支持，以及与 iCloud 等多种应用服务的无缝集成。

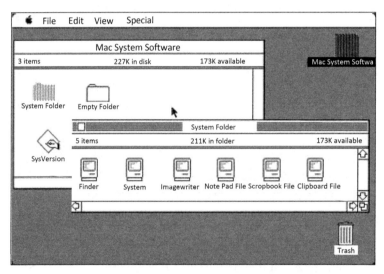

图 1.3 苹果 Macintosh System 1 的 GUI

1985 年，微软公司发布了 1.0 版本的 Windows，将兼容 IBM 个人计算机的操作系统带入图形化桌面时代。Windows 3.1 的 GUI 如图 1.4 所示。Windows 提供操作简便的图形化界面、优秀的游戏和多媒体体验，受到了企业和个人用户的青睐，迅速成长为桌面操作系统领域当之无愧的"霸主"，直至今天。1.0 版本的 Windows 并没有得到广泛应用，微软公司快速对界面和功能进行了改进和扩展，陆续推出了一系列版本。1995 年，微软公司发布了划时代的 Windows 95，其具有更加稳定和成熟的系统架构，以及更多实用的功能和工具，如 Internet Explorer、MSN Messenger 等。2001 年，微软公司发布了 Windows XP，这是 Windows 发展史上非常经典的一个版本，是个人计算机的里程碑。Windows 10 是目前全球最受欢迎的桌面操作系统之一，它拥有强大的功能和广泛的应用范围，包括对各种设备的支持、AI（Artificial Intelligence，人工智能）助手、云服务、虚拟化技术，以及更好的游戏和多媒体体验等。微软公司在 2021 年发布了最新一代操作系统 Windows 11，在底层架构、系统功能和安全性等方面进行了优化和增强，但稳定性和兼容性还有待提升。

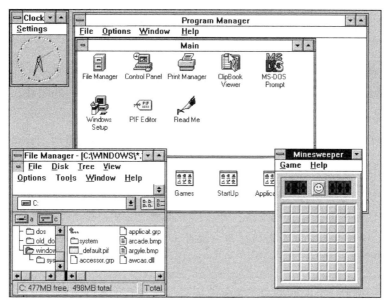

图 1.4　Windows 3.1 的 GUI

1.3.3　GNU/Linux 的开源创新

GNU/Linux 的蓬勃发展也是 UNIX 的涅槃重生。到了 20 世纪 80 年代，几乎所有的软件都是专属软件，这意味用户必须付费才能使用，并且无法对软件进行修复和扩展，在技术层面阻碍了 UNIX 的应用和发展。

一些黑客程序员发起了开源运动，迎来了操作系统的开源创新与发展新模式。在这个过程中，有两个里程碑式的开源项目起到了至关重要的作用，一个是 BSD 项目，另一个是 GNU 项目。

BSD 项目发起于加利福尼亚大学伯克利分校。在这个以自由著称的学校，校友肯·汤普森创造并带回了 UNIX，他的在校研究生学弟比尔·乔伊（Bill Joy）在 1977 年编译了第一版 BSD。BSD 开启了开放源码的传统，每一个发行版包含每个部分的完整源码。BSD 在 1989 年对所有人开放了操作系统网络部的源码，这是早期开源运动的重要里程碑之一，推动了 BSD 家族的发展和广泛应用，并对后来的开源软件运动产生了深远影响。

在 1999 年的 DEF CON 黑客大会上，OpenBSD 的创始人西奥·德若特（Theo de Raadt）公开讨论了微软公司的后门程序 Back Orifice 2000，并对其进行了严厉批评。作为回应，他承诺将在 OpenBSD 操作系统中加入对抗后门程序的安全措施。这个事件引起了广泛关注，OpenBSD 因此成了安全性和反后门的代名词之一。操作系统安全越来越受到人们的重视，开源也成为操作系统业界应对此类信任危机的一个重要手段。

GNU 项目是由理查德·斯托曼（Richard Stallman）于 1983 年发起的一个免费的软件项目，旨在开发出一个完整的 UNIX 类操作系统，其源码能够不受限制地被修改和传播。为了支持 GNU 项目，理查德·斯托曼还创立了自由软件基金会（Free Software Foundation），专门用于资助开源软件社区的发展。到了 1990 年，GNU 项目已经开发出了一个包含 UNIX 操作系统的所有主要部件的环境，包括编译器、编辑器、调试器等必要的部件，但还缺乏一个可用的内核。

GNU/Linux 是开源创新模式下诞生的一个新型操作系统。1991 年，一个叫林纳斯·托瓦兹（Linus Torvalds）的计算机专业的学生编写了一个命名为"linux"的内核，将其免费发布在互联网上。这个内核与 GNU 项目已经开发的软件组成了一个新的操作系统，即 GNU/Linux，通常直接简称为 Linux。这个操作系统使用 GNU GPL（General Public License，通用公共许可证），授权任何人都可修改、发布和使用，这一特性使得该操作系统随着互联网的发展快速传播，并形成了一个庞大的开源社区。

> GNU 项目已经取得了优秀的成绩，却常常被忽略。GNU 项目的成功在于其提供了一套完整的工具链，使开发者可以自由地使用、修改和分发软件，从而推动了开源软件和自由软件运动的发展。

在开源社区的推动下，人们围绕 Linux 内核创作了多个优秀的发行版，如最初的 Slackware Linux、大名鼎鼎的 Debian、Red Hat Linux 等。这些发行版将各种应用程序和 Linux 内核打包在一起，为用户提供了非常方便的安装、升级等管理手段，极大加快了 Linux 的推广。除了开源软件采购和许可成本低的优势外，庞大的社区和用户群体使得软件的安全性、可信度和稳定性都得到了较好的保证，厂商还可根据自己的业务要求对软件进行定制和优化，提高系统的性能和适应性。正因如此，华为、谷歌、IBM、英特尔等许多国内外企业都投入了大量人力、物力资助自由软件基金会，这些贡献支撑了开源软件行业的蓬勃发展。

1.3.4 ICT 时代操作系统的兴起

在 ICT 时代，用户可通过各种互联手段使用操作系统，从人们天天用的手机、工厂中的机器人、各种设备上的传感器，到服务器上的云容器，都运行着操作系统，可以说有计算的地方就有操作系统。操作系统无时无刻不在默默地为人们管理着他们的各种资产和设备。

（1）移动计算操作系统

21 世纪初，非常火热的行业当属手机行业，自从苹果公司在 2007 年推出第一代 iPhone（见图 1.5）以后，这种具有多点大尺寸触控功能、快速稳健的网络能力、丰富多彩的应用生态，并能提供丝滑流畅操作体验的手机迅速风靡世界。这种拥有操作系统，可自由安装、卸载应用程序的手机被人们亲切地称为智能手机，iPhone 的出现促使智能手机迅速普及，开启了移动计算的新时代，也为操作系统带来了新的发展。

图 1.5 苹果公司发布的 iPhone 智能手机

在 iPhone 推出之前，移动设备上已经存在一系列操作系统，例如 Palm 公司的 Palm OS、微软公司的 Windows Mobile、诺基亚公司的 Symbian 等。这些操作系统的设计目的是管理好手机上的各类资源，为用户提供的应用程序相对比较简单。而 iPhone 搭载的 iOS 在用户界面、应用程序生态环境和性能方面取得了巨大进步，一举成为当时最流行的智能手机操作系统。iOS 带来了绝佳的用户体验，操作非常直观，且手机上的动画效果流畅，用户在轻松上手的同时还可享受无缝切换体验；此外，苹果公司为 iOS 打造了一个庞大的应用程序生态环境，用户可通过手机提供的应用程序商店下载、安装数以万计的高质量应用程序，这些应用程序经过了苹果公司严格的评估，安全性和质量均有保证。苹果公司则通过 iOS 这个操作系统进一步提供了卓越的软硬件整合能力，使得在 iOS 上运行的应用程序具有优秀的性能表现，再配合该操作系统对整体电池的控制策略，最终使得 iPhone 手机在性能、稳定性、电池寿命等各方面都具有远超对手的优势。

iPhone 出现后，智能手机进入一个新的时代，也为 UNIX 类操作系统开启了一个新的纪元。iOS 是从苹果公司的 Mac OS X 发展而来的，其源头还是之前介绍的 BSD 操作系统，但它是闭源系统，只有苹果公司生产的设备可使用该操作系统。2003 年，另一个 UNIX 类操作系统登上了历史舞台，成了后来开源移动计算操作系统的代表，它就是 Android。Android 是基于 Linux 内核开发的，该操作系统的硬件访问通过 Linux 内核完成，并为应用程序提供一个独立的基于 Java 虚拟机的环境。开发者使用 Java 调用 Android 提供的更高层接口就能编写可在手机上运行的程序，这大大简化了开发移动应用的过程。为了应对 iOS 的强大竞争，Android 进行了长期的改进以不断提升性能，在 Android 5.0 后该系统采用了 ART（Android Runtime，Android 运行时）技术，将 Java 程序预编译成可执行文件，大大加快了应用程序响应和启动速度。Android 被谷歌公司收购后得到了广泛应用，且其开放源码的特性受到了手机厂商的热烈欢迎，当前已经广泛应用于各厂商制造的手机上，成为移动计算领域的"霸主"。

（2）物联网操作系统

早在 20 世纪末，就有学者提出"万物互联"的概念，即将传感器附着在任何物体上获取物体的各类参数，监控物体的实时变化情况，达到分析、调控物体状态的目的。将所有物体都连接在一起的网络被称为物联网。为了管理这些用于检测物体状态的设备，提供快捷方便的通信能力，业界开发了具有针对性的各类操作系统。通常这些操作系统需要适应这些设备中通信方式各异、能源有限的特点，具有鲜明的特色。

物联网操作系统乃至整个物联网行业都还处于发展初期阶段，尚未形成较为稳定的生态体系。FreeRTOS 是物联网领域应用较多的操作系统之一。它实际上采用了 RTOS（Real-Time Operating System，实时操作系统）内核，并不是真正意义上的物联网操作系统。真正的物联网操作系统需要解决物与物相联，或物与云、物与人之间的交流，真正实现互联互通。

华为公司作为行业领先的通信设备厂商也推出了自己的开源物联网操作系统，如 LiteOS 和 OpenHarmony。其中 LiteOS 专注于为轻量级、高效的物联网设备提供服务，而 OpenHarmony 则旨在构建统一开放的分布式操作系统平台（见图 1.6），更注重设备之间的协同工作和互操作性。它们都被广泛用于智能家居、智慧城市、智能交通和工业互联网等领域，为万物互联和智能提供了有力支撑。

图 1.6　OpenHarmony 系统界面

（3）云操作系统

随着互联网的不断发展，为了给本地用户提供优质的计算服务，很多企业使用 CDN（Content Delivery Network，内容分发网络）等机制将服务器放置在离用户物理距离较近的数据中心。业界涌现了一批专门为这些企业提供云服务器租赁的公司，它们提供的服务被称为云服务。租赁这些云服务器的企业并不关心服务器的维护，它们仅需要租赁提供商保证 7×24h 在线的计算资源。因此，这些提供商将各种计算资源动态地售卖给租赁方，这些资源包括计算机中的 CPU（Central Processing Unit，中央处理器）/GPU（Graphics Processing Unit，图形处理单元）算力、内存容量、硬盘容量、网络带宽等。这对管理资源的操作系统提出了新的要求，使得业界出现了一批以管理云服务器为目的的云操作系统。

云操作系统也被称为云平台操作系统或云计算操作系统，是云服务平台的底层支撑与核心。云操作系统分为专有云操作系统、商业云操作系统和开源云操作系统。亚马逊等云服务提供商采用了自主研发的专有云操作系统，商业云操作系统有 VMware vSphere 和 Microsoft Azure Stack 等，开源云操作系统有 OpenStack 和 CloudStack 等。

华为公司开发了 FusionSphere 这一云操作系统，旨在为企业提供全面的云计算解决方案。它集成了虚拟化、存储、网络和管理等关键技术，提供了高效、灵活和安全的云平台。FusionSphere 主要提供高性能、高可靠的虚拟化环境，灵活可靠的分布式存储，强大的网络虚拟化能力等。这些功能专门为云计算平台提供支撑，能够灵活地调度云上的计算资源，为云租赁提供商提供了方便、快捷的云管理能力。

（4）云边端协同的新兴操作系统

ICT 时代迎来了更为复杂的计算架构，数据处理及基于数据的智能服务变得越来越重要。云边端协同是一种新的计算框架，它结合了云计算、边缘计算和终端设备的优势，以实现更高效、实时的数据处理和分析。这种协同工作的模式能够带来多种好处，如减少延迟、提高可扩展性、增强对信息的访问量，并使业务开发变得更加敏捷。

云（Cloud）：指的是传统的云计算中心节点，即云端数据中心。它负责处理全局性的、非实时的、长周期的大数据处理与分析，擅长维护、业务决策支撑等领域。

边（Edge）：指的是云计算的边缘侧，包括基础设施边缘和设备边缘。边缘计算更适合局部性、实时、短周期数据的处理与分析，能更好地支撑本地业务的实时智能化决策与执行。

端（Endpoint）：指的是终端设备，如手机、智能化电气设备、各类传感器、摄像头等。这些设备通常位于网络的边缘，可以快速收集数据并对其进行初步处理。

在云边端协同的架构中，操作系统可能分别部署在云端、边缘侧和终端设备上，各自承担着不同的角色和功能。

云端操作系统：负责管理和调度云端资源，包括计算资源、存储资源和网络资源等。它可能是一个高度虚拟化、可扩展且安全的操作系统，能够支持大规模的数据处理和分析任务。

边缘侧操作系统：针对边缘设备的特定需求进行优化，如实时性、低功耗、高可靠性等。它可能集成了边缘计算框架和中间件，以便更好地支持边缘应用的部署和运行。

终端设备操作系统：负责管理和控制终端设备的硬件和软件资源，确保设备能够正常运行，并与其他设备进行通信。它可能是一个轻量级的、易于部署和更新的操作系统，能够支持多种传感器和设备的接入。

因此，云边端协同的操作系统并不是特指某一具体产品或系统的术语，而是描述云计算、边缘计算和终端设备之间协同工作的新型操作系统框架。在这个框架下，云边端的操作系统都扮演着更为重要的角色，既要高效实现这三者之间的无缝协同，还要应对异构性、实时性、安全性等诸多要求。

云边端协同的操作系统刚刚兴起，将成为 ICT 时代的新型基础软件平台。亚马逊、阿里云、华为云和苹果 iCloud 等服务商都在其服务和产品中融入了云边端协同的理念和技术，积极探索云边端协同的操作系统生态体系。

1.4 openEuler 新生态

openEuler 新生态是指以 openEuler 操作系统为核心的开源社区、硬件和软件所组成的生态系统，致力于为云边端协同的 ICT 时代构建新一代数字基础设施。

1.4.1 openEuler 概览

openEuler 是基于 Linux 内核创新开发的全场景开源操作系统，具有多架构支持、高安全性、智能性，适用于服务器、云原生、边缘和嵌入式等多种应用场景。openEuler 由中国开放原子开源基金会主导，华为公司深度参与，致力于为开发面向新一代数字基础设施的操作系统平台。

openEuler 支持丰富的硬件架构，可形成更完善的硬件生态，主要硬件架构有广泛应用的 x86 处理器，低功耗、高性能的鲲鹏系列等 ARM 处理器，新兴的 RISC-V 处理器，LoongArch 等中国自主研发的处理器，等等。

openEuler 通过每半年发布一次创新版本，快速集成社区的最新技术成果，社区发行版通过用户的反馈反哺技术，激发社区创新活力，从而不断孵化新技术。发行版和技术孵化器互相促进、互相推动，牵引版本持续演进，openEuler 操作系统的版本管理如图 1.7 所示。

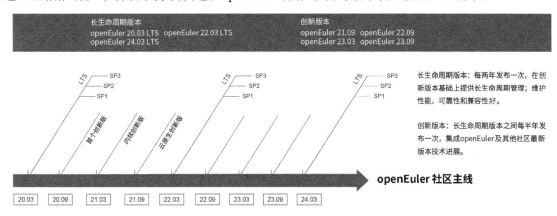

图 1.7 openEuler 操作系统的版本管理

openEuler 24.03 LTS（Long Term Support）是当前的长生命周期版本。该系统基于 Linux 6.6 内核构建，集成了分布式软总线、KubeEdge+边云协同框架等功能特性，具有优秀的数字基础设施协同能力，可为企业级用户提供安全、稳定、可靠的基础软件平台。

1.4.2　openEuler 社区

openEuler 社区是以 openEuler 操作系统开发为核心任务的开源社区，致力于通过开放的社区形式与全球的开发者共同构建一个开放、多元和架构包容的软件生态体系，孵化支持多种处理器的架构、覆盖数字基础设施全场景，推动企业数字基础设施软硬件、应用生态繁荣发展。

2010 年左右，华为开始研发 EulerOS。经过长达 10 年的研发，EulerOS 在华为内部已经成熟并大规模应用。2019 年，华为将 EulerOS 贡献到开源社区，命名为 openEuler 操作系统，与行业伙伴共同构筑共建、共享、共治的全面数字基础设施。

openEuler 社区现已成为国内最具活力的开源社区之一。自开源以来，openEuler 社区持续高速发展，其生态架构如图 1.8 所示，openEuler 社区吸引了超万名贡献者、900 多家合作伙伴，建立超过 100 个 SIG（Special Interest Group，特别兴趣组），其发展速度放眼全球都是极快的。openEuler 社区积极对接全球四大开源基金会，目前已完成 95%的项目兼容性支持。对于平台型开源软件，例如 OpenStack、KubeEdge、OpenHPC、Hadoop、Spark 等，已经实现了上游社区的原生支持，覆盖了包括云原生、大数据、分布式存储、数据库、HPC（High Performance Computing，高性能计算）等主流应用场景，让全球用户可便捷地部署、使用 openEuler。

未来，openEuler 社区将进一步与国际开源基金会展开生态合作，持续融入全球开源体系，为全球开源贡献 openEuler 的力量。

图 1.8　openEuler 生态架构

1.4.3　openEuler 软件生态

openEuler 社区与上下游生态建立连接，构建多样性的社区合作伙伴和协作模式，共同推进版本演进。中国主流的操作系统厂家麒麟软件、统信软件、普华基础软件、麒麟信安、拓林思软件等已加入 openEuler 社区，在积极参与社区事务的同时，还基于 openEuler 发布了多个商业发行版操作系统。

- 麒麟软件基于 openEuler 内核打造的银河麒麟高级服务器操作系统，可面向多核异构计算场景，应用于关键业务和数据负载。
- 普华基础软件推出基于 openEuler 的首个商业发行版——普华服务器操作系统（鲲鹏版）。
- 统信软件基于 openEuler 发布 deepinEuler V1.0，是支持鲲鹏处理器的服务器操作系统，全面支持鲲鹏处理器的新特性，并拥有优良的性能。

openEuler 社区不断组建面向场景化的 SIG，推动 openEuler 应用边界从最初的服务器场景，逐步拓展到云计算、边缘计算、嵌入式等更多场景，例如，新增了面向边缘计算的 openEuler Edge、面向嵌入式的 openEuler 嵌入式操作系统。

openEuler 致力于与广大生态伙伴、用户、开发者一起，通过联合创新、社区共建，不断增强场景化能力，最终实现同一操作系统支持多设备，应用一次开发覆盖全场景。

1.5　本章小结

本章首先介绍了 ICT 时代对操作系统的新要求，然后回顾了操作系统的起源、UNIX 的诞生和现代操作系统的发展历程，介绍了以 Linux 为代表的开源操作系统及 ICT 时代的新型操作系统，最后介绍了 openEuler 开源社区的发展及 openEuler 新型操作系统的应用场景和技术生态。如今，数字基础设施正在向万物互联的方向发展，云计算、边缘计算、嵌入式等场景成了 openEuler 的新"阵地"。与以往不同的是，这些新场景需要面对更加开放、适配多种硬件平台和架构、更注重端云协作的生态需求。

通过本章，读者可了解操作系统的起源与发展历程，认识到操作系统对于社会各行各业发展的深刻影响。在 ICT 时代的新背景下，了解并参与操作系统的开源创新具有重要的意义。

第 2 章
操作系统初识

02

学习目标

① 了解操作系统的基本组成
② 了解几种主流操作系统

③ 理解 GNU/Linux 的优秀特性
④ 了解 openEuler 的主要创新特色和开源贡献

随着 ICT 的快速发展，作为基础软件的操作系统自身也在不断创新、发展。开发者和运维者需要更好地认识操作系统的基本组成、主流操作系统和新兴操作系统的优秀特性。本章主要介绍操作系统的基本组成、主流操作系统、GNU/Linux 的优秀特性，以及 openEuler 系统架构、创新特色和开源贡献等。

2.1 操作系统的基本组成

操作系统是特殊的大型基础软件，它向下管理计算机系统中的全部硬件资源，向上为应用程序和用户提供友好、一致的抽象视图，内部构成非常复杂。本节以 UNIX 操作系统为例，介绍操作系统的基本组成。UNIX 操作系统是绝大多数操作系统架构设计的灵感源泉，因此被视作现代操作系统的"鼻祖"。UNIX 操作系统的设计出于一批天才黑客的构想，其"大道至简"的设计哲学富有启发性，值得每一位软件爱好者学习。

2.1.1 典型体系结构

UNIX 操作系统为现代操作系统设计了经典的体系结构，一般可分为 3 个主要软件层，分别是系统内核、系统调用接口和系统应用程序（即操作系统提供的管理工具等）。

如图 2.1 所示，系统内核直接管理计算机系统的全部硬件资源，通过系统调用接口向应用程序提供系统服务，并通过用户界面为用户提供抽象、一致的计算服务。UNIX 操作系统的体系结构将计算机系统中的硬件资源与系统应用程序分离，为软件开发者提供一致、可移植的系统开发接口，为终端用户提供简洁、一致的用户交互界面，因此广泛应用于大多数操作系统。

为了保证计算机系统的运行安全，UNIX 操作系统启用了系统级的安全策略，将软件运行于不同的保护层级，如图 2.2 所示。系统内核运行于内核空间，可直接访问计算机系统的内存、硬盘及各种外设等全部硬件资源，并通过系统调用接口提供系统服务；其他软件一般都运行于用户空间，必须通过访问系统服务来访问物理资源，且软件各自逻辑独立、享有虚拟的全部物理资源，确保系统资源的有效分配、应用程序的独立运行。

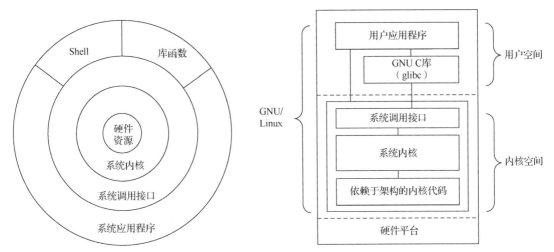

图 2.1 UNIX 操作系统的典型体系结构   图 2.2 UNIX 操作系统的层级架构

2.1.2 系统内核和系统调用接口

系统内核（简称为内核），是操作系统的核心组成部分，负责进程管理、内存管理、文件管理和设备管理等，并通过系统调用接口向应用程序提供计算机系统的基本功能。

内核的架构主要有宏内核和微内核两种。宏内核将全部的内核模块作为一个单一的内核态任务运行于同一个地址空间，内核模块之间通过函数实现调用，这种方式实现简单、运行效率高；微内核则将内核拆分为多个独立的模块分别运行于独立的地址空间，模块之间通过消息传递机制来实现服务调用，内核的扩展性好、可靠性高。微内核被视作内核的发展方向，但事实上宏内核仍被广泛采用[1]。

内核为应用程序提供系统服务的机制是系统调用。系统调用（System Call）是把应用程序的参数传给内核，请求相应的内核函数在内核里完成相应的处理，并将处理结果返回给应用程序的过程。系统调用本质上是一种过程调用，但它涉及不同权限的地址空间切换和物理设备资源使用等问题，一般通过中断机制来实现，过程非常复杂。系统调用接口明确了内核所提供的系统调用的名称、输入参数和返回值等详细信息。Windows 操作系统中的 CreateProcess、ReadFile 等，UNIX 类操作系统中的 fork、read 等，都是经常使用的系统调用接口。

Linux 采用宏内核架构，由于其开放源码、系统调用接口兼容 POSIX 规范[2]，发布以来即得以快速传播，与 GNU 项目相结合催生了优秀的 GNU/Linux 操作系统。

---

① 关于宏内核与微内核的精彩大辩论：Minix 的作者和支持者认为 Linux 的宏内核构造是"向 20 世纪 70 年代的大倒退"，而 Linux 的支持者认为 Minix 本身没有实用性。
② POSIX 规范是 IEEE 基于 UNIX 操作系统定义的一组操作系统接口标准，旨在提高不同 UNIX 类操作系统的软件兼容性，详见第 5 章。

> 有关操作系统的基本原理，在第 4 章会详细讨论。有关 Linux 的源码结构、裁剪定制及编译和构建等问题，在第 6 章会详细讨论。

2.1.3　应用程序

操作系统一般还提供必要的应用程序——系统应用，如编译器、公用函数库、编辑器、Shell 等，以支持计算机系统的管理和维护，以及办公软件、娱乐软件、科学计算软件、工业软件和中间件等用户应用程序的开发和运行。

GNU 项目基于 POSIX 开发了大量的应用程序，包括以上提及的必要的系统应用，正好可与莱纳斯·托瓦尔兹开发的 Linux 内核组成完整的操作系统，即 GNU/Linux。这些软件非常优秀，如同一个个业务小能手，聚合在一起组成一个强大的软件团队，深受程序员的喜爱，也因此蓬勃发展。

1．编译器

编译器是开发新应用程序的必备工具。它通过非常复杂的编译过程，将抽象度较高的编程语言代码（源程序）转化成抽象度较低的机器语言代码（目标程序），为操作系统提供功能扩展能力。C 语言因改写 UNIX 操作系统而发明，因此 C 语言编译器最初是为 UNIX 而生的，至今已广泛应用于各种操作系统。常见的 C/C++编译器主要有 GCC（GNU Compiler Collection，GNU 编译器套件）、Microsoft Visual C++等。

（1）GCC

GCC 中的 C/C++编译器一般是 UNIX 类操作系统默认安装的 C/C++编译器。此外，GCC 还包括 Objective-C、Java、Ada 和 Go 语言的编译器前端及这些语言的运行库。GCC 最初是为 GNU 操作系统专门编写的一款编译器，是彻底的自由软件，现在被大多数 UNIX 类操作系统（如 Linux、BSD、macOS 等）采纳为标准的编译器，同样适用于 Windows 操作系统（借助 MinGW）。

GCC 是最受欢迎的 GNU 自由软件之一，它基于 CLI 使用，提供了大量的参数与选项，功能强大，支持性能优化。GCC 通常与 Makefile 或 CMake 等工具相配合，可构建强大、灵活、可移植的软件构建方案，是开放源码领域使用非常广泛的编译器。

> 有关如何用 GCC 在 Linux 开发环境下进行 C/C++开发，在第 5 章会详细讨论。

（2）Microsoft Visual C++

Microsoft Visual C++是微软公司发布的 C/C++编译器，提供 Windows API（Application Program Interface，应用程序接口）、3D 图形 DirectX API、.NET Framework 等丰富的库函数支持。它以拥有语法高亮、IntelliSense（自动完成功能）及高级除错功能而著称，曾广泛应用于 Windows 系统各种系统服务和应用软件开发。

此外，新兴编译器也在不断涌现。

2007 年，苹果公司开发了 Clang 编译器，在 BSD 开源协议下发布。Clang 是 Clang LLVM

的一个编译器前端,它目前支持 C/C++、Objective-C 及 Objective-C++等编程语言。Clang 具有编译快速、占用内存少、诊断信息可读性强、易扩展、易于集成开发环境集成等优点。此外,还具有 ARC(Automatic Reference Counting,自动引用计数)静态分析功能,能够自动分析程序的逻辑,在编译时就找出程序可能存在的 bug。

2019 年 8 月底,华为方舟编译器正式开源(OpenArkCompiler),其目标是构建一个基于 MapleIR 的跨语言编程环境,实现跨语言的全局分析及优化。目前,方舟编译器加入了对 C 语言程序编译的支持,当然继续开源也是实现 Java 和 C 混合编译的基础。未来,方舟编译器不仅会支持对来自 Java 语言的 IR(Intermediate Representation,中间表示)代码进行 JIT(Just-In-Time,即时)编译,也会支持对来自 C、C++语言的 IR 代码进行 JIT 编译。

2021 年 4 月,华为发布了 GCC for openEuler。该编译器基于开源的 GCC-10.3 开发并进行了优化和改进,实现软硬件深度协同优化,在 OpenMP、SVE(Scalable Vector Extension,可伸缩向量扩展)向量化、数学库等领域挖掘极致性能,是一种在 Linux 下适配鲲鹏 920 处理器的高性能编译器。GCC for openEuler 默认使用场景为 TaiShan 服务器、鲲鹏 920 处理器、ARM 架构,支持的操作系统为 CentOS 7.6、openEuler 20.03 或 openEuler 22.03 等。

2. 公用函数库

公用函数库通常指的是 C/C++运行库,由编译器将它与用户开发的应用程序链接在一起,实现功能封装和代码复用,为操作系统的功能扩展提供统一机制,极大降低软件开发和移植的复杂性。这些标准的运行库的实现方式主要是基于操作系统提供的系统调用接口、API(如 POSIX),并将相关基础功能封装为简洁、一致的跨平台标准 API,提高应用程序的开发效率和可移植性,这种实现方式是整个计算机软件体系的基础。常见的 C/C++运行库有 ANSI(American National Standards Institute,美国国家标准学会)的 libc/libc++、GNU 的 glibc/libstdc++和微软公司的 msvcrt 等。

libc 是符合 ANSI C 标准的一个公用函数库,包含 C 语言基本函数的运行库。这个库可根据头文件划分为 15 个部分,包括类型、错误码、浮点常数、数学常数、标准定义、标准 I/O(Input/Output,输入输出)、工具函数、字符串操作、时间和日期、可变参数表、信号、非局部跳转、本地信息、程序断言等。

glibc 是 GNU 发布的 C 运行库,是 GNU/Linux 操作系统中非常基础的 API,服务于几乎其他所有应用程序,glibc 架构如图 2.3 所示。glibc 除了提供 libc 的全部功能外,还封装了信号量、进程间通信等基于 POSIX 的系统调用,几乎囊括所有的 UNIX 中通行的标准,可见其包罗万象。

glibc 是 GNU/Linux 演进的一个重要里程碑,更是 C 语言编程爱好者的学习宝库。glibc 按照 GNU LGPL(GNU Lesser General Public License,GNU 宽通用公共许可证)发布,源码全部开源,可免费下载和学习。例如,C 语言库函数 strcpy 函数的实现是软件开发相关岗位的一道常见面试题,然而 glibc 给出了迥然不同的代码逻辑,其核心代码大致如下。

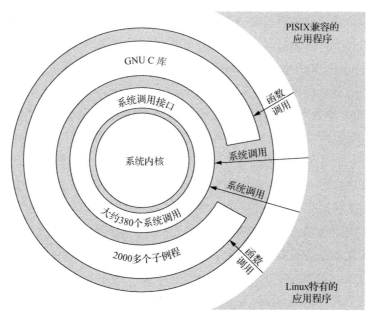

图 2.3　glibc 架构

```
char *strcpy(char *dest, const char *src)
{
    char *s = src;
    const ptrdiff_t off = dest -s -1;
    do {
        s[off]=*s;
    } while (*s++ != '\0');
    return dest;
}
```

> 思考：上述代码的完整实现要稍微复杂一些，另外针对不同 CPU 平台的实现可能有所不同。就上面这段核心代码来看，glibc 实现的主要思路是什么？glibc 中还有 strlen 等很多其他函数的实现，读者可自行阅读 glibc 相关源码。

3. 编辑器

编辑器是用于修改文本文件的工具，在不同的操作系统中的地位可能截然不同。在 Windows 操作系统中，编辑器似乎无足轻重，但在 UNIX 类操作系统中，编辑器却是使用极为频繁的重要工具。

在 Windows 等 GUI 操作系统的日常使用中，很少用到编辑器，特别是在当今以触摸屏作为主要输入接口、以娱乐为主的智能手机和智能平板操作系统中，已不再需要编辑器。相反，系统维护者通过使用不同的二进制工具修改系统配置，软件开发者也必须使用不同的编辑器，它们分布在各种不同的集成开发环境中，如 MATLAB、Visual Studio 等。这些集成开发环境大都使用不同的编辑器，开发者不得不适应不同的编辑习惯。

UNIX 类操作系统迥然不同，编辑器是配置维护和软件开发的基本工具，由黑客程序员出于自己的需要而开发。它们设计优雅，或效率高、或功能强，从发布以来，不断扩展并沿用至今，已成为 UNIX 优秀文化的重要代表之一。它们富有创意的设计将文本编辑这一任务做到极致。用户只需要掌握极少数编辑器的使用方法，并选择按自己喜爱的方式操作，即可非常高效地编辑所有文本文件。这一切得益于 UNIX 操作系统广泛采用文本的优秀设计。

UNIX 操作系统的设计哲学之一就是尽可能使用文本文件，而不是二进制文件。文本文件解析简单，任何时候都可用任何文本编辑器打开，而不会出现由于文件损坏或版本过低等兼容性问题无法读取的情况。在 UNIX 类操作系统中，所有的系统配置都使用文本文件，甚至 HTTP（Hypertext Transfer Protocol，超文本传送协议）、SMTP（Simple Mail Transfer Protocol，简单邮件传送协议）、POPv3（Post Office Protocol Version 3，邮局协议第 3 版）、FTP（File Transfer Protocol，文件传送协议）等最初的许多互联网应用协议也都采用文本格式。在 UNIX 类操作系统中，使用文本文件，还可高效地完成制表绘图、编写技术报告/学术论文等许多图文结合的编辑任务。例如，编辑如下文本，即可用 LaTeX 工具生成包含公式甚至电路图的 PDF 文档，如图 2.4 所示。

```
\documentclass{article}
\begin{document}
\[ x(t)=\sum^{+\infty}_{k=-\infty}\alpha_k\cdot e^{jk(\frac{2\pi}{T})t} \]
\newpage
\begin{figure}[h!]
 \begin{circuitikz}
 \draw (0,0)
 to[V,v=$U_q$] (0,2)
 to[short] (2,2)
 to[R=$R_1$] (2,0)
 to[short] (0,0);
 \end{circuitikz}
\end{figure}
\end{document}
```

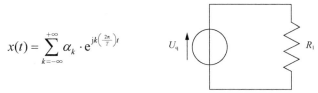

$$x(t) = \sum_{k=-\infty}^{+\infty} \alpha_k \cdot e^{jk\left(\frac{2\pi}{T}\right)t}$$

图 2.4　LaTex 用文本文件生成的公式和电路图

在 UNIX 文化的激励下，涌现出了一批优秀的编辑器软件，如 ed、ex、sed、vi、vim、nano、Emacs 等。它们提供了许多强大、灵活的功能，为现代编辑器提供设计参考。事实上，诸多现代编辑器，如 Notepad++、UltraEdit、Sublime Text、Atom、jEdit，以及 Visual Studio Code 等，都在不断地从"前辈"身上借鉴思路并进行创新。相比之下，这些几十年前的优秀编辑器，依然是经典，其中最为流行的是 Vi 和 Emacs，分别是两种不同编辑流派的杰出代表。

Vi 是由加利福尼亚大学伯克利分校的研究生比尔·乔伊[①]于 1976 年发布的第一款全屏幕控制台，也是一款通用的文本编辑器，被誉为"编辑器之神"。在此之前，人们只能使用行编

---

① 比尔·乔伊被誉为"神一样的程序员"。除了 Vi 之外，他还是 BSD、TCP/IP、NFS、Java 的主要设计者，SPARC 微处理器的主要设计者。1982 年，他作为联合创始人创立了 Sun 公司并担任首席科学家，直至 2003 年。

辑器，如肯·汤普森开发的 ed 及乔治·库鲁里斯（George Coulouris）开发的 em[①]等。Vi 的核心设计思想是让程序员的手指始终保持在键盘的核心区域，就能完成所有的编辑动作。它功能强大、效率极高，可编辑系统配置文件、各种编程语言文件，几乎可在任何 UNIX 类操作系统上运行。这个编辑器因其独特的使用方式，让无数程序员爱不释手，也让无数程序员从入门到放弃。

Vim（Vi IMproved）是基于 Vi 编辑器的改进版，是由布拉姆·穆莱纳尔（Bram Moolenaar）[②]开发的一款增强版的文本编辑器，具有更丰富的内置高级功能。它支持语法高亮、自动缩进、自动补全、模式匹配与替换、区块操作和无限次撤销等。Vim 也支持用户自定义脚本和插件，可进行个性化定制和扩展。Vi 系列编辑器最大的优点就是，在一个新的系统上无须配置即可立即使用，无须担心使用习惯不一致。Vim 在管理员和程序员中广受欢迎，与 Emacs 一起成为深受 UNIX 类操作系统用户喜爱的文本编辑器。Vim 多 buffer 编辑界面如图 2.5 所示。

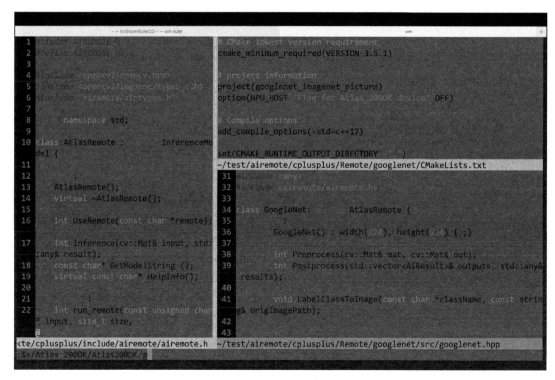

图 2.5　Vim 多 buffer 编辑界面

Emacs 在 20 世纪 70 年代诞生于麻省理工学院人工智能实验室（MIT AI Lab），是著名的文本编辑器和集成开发环境，被誉为"神的编辑器"。Emacs 针对多种文档定义了不同的"主模式"（major mode），包括普通文本文件、所有编程语言的源文件、HTML（Hypertext Markup Language，超文本标记语言）文档、LaTeX 文档，以及其他类型的文本文件。Emacs 是一个易扩展、高度

---

① 更多关于从 ed 到 em/Vi 的发展，可阅读关于比尔·乔伊的采访文章。
② 布拉姆·穆莱纳尔于 2023 年 8 月 3 日去世，他将人生近半的时间奉献给了 Vim，为开源社区做出了巨大的贡献。

可定制的开源编辑器，具有许多优秀特性，如自定义模式、自定义快捷键、自定义宏操作、多种选择模式、多窗口、多书签、多剪贴板、选中区域起始点切换、矩形区块操作，以及支持显示图片、PDF 文档等。

Emacs 是具备高可移植性的重要软件之一，能够在当前大多数操作系统上运行，包括 GNU/Linux、Windows、Android，以及 iOS 等，并且具有极其丰富的功能扩展，几乎可用于处理所有的文本编辑任务。然而，Emacs 编辑器复杂的按键操作、极为陡峭的学习曲线，令新手望而生畏，但一旦熟练掌握使用方法，即可用它高效处理多种文本编辑任务，再也无法离开。Emacs 多 buffer 编辑界面如图 2.6 所示。

注：左上为 C++代码，左下为 Shell 界面，右上为 Markdown 文档，右下为心理医生程序和小游戏。

图 2.6　Emacs 多 buffer 编辑界面

此外，还有 nano、JOE、Pico 等众多优秀的开源编辑器，都属于非常简单的编辑器，常用于系统安装过程或嵌入式系统等资源受限场景，感兴趣的读者不妨试试看。

2.1.4　用户界面

用户界面是指操作系统为用户提供的使用接口，便于用户使用操作系统提供的服务。在 UNIX 类操作系统中，用户界面一般是指 Shell（外壳），即操作系统（内核）与用户之间的外部界面层。用户界面的任务是接收用户的键盘或鼠标输入，调用或"启动"另一个程序；此外，用户界面通常具有额外的功能，例如改变当前目录、查看目录内容、控制作业任务等。简单地说，用户界面是指启动其他程序的程序。

用户界面通常分为两类：CLI（Command Line Interface，命令行界面）和 GUI（Graphical User

Interface，图形用户界面）。CLI 指文本模式下的用户界面，主要依据用户的命令行文本来进行交互，一般只使用键盘进行输入、使用文本信息作为输出，如 UNIX 类操作系统的各种 Shell 程序。GUI 指图形模式下的用户界面，主要依据用户的图形指令进行交互，多使用鼠标等指针设备进行输入、使用图形内容作为输出，如 Windows 操作系统的 Explorer 程序，macOS 中的 Finder 应用，UNIX 类操作系统中的 GNOME、KDE、Xfce 等。

Windows 系统的用户界面通常以 GUI 为主，用户用鼠标和键盘在被称为"文件资源管理器"的 Explorer 程序中与系统进行交互，操作简便，对使用者非常友好。对开发者来说，GUI 的交互效率太低，且难以实现自动化。虽然 Windows 的命令解释程序 cmd.exe 提供了简单的 CLI，但 CLI 功能非常有限。2006 年微软公司发布的 PowerShell 可视为 cmd.exe 的升级版，基于 .NET Framework 开发，同时提供了命令解释和脚本编程的交互环境，包含大量的内部命令，可通过模块扩展功能，还可自动执行任务，例如用户管理、CI/CD（Continuous Integration/Continuous Deployment，持续集成/持续部署）、云资源管理等，功能较为强大，发布后迅速成为 Windows 系统的首选 CLI。

UNIX 类操作系统为开发者提供了非常友好的交互界面，其突出特点是学习曲线陡峭，熟练后使用极为灵活高效。UNIX 类操作系统的用户界面以 CLI 为主，用户主要使用键盘在命令行终端中与系统交互，也可选择运行 GUI。CLI 具有非常友好的命令解释功能，以及脚本编程功能，可高效地进行软件开发工作，还支持批量任务的自动化。另外，虽然 CLI 是基于纯文本的，但人们也开发了许多高效、有趣的应用，例如基于文本的菜单系统、用字符绘图的工具软件（见图 2.7）等，可在 CLI 下展示丰富多彩的内容。

图 2.7　CLI 中的 ASCIIArt

CLI 实际上是由一种称为"Shell"的应用程序在操作系统内核的基础上实现的。1977 年，斯蒂芬·伯恩（Stephen Bourne）在贝尔实验室为 V7 UNIX 开发了 Bourne Shell，其凭借简洁、快速的特点，一直被沿用至今，并成为 UNIX 类操作系统的默认 Shell，简称为 sh。sh 在脚本语言引入了控制流、循环和变量，提供了更强大的语言与操作系统交互，还引入了一系列今天仍在使用的功能，包括管道、重定向与 Here 文档①等。sh 在 Shell 脚本自动化的前进道路上迈出了至关重要的一步，成了其他派生 Shell 的基石。

今天的 Bash（Bourne Again Shell）等流行的 Shell 更是具备了命令行编辑特性，极大地提升了操作系统的使用效率和交互体验。openEuler 等 GNU/Linux 系统中默认的 Shell 是 Bash，

①　一种文本流输入重定向手段，可将内容 I/O 重定向到交互程序或终端，在编写脚本时十分方便。

它与 sh 完全向后兼容。Bash 有许多特色，可提供命令补全、命令编辑和命令历史表等功能，还包含很多 csh 和 ksh 具备的优点，有灵活和强大的编程接口，极大地提高了操作系统命令交互和脚本开发的效率。

在 UNIX 类操作系统中，无论是 CLI 还是 GUI，都只是一种普通的应用程序，只不过执行着与系统交互的特殊任务。这种灵活的设计，一方面使系统更简单，另一方面给予了用户更多自由。用户可选择喜爱的用户界面，还可通过窗口管理器来非常灵活地定制个性化的用户界面，并且是否运行 GUI 也可由用户自己根据需要来决定。例如，FVWM 是一个优秀的窗口管理器，几乎可将 GUI 定制成任何样式，FVWM 自定义桌面如图 2.8 所示。

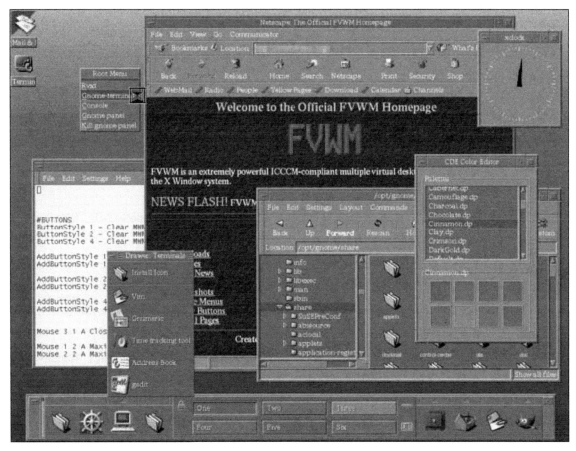

图 2.8　FVWM 自定义桌面

实际上，UNIX 类操作系统中的 GUI 是基于 X Window 的桌面应用程序。X Window 在 1984 年由麻省理工学院研发，它的设计哲学的原则之一是提供机制，而非策略。X Window 系统将 GUI 的内容和图形界面的显示分离开，分别在被称为 X Client 和 X Server 的两种不同的应用程序中实现。有趣的是，X Window 系统中客户端、服务器概念与 Windows 远程桌面的客户端、服务器刚好相反。在 X Window 中，产生图形输出内容的设备称为 X Client，而具有显示器、键盘、鼠标等 I/O 设备称为 X Server。X Client 通过 X 协议与 X Server 进行通信，它们可分布于不同的主机。这种 GUI 体系极具灵活性，即使远程的 UNIX 主机没有连接显示器和键盘的服务器，依然可在其他计算机的 X Server 中与它进行 GUI 交互。

> X11R6 是曾被广泛采用的经典 X 协议版本，X Server 在 Linux 上的主要实现是 XFree86 和 Xorg。X Server 也可运行在 Windows 系统上，因此 Linux 中的 X Client 图形界面也可显示在 Windows 桌面中。上述连接的设置也非常简单，通过 SSH（Secure Shell，安全外壳）工具中的转发机制即可实现，在第 7 章中介绍了相关内容。

正因为以上特点，很多 UNIX 用户认为 UNIX 具有非常友好的交互界面，可定制程度高、使用效率高，可极好地满足个性化需要。

2.2 主流操作系统简介

根据操作系统的应用领域划分，可分为 3 类：桌面操作系统、服务器操作系统和嵌入式操作系统。

2.2.1 桌面操作系统

桌面操作系统主要用于个人计算机（微型机），重点关注个人用户的使用体验（如简单、易用）。个人计算机从硬件架构上来说主要分为两大阵营，PC 机与 Mac 机；从软件上来说主要分为两大类，Windows 操作系统和 UNIX 类操作系统。

Windows 操作系统有 Windows 3.1、Windows 95、Windows XP、Windows ME、Windows 8、Windows 10 等。

UNIX 类操作系统有 Mac OS X 及各种 Linux 发行版，如 RHEL、Debian、Ubuntu、openSUSE、Fedora Linux 等。

这些操作系统都使用宏内核架构，都提供大量的系统应用和 GUI，但 Windows 与 UNIX 分别代表了两类设计迥异的操作系统，它们在系统架构、扩展机制、系统性能和用户体验等方面都存在明显的差异。例如，UNIX 类操作系统以高稳定性著称；在用户体验方面，Windows 提供了简单直观的 GUI，易于日常使用；而 UNIX 类操作系统主要使用 CLI 进行操作，可大幅提高交互效率，也更有利于初学者深入理解操作系统和学习软件编程。

2.2.2 服务器操作系统

服务器操作系统一般指的是安装在大型计算机（如 Web 服务器、应用服务器和数据库服务器等）上的操作系统，更关注性能、安全性、可用性等。服务器操作系统主要有下列三大类。

① UNIX 系列有 FreeBSD、Oracle Solaris、IBM AIX、HP-UX 等。

② GNU/Linux 系列有 CentOS、RHEL、Debian、Ubuntu 等。

③ Windows Server 系列有 Windows NT、Windows Server 2003、Windows Server 2008、Windows Server 2022 等。

这些服务器操作系统都可用于商业服务，主要区别在于它们的性能、稳定性和维护性。UNIX

系列在银行、能源等大型商业应用中占据主流地位，GNU/Linux 系列在教育、娱乐等行业日益流行。Windows Server 系列则主要应用于中小企业的办公系统和小型网站托管服务。

2.2.3　嵌入式操作系统

嵌入式操作系统是指用于嵌入式设备的操作系统，重点关注效率、功耗、实时性等。嵌入式系统是指以应用为中心，以计算机技术为基础，能够根据用户需求（功能、可靠性、成本、体积、功耗、环境等）灵活裁剪软硬件模块的专用计算机系统。嵌入式系统广泛地应用在生产、生活的各个方面，从便携式设备如智能手机、平板计算机、数码相机等，到大型固定设施，如医疗设备、交通信号灯、航空电子设备和工厂控制设备等，都能见到它的身影。

嵌入式领域常用的操作系统有 μC/OS-Ⅲ、嵌入式 Linux、Windows Embedded、VxWorks 等。在智能手机或平板计算机等电子产品中使用的嵌入式操作系统有 Android、iOS、Symbian、WindowsPhone、BlackBerry OS，以及新一代物联网操作系统 OpenHarmony 等。

在智能手机操作系统中，Android 是基于 GNU/Linux 系列的发行版，iOS 是基于 BSD 内核的 UNIX 类发行版，可见 UNIX 类操作系统在嵌入式系统中应用同样非常广泛。

2.3　GNU/Linux 的优秀特性

Linux 适用于服务器、云计算、嵌入式计算等多种不同领域，已成为应用最为广泛的操作系统之一。Linux 之所以得以快速传播，是因为它设计优雅、开源开放、可移植性好。

Linux 的开源性质赋予开发者自由，他们可访问和修改源码，定制开发环境，并为社区做出贡献，促进合作与创新。操作系统的性能是一个至关重要的因素，Linux 的高效性、高可扩展性和适用于各种硬件架构的能力使其成为处理资源密集型任务的理想选择。此外，它强大的 CLI 和脚本编写能力提供了灵活性和自动化能力，可帮助开发者简化开发工作流程。

与此同时，由于 Linux 的高稳定性、安全性和灵活性，无论是面向个人计算机的桌面系统、面向物联网的嵌入式系统，还是面向超级计算机的服务器系统，都可以使用 Linux。交互界面友好、简单易用的 Ubuntu 在个人桌面用户中享有盛誉；谷歌公司基于 Linux 开发的智能手机操作系统 Android 让人们广为受益；2017 年起，世界上最快的 500 台超级计算机中，运行的全部都是 Linux。

Linux 是开发者友好的操作系统，更是深入学习计算机软件开发的首选平台。Linux 诞生以来，就深深吸引着全球热爱计算机技术的软件开发者，并且它的吸引力持续增长。虽然 Windows 是大众熟知的操作系统，入门非常简单，但它封闭，对开发者不够开放，与优秀、庞大的开源软件资源存在巨大鸿沟。

Linux 的成功与它秉承了 UNIX 的设计哲学密不可分，Linux 就是 UNIX 文化传承与创新的奇妙交融，它创造了软件史上的一个奇迹。

2.3.1　秉承 UNIX 设计哲学

　　UNIX 以其简洁、高效、优雅而著称，其"分而治之"（Divide and Conquer）的设计哲学也因此而闻名，甚至被奉为圭臬。这种设计哲学对于复杂的大型软件设计具有重要参考价值，即使非 UNIX 程序员也能够从中获益。

　　严格来说，UNIX 设计哲学并不是一种正规的设计方法，它更接近于隐性的、半本能的知识，即 UNIX 文化所传播的专业经验或工程文化。UNIX 设计哲学这个概念起源于肯·汤普森早期关于如何设计一个系统接口简洁、小巧精干的操作系统的思考，并随着 UNIX 的发展壮大而不断成熟。实际上，UNIX 所坚持的一些设计原则，共同构成了 UNIX 的设计哲学。

　　"分而治之"是 UNIX 一贯的设计理念。UNIX 无论在架构设计上，还是编程范式、工具链或用户交互方式，"分而治之"的设计理念体现得淋漓尽致。UNIX 强调基于接口的模块化设计，坚持推行简洁性、清晰性、分离性、组合性、透明性和一致性等多个方面的设计原则，将复杂的系统进行优雅的解耦，让一切变得更为简单、灵活而不失强大，使得它成为一个灵活、可靠、易于维护和扩展的优秀操作系统。

　　迈克·甘察日（Mike Gancarz）对 UNIX 设计哲学进行了系统总结。甘察日是 UNIX/Linux 最主要的倡导者之一，也是开发 X Window System 的先驱。他把一些口口相传的 UNIX 设计原则，写成了 *Linux and the UNIX Philosophy* 这样一本完整反映 UNIX/Linux 设计哲学的图书。以下简要列举这书中提炼的几个主要原则。

　　（1）小即美

　　程序小到刚好做好一件事就够了，其他的事交给其他的程序去做。小的程序易于理解和学习，易于维护；小的程序更易于和其他工具结合，即可扩展性更好，符合开放封闭原则。UNIX/Linux 提供了很多遵循"小即是美"的程序，从而保证了灵活性和高效性。Linux 中常见的工具也就几十个，掌握了这些工具，基本就可"玩转"Linux 了。

　　（2）只做一件事，并做到极致

　　这与"小即是美"表达的思想基本一致，让每个程序"小"到只做一件事，但要做好这一件事，其他的事交给其他的程序去做。这也类似于面向对象程序设计中 SRP（Single Responsibility Principle，单一职责原则）的描述。

　　（3）连接程序，协作完成复杂功能

　　管道是 UNIX 中最引人注目的重要创新之一，它使得将多个程序用极简单的方式连接起来成为可能。让每一个简单的程序都成为过滤器，然后通过管道来连接多个简单的程序即可实现复杂的功能。这些程序共有的最基本特性就是，它们只修改而从不创造数据。

　　（4）提供机制，而非策略

　　区分机制和策略是 UNIX 设计背后隐含的绝妙设计思想。大多数编程问题实际上都可分成两个部分：需要提供什么功能（机制）和如何使用这些功能（策略）。如果这两个问题由程序的不同部分来处理，甚至由不同的程序来处理，则程序更容易开发，也更容易根据需要来调整。

（5）使用纯文本文件来存储信息

文本流是通用格式，不需要专用工具即可读写。UNIX 所有的系统配置信息都存放在文本文件中，当变更配置时，用偏好的文本编辑器修改即可，简单可靠。Windows 系统则不同，系统配置信息保存在被称为注册表的二进制文件中，必须用专用的编辑器才可查看或修改，且损坏后极难修复。甚至 HTTP 等许多互联网协议和 IETF（Internet Engineering Task Force，因特网工程任务组）标准都是基于文本的。如今流行的 XML（Extensible Markup Language，可扩展标记语言）、JSON（JavaScript Object Notation，JavaScript 对象表示法）、Markdown 等技术都是基于文本的，许多精美的学术论文都出自基于文本的 LaTeX。

（6）一切皆文件

一切皆文件是 UNIX 设计哲学的主要原则之一。在 UNIX 操作系统中，不仅是普通的文件，目录、字符设备、块设备、网络等都以文件的形式被对待。它们虽然类型不同，但是对其提供的却是同一套操作接口，将对所有资源的访问都统一表现为对文件的访问，简洁而一致。事实证明，UNIX 中抽象的"文件"非常强大。

一言以蔽之，所有的 UNIX 设计哲学浓缩为一条铁律，就是被奉为圭臬的 KISS（Keep It Simple，Stupid）原则（见图 2.9），即"简单原则"——尽量用简单的方法解决问题，这就是 UNIX 设计哲学的根本原则。

图 2.9　UNIX 设计哲学的根本原则：KISS

2.3.2　自由与开放

自由与开放是 UNIX 爱好者的狂热追求，也是 Linux 获得巨大成功的重要原因，更是广大软件爱好者了解、学习 GNU/Linux 的动力。

UNIX 早期是以源码的形式进行传播和发展的，由于取得初步成功而被商业化。BSD 则继续开放源码并促进了开源软件的初期发展，随后派生出了许多现代操作系统。这些现代操作系统包括至今仍活跃的 FreeBSD、NetBSD 等高性能开源操作系统，以及苹果公司开发的先进桌面操作系统 Mac OS X。

BSD 起源并发展于加利福尼亚大学伯克利分校，这所学校以追求自由和开放而著称。1977年，伯克利分校的研究生比尔·乔伊将程序整理到磁带上，作为 first Berkeley Software Distribution（1BSD）发行。1BSD 被归于第六版 UNIX 系列，而不是单独的操作系统，主要程序包括 Pascal 编译器及 ex 行编辑器。2BSD 发布于 1978 年，除了对 1BSD 中的程序进行升级，还添加了比尔·乔伊编写的两个新程序：Vi 文本编辑器（ex 的可视版本）及 C Shell。这两个新添加的程序，在 UNIX 类操作系统中沿用至今。1983 年，4.2BSD 在实现了多项重大改进后得以问世，包括 TCP/IP 的高性能实现等。

当时，所有的 BSD 版本混合了 AT&T 专属的 UNIX 源码，继续使用就必须从 AT&T 获得许可证。1991 年 6 月，Net/2 诞生了，这是一个剔除了所有来自 AT&T UNIX 源码的全新操作系统，遵照 BSD 许可证进行自由再发布。Net/2 成为 Intel 80386 架构上两个不同移植项目的基础，一个是自由软件 386BSD，由威廉·乔利兹（William Jolitz）负责；另一个是专属软件 BSD/OS，由 BSDi 负责。386BSD 本身"存活时间"不长，但成了 NetBSD 和 FreeBSD 原始代码的基础。

不久后，BSDi 与 AT&T 的 USL（UNIX System Laboratories）附属公司产生了法律纠纷，后者拥有 System V 版权及 UNIX 商标。1992 年，USL 正式对 BSDi 提起诉讼，这导致 Net/2 的发布被中止，直到其源码被鉴定为未侵犯 USL 的版权。由于当时判决悬而未决，直到 1994 年年初才以和解结束，这桩法律诉讼导致 BSD 后裔的开发，特别是自由软件，延迟了两年。与此同时，不受法律困扰的 Linux 获得了快速的成长。

> Linux 与 386BSD 几乎同时起步，Linux 之父莱纳斯·托瓦兹后来说道："如果在我创造 Linux 之前 386BSD 已经可用，那么 Linux 可能不会出生。"

1994 年 6 月，4.4BSD 以两种形式发布：可自由再发布的 4.4BSD-Lite（不包含 AT&T 源码）和 4.4BSD-Encumbered（跟以前的版本一样，遵照 AT&T 的许可证）。BSD 的最终版本是 1995 年的 4.4BSD-Lite Release 2，而后 CSRG（Computer System Research Group，计算机系统研究小组）解散。在这之后，基于 4.4BSD 的 FreeBSD、OpenBSD 和 NetBSD 项目得以继续维护和发展。

另外，BSD 的开放精神还表现在 BSD 许可证的宽容上，它允许其他的操作系统——不管是自由的还是专属的，使用 BSD 的代码。Windows 在 TCP/IP 的实现上引入了 BSD 的代码，多个 BSD 命令行下的网络工具也沿用至今。时至今日，BSD 仍在学术机构及许多商业或自由产品的高科技实验中被用作实验平台，甚至在嵌入式设备中，其使用也在不断增长。BSD 具有设计出众、代码编写清晰等突出优点，它自带的文档（特别是参考文档，常被称为"man pages"）丰富翔实，几乎成了所有黑客程序员学习和成长的乐土。

BSD 之外的另一个重量级开源项目就是 GNU，目的是创造一个自由的"UNIX"（GNU 是 GNU's not UNIX 的递归缩写）。到了 1990 年，GNU 已开发了 GCC 等大批优秀的自由软件，只待内核开发成功即可发布一个自由的操作系统。1991 年，莱纳斯·托瓦兹发布的"Linux"内核，因为符合 POSIX 规范，正好可与 GNU 项目组建操作系统；另外，由于 Linux 采用 GPL 协议，大量的优秀程序员通过互联网参与其中，通过电子邮件和版本管理等工具分布式协作，开创了软件开发的"集市模式"[①]，共同持续推进内核快速发展，将其迅速应用于多种不同体

---

① 参见《大教堂与集市》，作者埃里克·S.雷蒙德（Eric S. Raymond）是杰出的黑客程序员、开源运动的旗手、黑客文化第一理论家，他在书中讲述了开源运动中惊心动魄的故事，提出了大量充满智慧的观念和经过检验的知识，能给所有软件开发人员带来启迪。

系结构的服务器和嵌入式系统，创造了软件史上的又一个奇迹。

> 好的程序员知道写什么。伟大的程序员知道改写（和重复使用）什么。
>
> ——《大教堂与集市》

Linux 把源码复用这种传统几乎发挥到了技术上的极限。Linux 爱好者们建设了大量的开源社区，有上万亿字节的开放代码可供免费获取。如果花点时间在 Linux 这个自由的软件世界里寻找"差不多够好"的程序，比其他任何地方都更有可能找到。因此很多其他的软件开发者和项目也因 GNU/Linux 的开放而广为受益。

2.3.3 可移植性

可移植性是指代码从一种体系结构移植到另外一种体系结构的难易程度。Linux 拥有精心设计的内核，基于 C 语言开发的运行库，以及兼容 POSIX 的大量应用程序，整个系统都具有良好的可移植性，可支持大多数不同体系结构的计算机。

可移植性往往是与性能相矛盾的，Linux 在这个方面走的是中间路线。几乎所有的接口和核心代码都是独立于硬件体系结构的 C 语言代码，仅对于性能要求非常严格的部分，内核的特性会根据不同的硬件体系结构进行调整。对于需要快速执行的和底层的与硬件相关的功能模块用汇编语言实现，折中的实现方式使 Linux 在保持可移植性的同时兼顾对性能的优化。

此外，模块化设计使得内核具有可裁剪性，更能适应不同的计算机系统资源或服务需求，因此可同时适用于桌面系统、服务器系统和嵌入式系统。

2.4 openEuler 简介

openEuler 是面向数字基础设施的开源操作系统，在 Linux 内核和系统应用等方面均做出了重要创新和贡献，支持服务器、云计算、边缘计算、嵌入式等多种应用场景，支持 OT（Operational Technology，运营技术）领域应用及 OT 与 ICT 的融合。

openEuler 前身是运行在华为公司通用服务器上的操作系统 EulerOS。EulerOS 是一款基于 Linux 内核（目前是 Linux Kernel 4.19）的开源操作系统，支持 x86 和 ARM 等多种处理器架构，适用于数据库、大数据、云计算、AI 等应用场景。在近 10 年的发展历程中，EulerOS 始终以安全、稳定、高效为目标，成功支持了华为的各种产品和解决方案，成为国际上颇具影响力的操作系统。随着云计算的兴起和华为云的快速发展，服务器操作系统显得越来越重要，这极大地推动了 EulerOS 的发展。另外，随着华为公司鲲鹏芯片的研发，EulerOS 理所当然地成为与鲲鹏芯片配套的软件基础设施。为了推动 EulerOS 和鲲鹏生态的持续快速发展、促进国内和全球的计算产业的繁荣，2019 年底，EulerOS 正式开源，并命名为 openEuler。

2.4.1 系统架构

openEuler 的整体架构如图 2.10 所示。一方面，作为一款多场景操作系统，openEuler

具有通用的系统架构，其中包括内存管理子系统、进程管理子系统、IPC（InterProcess Communication，进程间通信）子系统、文件系统、网络子系统、设备管理子系统和虚拟化与容器子系统等。另一方面，openEuler 又不同于其他通用服务器操作系统，在多核调度、软硬件协同、轻量级虚拟化、指令级优化和智能调优引擎等方面做了创新和增强。

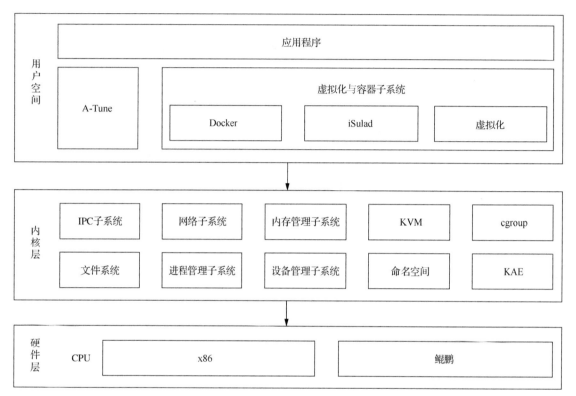

图 2.10　openEuler 的整体架构

2.4.2　创新特色

openEuler 突破性地实现了以一套操作系统架构支持主流的计算架构，是支持多样性算力的开源操作系统，也是对 GNU/Linux 操作系统的重要创新和发展。

在基础能力创新方面，openEuler 多内核架构显著提升了多核硬件系统的高并发性能，智能调优引擎、内存分级扩展、iSulad 轻量级容器引擎等技术提升了系统性能与扩展性；全栈国密、安全策略工具等进一步加强了系统安全与可靠性；智能运维、系统热服务等技术极大简化了服务器系统运维与开发；通过全栈原子化解耦和榫卯架构，可实现版本灵活构建、服务自由组合。

在全场景使能创新方面，openEuler 开创性地提出全场景操作系统理念，通过一套操作系统架构，可覆盖服务器、云计算、边缘计算和嵌入式等多计算场景，并且向下支持多样性设备，向上覆盖全场景应用，通过软总线技术横向对接 OpenHarmony 等其他操作系统，借助设备软总线实现生态互通，实现云边端及多场景的协同融合，如图 2.11 所示。

图 2.11 openEuler：面向数字基础设施的开源操作系统

2.4.3 开源贡献

在 Linux Kernel 5.10、5.14 中，openEuler 社区贡献排名第一，如图 2.12 所示。这些贡献主要来自华为，内容集中在芯片架构、ACPI（Advanced Configuration and Power Interface，高级配置与电源接口）、内存管理、文件系统、多媒体、内核文档、针对整个内核质量进行加固的 bugfix 及代码重构等方面。

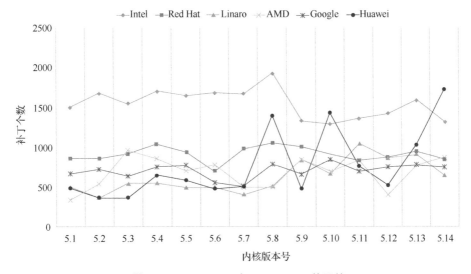

图 2.12 openEuler 对 Linux Kernel 的贡献

openEuler 通过每半年发布一次创新版本，快速集成开源社区的最新技术成果，将社区验证成熟的特性逐步合并到发行版中。这些新特性以单个开源项目的方式存在于社区，方便开发者获得源码，也方便其他开源社区使用。

2.5 体验 openEuler

本书内容使用的 openEuler 版本为 22.03 LTS，建议初学者优先在虚拟环境中进行体验，熟练之后再在物理系统中安装。本节简要介绍 3 种虚拟环境中 openEuler 的体验方式。请读者选择一种适合的方式，为后续的学习和实践准备好 openEuler 的体验环境。

2.5.1 华为云 ECS 主机

如果已经拥有华为云代金券，或打算通过华为云的控制台租用或购买 ECS（Elastic Cloud Server，弹性云服务器），可参考华为云官网进行配置和登录。

华为云 ECS 主机是由 CPU、内存、镜像、云硬盘组成的一种可随时获取、弹性可扩展的计算主机，可提供安全、可靠、灵活、高效的应用环境。

2.5.2 VMware 安装

VMware Workstation 是一款桌面虚拟化软件，可以在 Windows 或 Linux 桌面上创建多个虚拟机，用户可以方便、快速地在虚拟机中安装 Windows、Linux 和 BSD 等操作系统。用户可免费下载 VMware Workstation Pro 或 Player，免费试用 30 天完整功能。

当前主流的个人计算机都能够满足 VMware Workstation 的安装要求，最低要求是可为虚拟机提供 2GB 内存和 10GB 的硬盘空间。

在 VMware Workstation 中安装，可完整体验 openEuler 的安装全过程（使用免费且随时可用），具体安装方法可参考附录。

2.5.3 Docker 容器运行

对于读者来说，如果具有 Docker 环境，那么这是非常简单的 openEuler 体验方式。

① 拉取 openEuler 镜像。

```
$ docker pull openeuler/openeuler:22.03-lts
```

② 创建并运行 openEuler 容器。

```
$ docker run -tid --name openEuler22 --hostname=openEuler22 openeuler/openeuler:
22.03-lts
```

③ 交互式运行容器。

```
$ docker exec -it openEuler22 bash
```

2.6　本章小结

　　本章首先介绍了操作系统的经典体系结构和系统内核、应用程序及用户界面等基本组成，简要分析了桌面操作系统、服务器操作系统和嵌入式操作系统等主流操作系统，然后介绍了 UNIX 的设计哲学及 GNU/Linux 的优秀特性，最后介绍了 openEuler 的系统架构、创新特色和开源贡献，以及如何体验 openEuler。

　　面对不同的应用场景，openEuler 不只提供 Linux 内核和服务器操作系统，也针对边缘计算、嵌入式和物联网等场景提供实时性内核等新的选择，在统一架构下覆盖更为广泛的应用场景，这是 openEuler 区别于传统操作系统的重要特征。

　　通过对本章的学习，读者应该对操作系统的内核功能及系统调用、应用程序和用户界面等有一定的了解，能够理解 UNIX 和 GNU/Linux 的设计哲学和开源社区文化，并了解 openEuler 的主要创新特色和技术优势。

思考与实践

1. 简述 UNIX 操作系统的主要组成并画出逻辑结构。
2. 系统内核的主要任务是什么？
3. 用户界面与系统内核的关系是什么？为什么要让用户界面与内核分开实现？
4. UNIX 设计哲学的主要原则有哪些？
5. GNU/Linux 得以快速发展主要有哪些影响因素？
6. openEuler 的创新特色有哪些？
7. 选择一种适合的方式，准备好 openEuler 22.03 LTS 的体验环境。

第 3 章
openEuler使用入门

学习目标

① 了解 openEuler 的两种交互界面
② 掌握命令行基本操作
③ 熟悉 Shell 的高级交互特性
④ 理解用户与权限模型
⑤ 了解 DDE 的安装

　　openEuler 是对 Linux 的创新和发展,在使用方式上与其他 Linux 发行版基本一致。类似地,openEuler 也提供了两种交互界面,即 GUI 和 CLI。GUI 通常更加直观,用户可以通过单击、拖曳等操作完成简单的任务,更适合浏览网页、收发邮件和影音娱乐等可视化的日常应用,但对于系统管理、软件开发等深度应用来说通过 GUI 操作则可能非常烦琐,甚至无法满足需要。实际上,对于开发者和系统维护者来说,CLI 更加高效,通过简单的命令或命令组合即可完成复杂任务,但需要掌握多种命令和常用选项,初学者往往望而却步。希望本章可以帮助读者感受到命令行的优秀文化,轻松进入 Linux 的神奇之旅。

　　本章首先介绍 openEuler 在 Xfce 桌面环境下的主要 GUI,然后介绍源自 UNIX 设计哲学的经典 CLI 和常用命令的基本操作,最后介绍 Shell 高级交互特性、用户权限模型和权限管理方法。读者只有亲自动手,才能感受到 openEuler CLI 的魅力,见证 UNIX 中简洁实用的设计思想。一方面,openEuler 提供的命令具备丰富的选项,将一个个小任务做到极致;另一方面,Shell 的管道和重定向技术让用户可以用非常简单的方式把这些命令连接起来,实现非常灵活、极为强大的复杂功能,这是任何单一图形界面软件难以实现的。此外,Shell 的组合命令、命令行编辑等功能,让命令行更为高效、易于扩展。

　　学习 openEuler 没有捷径,但也不用死记硬背,唯一的窍门就是多操作、多练习,在实践中形成自然的习惯。读者一定要勤于动手,悉心钻研,克服学习时遇到的困难,这样才能感受到 CLI 交互的魅力,并驾驭 UNIX 的命令。

3.1　交互界面

　　openEuler 操作系统与众多 UNIX 类操作系统一样,可同时提供 GUI 和 CLI,用户可根据应用场景的需要灵活选择。对于初学者来说,GUI 操作起来比较简单。但随着对 openEuler 了解的逐步深入，读者一定会感受到 CLI 所独具的奇特魅力。

默认安装时，openEuler 运行的是 CLI，GUI 可由用户进行自定义安装和配置。

3.1.1 GUI

Linux 的 GUI 由桌面环境提供，常见的 Linux 桌面环境包括 GNOME、KDE、Xfce、LXDE 等。这些桌面环境使用户能够轻松地完成各种任务，如浏览网页、编辑文档、播放音乐和视频等。

相比 CLI，GUI 更加直观和易于上手，非常适合那些习惯使用 Windows 或 macOS 的用户。openEuler 支持多种桌面环境，用户可根据自己的喜好和使用场景在 UKUI、DDE、Xfce 或 GNOME 中选择。如果用户有兴趣，甚至可自己编写一个桌面环境在 openEuler 上运行。

本小节展示 Xfce 桌面环境的 GUI，包括系统主界面、文件管理器、文件编辑器、终端仿真器等界面，建议读者在学习结束后自行安装试用。

（1）系统主界面

通过图形界面登录后即进入 openEuler 的主界面，如图 3.1 所示，操作方式与其他 GUI 的操作系统的基本相同。系统主界面主要由桌面、快捷任务栏、任务启动器、多桌面切换器和状态栏等组成，通过鼠标即可进行系统配置、文件管理、办公娱乐等交互任务。与 Windows 和 macOS X 等不同的是，Linux 的 GUI 支持用户自定义，可实现高度个性化配置。例如，通过选用不同的窗口管理器可实现不同的窗口风格，通过配置文件可将桌面划分为不同的区域等。

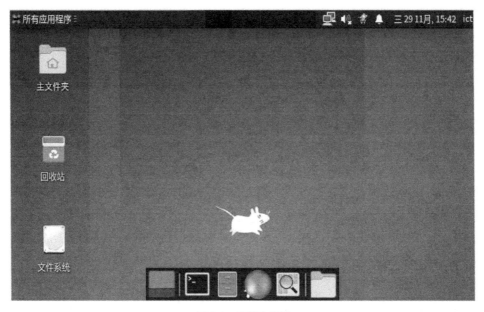

图 3.1 系统主界面

（2）文件管理器

openEuler 的文件管理器和 Windows 的文件资源管理器基本相似，支持本地文件的打开、复制、删除、移动、打包和压缩等操作，以及网络共享文件的管理，如图 3.2 所示。

图 3.2　openEuler 文件管理器

（3）文本编辑器

openEuler 提供了多种图形界面的文本编辑器（gedit 和 mousepad），类似于 Windows 的记事本。图 3.3 所示为正在编写 C 语言程序的 gedit 主界面。此外，openEuler 还支持 Visual Studio Code 等多种功能丰富的编辑器。

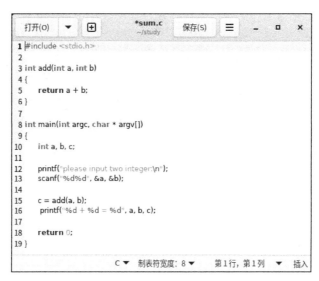

图 3.3　gedit 主界面

（4）终端仿真器

终端仿真器是一种应用程序，用于在 GUI 中提供 CLI，如图 3.4 所示。打开终端仿真器的方式有两种：一种方式是按组合键 "Ctrl+Alt+T"；另一种方式是在文件管理器的空白处单击鼠标右键，在弹出的快捷菜单中选择 "在此打开终端"。

GUI 在日常应用中表现出诸多强大的优势，如直观、可视化、支持多媒体等。然而，对于企业专业用户或个人深度用户，它也存在一些明显的局限性，主要如下。

图 3.4 终端仿真器

- 交互效率低：GUI 主要使用鼠标单击各种菜单、按钮进行操作，虽然易于上手，但对于经常重复执行的任务，操作可能非常烦琐，且难以实现自动化操作。例如，配置网络连接时，可能涉及多层菜单导航中的多次鼠标移动和单击，如果需要重复执行某个任务，必须重新进行所有的鼠标操作。

- 功能僵化：图形界面工具的布局和使用流程基本固定，功能特性受限，且一般只能独立使用，用户难以对功能进行个性化定制或扩展。大多数图形界面工具仅允许进行交互方式和界面风格等的简单定制，无法根据任务需要进行深度的定制。例如，Word 等图形界面的文字处理软件，不允许用户使用自己偏爱的其他编辑器，也不允许输出限定格式之外的文档类型。

- 成本高：图形界面工具需要更高的开发成本和运行成本。开发图形界面工具通常需要更多的人力成本和时间成本。

- 适用性差：GUI 仅适用于具有图形显示能力的计算机系统或在本地网络上使用。对于嵌入式系统、工业控制系统等未配置图形显示设备的系统，以及受网络带宽影响的远程系统，都不具备适用性。

基于以上原因，UNIX 类操作系统中的 GUI 远不如 CLI 应用广泛。即使在 macOS 等设计出色的操作系统中，许多用户在充分利用图形界面提供的各种便利之外，仍然经常要在终端仿真器的 CLI 下高效地完成交互任务。

3.1.2 CLI

CLI 是 UNIX 类操作系统中最为常用的用户界面。对于计算机爱好者来说，CLI 才是真正的"用户友好"界面，UNIX 的许多命令行经典工具经久不衰，历经半个多世纪依然活跃，为Linux 用户津津乐道。

与 GUI 不同，CLI 不使用鼠标进行操作，而是通过输入命令来进行操作。用户通过键盘输入命令，计算机接收命令后执行相应的操作。一般来说，UNIX 服务器通常都只使用 CLI，而无须提供 GUI。

CLI 是 openEuler 的默认用户界面，也是专业用户和系统管理员的首选操作界面，它具有如下突出优势。

- 任务执行高效：CLI 允许用户直接输入命令，一条命令即可执行一个任务，而不需要烦琐的菜单导航和鼠标操作，这使得用户的手不离开键盘的主要区域，即可快捷地执行任务，提高交互效率；还允许用户通过脚本编程实现批量任务的自动化，进一步提升重复任务的交互效率。
- 提供强大的命令行工具：Linux 提供了许多功能强大的小工具，将它们通过管道、重定向和脚本自动化等方式进行灵活组合，可实现图形界面下难以实现的复杂功能。
- 具有可定制性：CLI 可以定制操作环境，以适应用户的偏好和需求。它支持用户将自己偏好的相关工具进行自由组合，以完成高度个性化的定制任务。例如，用户可以选择偏爱的编辑器处理任何编程语言的源文件或 Markdown 文档，甚至作为撰写电子邮件的编辑器，还可以灵活选择不同编译器及编译器提供的丰富选项等。
- 具有可移植性：CLI 兼容 POSIX，几乎可在任何 UNIX 类操作系统上使用。这对于需要在不同 Linux 发行版之间迁移的用户来说非常友好。基于 CLI 开发的软件工具，也易于移植到其他兼容 POSIX 的操作系统。

UNIX 的 CLI 不是由一个或几个工具组成的，而是基于内核及系统接口的优雅设计，并与大量的优秀命令行工具共同构成的，具有丰富的命令行生态，在服务器和软件开发领域能提供强大的生产力。

3.2　使用命令行

命令行对于初学者不够友好，但那只是表面的假象。经过半个多世纪的使用和持续优化，命令行将 Linux 系统交互的高效和强大发挥到极致。本节介绍与命令行密切相关的控制台和终端、登录系统，分析 Linux 命令的构成，介绍使用命令、用 root 身份安装软件及获取帮助的知识和方法。

3.2.1　控制台和终端

控制台（Console）和终端（Terminal）都是用户与 Linux 进行命令行交互的设备，但它们有一些不同之处。

控制台是源自早期计算机系统的概念，通常指的是物理上连接到目标计算机的交互设备，主要包括显示器和键盘，用于直接与操作系统进行交互，显示系统消息和执行命令。

终端则是一种抽象的字符设备，它提供了一种远程访问系统的方式，用户可以在不同的物理设备上通过终端连接系统，并执行命令。例如串行接口终端是一种通过串行接口连接 Linux 的字符设备，它可以用于调试、数据采集、系统登录等场景。终端可以模拟物理控制台，也可以提供额外的功能和灵活性。

在 Linux 等现代 UNIX 类操作系统中，控制台和终端都是虚拟的，通过软件模拟实现。

Linux 一般具备多个虚拟控制台，以提供更好的本地使用体验和系统安全性保障。在安装 Linux 的计算机上，使用组合键"Ctrl+Alt+F*n*"（*n*=1,2,3,…）可切换不同的控制台，例如使用 "Ctrl+Alt+F1"切换到控制台 1，"Ctrl+Alt+F6"切换到控制台 6。不同的 Linux 发行版开启的控制台略有不同：Ubuntu 20.04 默认控制台 1、2、3 是图形界面，控制台 4、5、6 是 CLI；openEuler 默认控制台 1 是图形界面，其他 5 个控制台都是 CLI。

虚拟终端可以是 GUI 中的终端仿真器，也可以是通过网络远程登录后的文本交互界面。例如，GNOME 桌面环境的终端仿真器（GNOME Terminal）就是模拟文本终端的软件应用程序，用户可以通过它在 GUI 下用命令行与系统进行交互。

如果不是为了特意区分物理设备，控制台与终端可能经常会不加区别地使用，都用来指代与 Linux 进行交互的工具，它们都使用 CLI。

3.2.2 登录系统

默认安装的 openEuler 启动后，会在虚拟控制台上显示 CLI 的登录界面。

```
--------------------------------------------------------------------------
| Authorized users only. All activities may be monitored and reported.   |
| Activate the web console with: systemctl enable --now cockpit.socket   |
| openEuler22 login:                                                     |
--------------------------------------------------------------------------
```

在"**openEuler22 login:**"用户登录提示行后，输入用户名并按回车键，然后输入已设定的用户密码，再按回车键，即可进入 CLI。需要注意的是，为了安全，用户输入的密码不会在屏幕上显示。

如果输入的用户名是 root，则表示以 root 用户身份登录系统。root 用户的密码是在安装系统时设定的，应妥善保管。登录后的界面如下。

```
--------------------------------------------------------------------------
| Authorized users only. All activities may be monitored and reported.   |
| Activate the web console with: systemctl enable --now cockpit.socket   |
| openEuler22 login:root                                                 |
| Passwd:                                                                |
| ......                                                                 |
| [root@openEuler22 ~]#                                                  |
--------------------------------------------------------------------------
```

> root 用户是 UNIX 类操作系统中的超级用户，可对操作系统进行几乎无限制的操作，为了防止误操作损坏系统，建议创建普通用户账号，并尽量以普通用户身份登录系统。

以 root 用户身份登录后，逐行输入以下命令（"#"之后的内容），分别按回车键，即可创建名为"ict"的普通用户账号并加入 wheel 组，设定密码，然后退出登录。

```
[root@openEuler22 ~]# adduser -g wheel ict
[root@openEuler22 ~]# passwd ict
[root@openEuler22 ~]# exit
```

在登录界面中，使用 ict 作为用户名，以普通用户身份再次登录系统。

```
--------------------------------------------------------------------------
| Authorized users only. All activities may be monitored and reported.   |
| Activate the web console with: systemctl enable --now cockpit.socket   |
| openEuler22 login:ict                                                   |
| Passwd:                                                                 |
| ......                                                                  |
| [ict@openEuler22 ~]$                                                    |
--------------------------------------------------------------------------
```

相较于在 Linux 的虚拟控制台上进行本地登录，远程登录对于系统管理者更为常用，对于初学者也更为方便。

3.2.3 远程登录

远程登录是指用户通过终端设备连接到远程计算机系统进行会话的技术，是系统管理员、软件开发者经常使用的登录方式，也非常适合初学者通过 Windows 等桌面环境学习使用 Linux。

UNIX 操作系统的设计目标之一就是能够同时处理多个任务，并且允许多个用户同时使用系统的各种资源。在 20 世纪 70 年代，计算机主要是较为庞大的中型机或大型机，价格昂贵，资源稀缺。UNIX 允许用户远程登录并分时共享计算资源，这种设计使得它非常适合在当时的计算机系统上为多个用户提供计算服务。

用户远程登录后，即可在获得的远程终端上执行命令，如同在本地系统上操作一样。每个用户可以启动自己的计算作业并共享系统的全部资源，系统对这些计算作业和各种资源进行统一管理和调度，以保证系统的计算效率和稳定性。在 UNIX 早期，远程登录主要是通过电话线进行的，会话使用基于明文的 Telnet 通信协议，用户需要使用调制解调器（Modem）将数字信号转换为模拟信号，以便在电话线上传输。现在更常用的是使用 SSH 协议直接通过计算机网络来进行远程登录。

（1）使用 SSH 进行安全会话

SSH 协议提供了加密通信等多种功能，以太网、光纤等提供了更高的数据传输速率和更可靠的网络连接，使得远程登录更加高效和可靠。用户可以在自己的本地计算机上，使用 SSH 客户端软件通过网络来登录各种远程 Linux 系统，高效、安全地使用和管理计算机资源。

openEuler 默认运行 SSH 服务，允许用户在其他计算机上通过 OpenSSH 命令行工具或 PuTTY、MobaXterm（见图 3.5）、Xshell 等图形客户端软件进行远程登录。对于初学者来说，在桌面版操作系统（如 Ubuntu 或 Windows）上通过 SSH 远程登录 openEuler，可方便地进行文本的复制和粘贴，更有利于学习和使用。有关 SSH 客户端软件的具体使用方法，请读者自行查阅资料。

在没有特殊说明的情况下，把能够输入 Linux 命令的界面都统称为 CLI，不再区分纯字符 CLI、GUI 的终端窗口及通过串行接口或网络登录的远程终端窗口。

（2）远程登录使用多终端窗口

在进行命令行操作时，一个终端窗口经常是无法满足需要的，有两种方式创建多个终端窗口，提高并行交互效率。

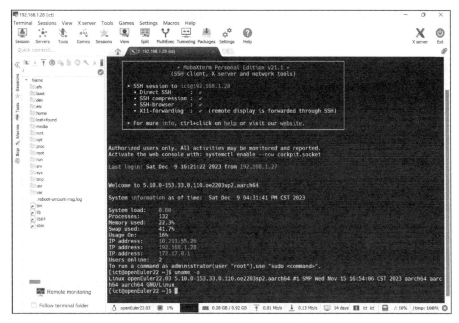

图 3.5　MobaXterm 远程登录界面 1

　　一种方式是使用 SSH 软件多次进行远程登录，分别获得新的远程终端，例如使用 MobaXterm，其界面如图 3.6 所示，但如果网络中断，正在进行的文件下载或源码编译等作业也会被中断；另一种方式是使用 Screen 或 Tmux 等工具，它们具有更多的功能特性，如可将一个远程终端划分为多个虚拟的窗口，它们分别显示独立的交互界面，并且网络中断不会影响正在进行的作业，网络重新连接后还可恢复之前的工作场景。有关软件或工具的具体使用方法请读者自行查阅资料。

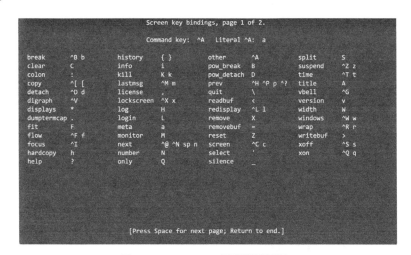

图 3.6　MobaXterm 远程登录界面 2

3.2.4　使用命令

　　用户登录成功后，即可开始输入命令并与系统进行交互，但在此之前，了解命令输入、命令构成和使用 root 身份的基本知识是非常重要的。

（1）命令提示符

命令提示符是指 Linux 进入就绪状态后输出的一些简要信息，提示用户所处环境，并可在其后输入命令。默认情况下，这些信息一般包括当前登录用户、计算机系统名称、所在目录以及$符号。例如，

```
[ict@openEuler22 ~]$
```

这是 ict 用户登录后的命令提示符，ict 为当前登录用户，openEuler22 为计算机系统名称，~表示当前所在目录为用户的主目录，$表示当前用户是普通用户。

如果命令提示符的最后一个字符是#，则表示当前用户是 root 用户。Linux 做此区分，是为了提醒 root 用户要谨慎操作。

在命令提示符后，用户可输入命令，与系统进行交互。每次交互完成后，系统再次输出命令提示符，准备接收用户下次的命令输入。命令提示符可由用户根据个人偏好进行个性化定制。

> 后续示例中，用户在 CLI 或终端窗口输入的命令，都是在命令提示符#或$后面输入的，没有命令提示符的其他行表示当前命令的输出信息。

（2）执行命令

在命令提示符之后，可输入命令，交给 openEuler 执行。例如，输入"date"并按回车键，即可显示当前日期和时间。

```
[ict@openEuler22 ~]$ date
2024 年 01 月 02 日星期一 18:01:31 CST
```

这个示例中，第一行表示在系统显示的$提示符后面输入命令"date"，第二行前面没有提示符，表示以上命令的输出结果。

以下是另外一条常用命令，暂不分析其具体含义和功能，只用于帮助读者了解 Linux 命令的形式。

```
[ict@openEuler22 ~]$ ls -t --color /usr
bin libexec sbin  share  lib64  include  local  src  lib  games  tmp
```

这个示例中，第一行表示在系统显示的$提示符后面输入命令"ls -t --color /usr"，第二行为该命令的输出结果。

对照这两条命令可知，Linux 的命令可以由多个部分构成：除了命令名，还可能包括选项和参数。

（3）选项和参数

Linux 的命令由命令名、可能的选项和参数共同构成，各部分之间都用空格分隔，通用语法格式如下。

```
$ command [options][arguments]
```

方括号（[]）表示此项可有可无，由具体命令确定。注意：输入命令后需要按回车键才会生效。

"command"为命令名；"options"为选项，可以是以短横线"-"开头并连接若干个单字符的短格式选项，还可以是以双短横线"--"开头并连接完整单词的长格式选项，二者共同控制

命令的行为细节;"arguments"为参数,通常是命令操作的对象。选项和参数都可能出现一次或多次,也可能不出现,由具体命令来确定。

上面的 2 条命令中,"date"和"ls"均为命令名,"-t"和"--color"均为选项,"/usr"为参数。

需要注意的是,命令、选项和参数都区分大小写;另外,使用多个选项的组合时,"-abc"与"-a -b -c"或"-ab -c"是等同的。在 Linux 中,选项的位置非常灵活,可以都在参数之前、之后或穿插在多个参数之间。这与 macOS 等严格要求选项在参数之前的系统不同,不过为了保持使用习惯的兼容性,建议将选项放在参数之前。

有时会遇到单行指令太长,不方便输入的情况,此时需要进行换行,在需要换行的地方添加"\"符号,然后按回车键即可实现换行。

```
[ict@openEuler22 ~]$ ls -t --color \
> /usr/src/kernels/5.10.0-153.33.0.110.oe2203sp2.aarch64/
Documentation LICENSES arch block certs crypto drivers fs include init
...
```

(4)以 root 身份执行命令

以普通用户身份登录系统,无论是对于初学者还是对于系统管理者,都是更为安全的操作方式。但对于修改日期和时间、软件安装等涉及系统管理的命令,必须以 root 身份执行。

sudo 命令允许普通用户以 root 身份执行单条命令,而无须以 root 身份登录后再操作。在 openEuler 中,所有属于 wheel 用户组(在其他 Linux 发行版中也可能是 admin 组)的用户都可使用这种方式。本书示例中的用户 ict 属于 wheel 用户组,具有使用 sudo 命令的权限。

使用 sudo 命令的方法是"sudo command",然后系统要求输入当前用户的密码,在通过验证后,command 命令会以系统管理员的身份执行。

以 root 身份执行命令的一个常见场景是安装软件。openEuler 使用 DNF 包管理器对所有应用程序进行统一管理,使得安装软件非常简单。DNF 可以自动下载软件包并更新到最新版本,自动处理依赖关系以安装或卸载软件包。

普通用户安装软件包的命令是 sudo dnf install package_name。"package_name"为待安装软件包的名称,该名称来自系统维护的软件包仓库,例如,可通过命令"dnf search keyword"搜索与关键词"keyword"相关的所有软件包。

对于其他普通用户(如 foo),可由 ict 用户执行命令修改其所属用户组为 wheel:"sudo usermod -g wheel foo"。修改完成即可使用 sudo 命令。

以 root 身份执行命令具有潜在的风险,即使是通过 sudo 命令临时以 root 身份执行,仍应谨慎操作。

3.2.5 获取帮助

Linux 的帮助系统是一个庞大而丰富的资源库,用户可以通过它快速了解各种命令和函数的使用方法和功能。

　　openEuler 在/bin/目录中提供的命令多达上千个，要记住其中常用命令的详细使用方法非常困难，事实上也没有必要。即使是经常使用的命令，也有很多的功能可能从来都用不到，读者应在学习过程中借助 Linux 的帮助系统，边用边看、边看边用，逐步熟悉更多的功能，在使用中去掌握。

　　openEuler 常用的帮助文档有两个主要来源，一个来源是命令本身默认提供的在线帮助文档，另一个来源是通过安装命令的 Man 手册。

　　（1）在线帮助文档

　　对于 openEuler 的大多数命令，用户都可通过"--help"选项查看该命令自带的在线帮助文档，以快速了解其使用方法。

　　执行如下命令即可查看 date 命令的在线帮助文档。

```
[ict@openEuler22 ~]$ date -help
用法: date [选项]... [+格式]
　或 date [-u|--utc|--universal] [MMDDhhmm[[CC]YY][.ss]]
以给定<格式>字符串的形式显示当前时间，或者设置系统日期。
必选参数对长短选项同时适用。
  -d, --date=字符串          显示给定<字符串>描述的时间，而非"当前时间"
     --debug               对解析的日期添加注释，
                           对不规范的使用方式进行警告，并输出警告信息到标准错误
  -f, --file=日期文件        类似于--date；使用给定<日期文件>，一次处理一行
......
```

　　可在命令之后添加"| less"（竖线符号和 less），实现一页一页地查看在线帮助文档，通过快捷键"f"或空格键可向前翻页，通过快捷键"b"可向后翻页。这种用法用到了"管道"功能，在 3.4.6 小节中将会介绍。

　　需要注意的是，并不是所有的命令都支持"--help"选项，对于一些非常用命令，可能没有提供这个选项。此时可尝试使用 Man 手册；此外，还可通过 help 命令查询 Bash 内部命令（如 pwd、cd）的在线帮助文档，如"help pwd"。在 CLI 执行 help 命令可以显示 Bash 的所有内部命令。

　　（2）Man 手册

　　Man（"Manual"）手册是一个用于查询系统命令、开发文档等帮助信息的文档系统，它提供了对 UNIX 操作系统中各种命令和工具的详细说明和用法信息。

　　Man 手册最早可以追溯到 20 世纪 70 年代初，是随着 UNIX 操作系统的出现而诞生的，经过多年的发展，已经成为一个非常完善的文档系统，为用户提供了丰富的命令和工具的使用信息。Linux 发行版和 macOS 等 UNIX 类操作系统也都支持 Man 手册，方便用户在线查阅。

　　Man 手册的内容通常包括命令的名称、功能描述、参数说明、示例及与其他命令的比较等信息。Man 手册是以小节的形式组织起来的，每一节针对不同的主题进行详细说明。man 命令根据用户指定的关键字在这些小节中自动搜索，有的关键字可能出现在多个小节，用户可指定特定的节号来查询。

以下命令可查看 man 命令的帮助文档。

```
[ict@openEuler22 ~]$ man man
```

> Man 手册支持多个快捷键。例如，使用"Page Up"与"Page Down"键或"b"与"f"上下翻页；使用上下方向键或"k"与"j"键上下滚动一行；使用"q"键退出查看；使用"h"键显示快捷键帮助。

openEuler 默认未安装基本命令的 Man 手册，用户可根据需要使用 dnf 命令进行安装。执行以下命令可安装基本命令的 Man 手册。

```
[ict@openEuler22 ~]$ sudo dnf install -y coreutils-help binutils-help
```

安装成功后，即可查阅 date、ls 及本章即将介绍的大部分命令的帮助文档。

对于其他命令，如果使用 man 命令仍然找不到 Man 手册，安装该命令所属软件包对应的 Man 手册即可，例如，执行以下命令可安装 dnf 命令的 Man 文档包。

```
[ict@openEuler22 ~]$ sudo dnf install -y `rpm -qf \`which dnf\` | sed
's/-[0-9].*//'`-help
```

该命令先查询 dnf 命令所属软件包的名称，然后安装该软件包对应的帮助文档包。对于其他的命令，将"which dnf"中的"dnf"替换为其他命令名即可。

> 该命令涉及 Shell 的高级特性，在 3.4.4 小节、3.4.6 小节、3.4.7 小节及 5.2 节中会分别介绍。

此外，还可通过 openEuler 社区文档及与 Linux 相关的技术支持和帮助手册获取帮助信息。

3.3 命令行基本操作

学习 Linux 的重要途径就是在 CLI 下使用 Linux。Linux 的一个显著特点是，在 CLI 下交互效率高，执行适当的命令就能完成系统管理、文件处理、软件计算等各种复杂任务，给予用户丰富的选择，操作简单灵活但功能强大。

openEuler 提供了很多种类的命令帮助用户管理和使用计算机，表 3.1 是基本操作中涉及的常用命令，它们中的大多数都源自 UNIX 的早期设计，并纳入了 IEEE（Institute of Electrical and Electronics Engineers，电子电气工程师学会）的 POSIX 规范，成为经典命令，沿用至今；它们也是每个 Linux 用户所必须掌握的基本工具。

表 3.1   **基本操作中涉及的常用命令**

基本操作	常用命令
使用目录	ls、pwd、cd、mkdir、rmdir、du
查看文件	ls、cat、less、tail、cut、nl、diff、hexdump、file、lsof
管理文件	cp、mv、rm、ln、tar
查找文件	which、whereis、locate、find
查看系统信息	uname、who、last、free、df
管理系统	date、timedatectl、halt、poweroff、reboot、shutdown

可以看到，这些常用命令多为简短的缩写，在 UNIX 发明的初期，计算机资源非常有限，为了节省内存和提高效率，命令名被设计得尽可能简短。此外，采用具有统一性的简短命名，可以使命令简洁明了，具有更好的可读性，更容易被记住，也更容易输入。

> 值得指出的是，对于初学者来说，这些命令可能看起来功能单一、使用麻烦，但实际上它们设计简洁、用法一致，特别是在结合 Shell 的管道和重定向等高级功能特性将它们连接起来组合使用时，更能体现出这些命令的强大和高效，这需要读者在悉心钻研和勤于实践中逐步感受。

3.3.1 使用目录

在 Linux 中，使用目录是最常见的交互任务之一。有趣的是，Linux 的目录也是一种文件，这是 UNIX 简洁设计的一个经典案例。

目录是文件系统中的基本组成部件，用于组织若干文件和其他目录。文件是操作系统存储、使用和管理各种数据的基本单位。常见的文本文件、二进制程序等在操作系统中都以文件的形式存在。Linux 的目录是一种特殊类型的文件（目录文件），简称为目录，一个目录包含一组目录项，目录项是包含文件名、索引节点指针、与其他目录项的层级关系的数据结构。

Linux 使用一种层级化的目录结构，通常称为"树状目录结构"。它以系统唯一的根目录"/"为起点，其他所有的目录和文件都从根目录开始组织。这种结构类似于一棵倒置的树，其中每个节点（目录）都有子节点（子目录）和叶子节点（文件）。这种结构使得文件和目录的查找、管理和维护变得更为方便。不同物理存储设备（例如物理硬盘、外挂硬盘、U 盘、光盘和网络硬盘）也在"这棵树"的某个子节点上。

目录之间的层级关系使用"/"作为连接符来表示，如/bin 表示根目录下的 bin 目录，则"/"为"bin"的父目录，"bin"为"/"的一个子目录。

根目录用于存放系统级的目录，常见目录如表 3.2 所示，每一个子目录的命名都表明了其主要用途。这些目录分别存放了文件和子目录，从而将系统的所有文件有序地组织起来，便于系统和用户的使用与管理。

表 3.2   常见目录

目录	用途	目录	用途
/bin	bin 是 binary 的缩写，存放常用的命令程序	/root	root 用户的主（家）目录
/boot	存放启动 Linux 时的一些核心文件	/run	临时文件系统，存放系统启动以来的信息
/dev	dev 是 device 的缩写，存放硬件设备文件	/sbin	存放系统管理员的系统管理程序
/etc	存放系统管理配置文件	/srv	存放一些服务启动后需要提取的数据
/home	存放普通用户的主目录	/sys	sysfs 文件系统挂载目录
/lib	存放系统最基本的动态链接共享库	/tmp	存放一些临时文件
/media	挂载系统自动识别的设备	/usr	存放 UNIX 软件资源
/proc	虚拟文件系统，提供有关系统和进程的信息	/var	经常被修改的目录存放在这个目录，包括各种日志文件

> Linux 为每个用户设置了一个默认的主目录，存放各个用户的文件并由用户自己管理。root 用户的主目录为/root，其他用户的主目录一般在/home 目录下，并以用户名作为主目录名。

Linux 的目录项都是文件，但这些文件还可细分为不同的类型。每种类型的文件都有其特定的用途和特点，了解这些可以帮助读者更好地使用不同类型的文件。常见的简单文件如下。

- 常规文件：最常见的文件，也是一般意义上的文件，用于存储文本或二进制数据等。
- 目录文件：一种特殊类型的文件，用于分级组织其他文件和目录，主要包含存放在该目录下的其他文件或目录的名称、属性等信息，便于对这些文件进行统一管理。
- 链接文件：另一种特殊类型的文件，它指向另一个文件或目录的引用。链接文件使用非常广泛，常用于提供快捷访问或共享访问，以避免频繁修改目录或复制文件。Windows 系统中的快捷方式与此类似，但 Linux 链接文件的功能更为强大。

使用目录可帮助用户有序地组织和管理文件，基本操作主要包括查看目录内容、查看工作目录、切换工作目录、创建目录和删除目录等。

（1）查看目录内容

查看目录内容的命令是 ls，即"list"，用于列出目录中全部文件和子目录的信息，是最为常用的 Linux 命令之一。该命令默认以平铺方式显示各项目的名称，但通过选项可控制显示方式和显示信息的详细程度，如控制详细列表显示、彩色高亮显示、按某种顺序显示等。

ls 命令的参数为将要查看的目录，如果没有指定参数，则列出当前所在目录的内容。该命令提供了丰富的选项，常用的选项如表 3.3 所示。

表 3.3　　　　　　　　　　　　　　常用的选项

选项	功能描述	选项	功能描述
-l	以列表形式显示详细信息	-t	按照修改时间排序，把最新的文件显示在最前面
-h	和"-l"搭配，以更人性化的方式显示文件的大小	-S	按文件大小排序，大的文件显示在前面
-a	显示所有文件及目录，包括以.开头的隐藏文件或目录	-r	按文件名反向排序显示
-d	只显示目录（不递归列出目录内的文件）	-i	显示文件的索引数量

这些选项可单独使用，也可组合使用，例如"ls -lh"与"ls -l -h"等效。

ls 命令经常使用的一个选项是"-l"，可显示以下详细信息：文件类型、访问权限、文件属主和属组、文件大小、最后修改时间或创建时间，以及文件（目录）名称。以下命令以列表形式显示根目录"/"的信息。

```
[ict@openEuler22 ~]$ ls -lh /
总用量 66K
lrwxrwxrwx.   1 root root    7  5月 27 2023 bin -> usr/bin
dr-xr-xr-x.   9 root root 4.0K 11月 20 22:20 boot
drwxr-xr-x.  19 root root 3.3K 12月 7 13:07 dev
drwxr-xr-x. 108 root root  12K 11月 30 11:09 etc
drwxr-xr-x.   6 root root 4.0K 11月 17 22:37 home
......
```

下面简单介绍执行"ls-lh"命令的输出信息。

- 文件类型：输出结果中的第一列字符表示文件类型，Linux 中有多种类型的文件，常见的有常规文件、目录文件和链接文件，分别用"-""d""l"这 3 个字符表示。
- 访问权限：文件类型后形如"rw-r--r--"的内容表示文件访问权限，在 3.5 节中会详细介绍。

- 文件属主和属组：输出结果中的第一个"root"表示文件属主，即文件拥有者；第二个"root"表示文件拥有者所属的用户组。
- 文件大小：默认以字节为单位（不显示），如果有"-h"选项，则以用户可读的方式显示文件大小。
- 时间信息：显示文件或目录的最后修改时间或创建时间。
- 文件（目录）名称：如果有"->"则表示该文件（目录）是链接文件，并没有实际保存相关的数据，而是指向了另一个文件，在 3.3.2 小节中会详细介绍。

> 为了方便用户使用偏爱的选项，可用 alias 命令设置别名命令，如执行"alias ll=ls -lh --color"后，使用"ll"即可，不必再次输入多个选项。

ls 命令的输出结果默认按文件名或目录名的字母排序，可使用不同的选项指定不同的排序方式，如按文件大小、最新修改时间、最新访问时间或创建时间等不同属性排序，以便更好地了解一个目录中的内容。

> touch 是一个有趣的命令，可以用来修改文件的最新修改时间、访问时间等各种时间信息或创建一个新的空文件。

另外，Linux 命令的输出结果都能以非常简单的形式保存到一个新文件中。例如，以下代码将 ls 命令的输出结果保存到 ls_output.txt 文件。

```
[ict@openEuler22 ~]$ ls > ls_output.txt
```

> 上面的命令利用符号>连接了命令和文本文件，这是 Shell 提供的重定向功能，在 3.4.5 小节中会详细介绍。

ls 命令首次出现在 AT&T 的 UNIX V1 中，并沿用至今。它为用户提供了查看目录内容的功能，它通过提供丰富的选项，将查看目录内容这个功能做到了极致，并且简单易用，这是任何基于 GUI 开发的文件管理器软件都难以媲美的。

ls 命令的更多用法可通过"ls --help"或"man ls"查看。

与目录密切相关的一个概念是"路径"。"路径"用来表示访问一个目录或文件经过的所有子目录。表示路径有两种方法，即绝对路径与相对路径。绝对路径以根目录为起点逐级表示，与当前工作目录无关。相对路径以当前工作目录为起点逐级表示，常借助两个特殊路径符号，一个是代表当前工作目录的"."，另一个是代表上一级目录的".."，当前工作目录也可以省略不写。

以当前工作目录分别为"/"和"/home/ict"两种场景为例，如需要切换到"/bin"目录，使用绝对路径和相对路径的表示示例如表 3.4 所示。

表 3.4　　　　　　　　　　　绝对路径和相对路径的表示示例

场景	当前工作目录	目标目录	绝对路径表示	相对路径表示
场景 1	/	/bin	/bin	bin 或./bin
场景 2	/home/ict	/bin	/bin	../../bin

当前工作目录为/home/ict 时，../表示/home 目录，../../表示/目录，故../../bin 表示/bin 目录。

> 使用相对路径时，以当前工作目录为起点，通过树状结构的层级关系即可定位目标目录。如果一个路径和当前工作目录存在父子关系，使用相对路径更方便，否则使用绝对路径更方便。

（2）查看当前工作目录

查看当前工作目录的命令是 pwd，即 "print working directory"，它可以输出当前工作目录的绝对路径。pwd 命令是 UNIX 类操作系统中的基本命令，它也有两个可选的选项，虽然并不常用，但在某些情况下可能会很有用。

- -L：显示逻辑路径。这是默认选项，当路径中有软链接时，保留软链接。
- -P：显示物理路径。当路径中有软链接时，会解析软链接并显示所指向的实际路径。

在目录/bin 下执行 pwd 命令，结果如下。

```
[ict@openEuler22 bin]$ pwd
/bin
[ict@openEuler22 bin]$ pwd -P
/usr/bin
```

该命令对于脚本编程非常重要，经常用于获取运行某条命令时所在的目录，以便处理该目录中的相关文件。

（3）切换工作目录

用户在命令行操作时所在的目录称为"当前工作目录"。用户登录 Linux 时，系统一般将用户的主目录设置为工作目录，此后用户根据任务需要可能会切换工作目录为其他的目录。

> Shell 界面的命令提示符中一般包括工作目录，提醒用户所在位置。随着工作目录的切换，该提示信息也会随之更新。

切换工作目录的命令是 cd，即 "change directory"。该命令非常简单，一般不使用选项，只使用参数。参数表示要切换到的目标目录，如果未指定目标目录，则切换到用户的主目录，常见用法如表 3.5 所示。

表 3.5　　　　　　　　　　　　切换工作目录的命令

命令	功能
cd dir	切换到 dir 目录，如 "cd/" 将切换工作目录为根目录
cd 或 cd~	切换到用户的主目录
cd ..	切换到上一级目录
cd -	切换到前一个工作目录

需要注意的是，特殊符号 "~" 用来指代用户的主目录，".." 用来指代工作目录的上一级目录（即父目录）。此外，特殊符号 "." 用来指代工作目录本身。

CLI 总是试图为用户提供更多的便利。例如从一个目录切换到另一个目录后，如果需要再回到之前的目录，直接使用 "cd -" 即可快速完成。

（4）创建目录

Linux 默认创建的目录都有特定用途，用户应创建新的目录来存放自己的文件。

创建目录的命令是 mkdir，即 "make directory"使用它既可在某个已有目录中直接创建子目录，也可连续创建具有多个层级的目录，可通过选项和参数来指定具体行为。参数为待创建的目录或目录列表，如果这些目录前面没有给出任何路径，则在当前工作目录下创建。

该命令还提供了一个友好的功能，即支持一次性创建多级目录，使用 "-p" 选项即可。"p" 是 "parents" 的缩写，表示连同父目录一起逐级创建。选项 "-v" 一般都表示输出详细信息，几乎适用于所有命令。

例如，"mkdir-pv/tmp/foo/bar_{a,b}" 命令在/tmp/foo 目录下创建 bar_a 和 bar_b 两个目录。

```
[ict@openEuler22 ~]$ mkdir -pv /tmp/foo/bar_{a,b}
mkdir: created directory '/tmp/foo'
mkdir: created directory '/tmp/foo/bar_a'
mkdir: created directory '/tmp/foo/bar_b'
```

（5）删除目录

对于不再使用的目录，应该及时删去，保持文件系统清晰的组织结构。

删除目录的命令是 rmdir 即 "remove directory"，该命令用于从一个目录中删除一个或多个空的子目录。需要注意的是，只有当目录为空（即目录内不包含其他文件或目录）时，才能成功删除该目录。

使用选项-p 或--parents 可递归删除多级目录，当子目录被删除后使其父目录成为空目录时，父目录一并被删除。使用-p 或--parents 选项会逐级向上检查并删除空目录，直到遇到非空目录为止。

> 使用 rmdir 命令时要谨慎，确保只删除真正需要删除的目录，并且备份重要数据以防误删。另外，应确认当前工作目录和目标目录的正确性，以免发生误操作。

对于非空目录的递归删除，在 3.3.4 小节中介绍。

（6）查看目录占用空间

命令行工具不但可以查看某个目录所占用的硬盘空间大小，而且可以提供比图形界面下的文件管理器更为灵活的查看方式。

在 Linux 中，这个命令是 du，即 "disk usage"，它用于显示目录所占用的硬盘空间，常用于清理目录等文件系统维护工作。du 命令提供的查看方式非常灵活，常用选项如表 3.6 所示。

表 3.6   du 命令的常用选项

选项	功能描述	选项	功能描述
-a	显示所有文件和子目录占用的硬盘空间	-c	除了列出文件和目录的硬盘空间使用情况外，还显示总计的硬盘空间使用情况
-h	以人类可读的格式显示硬盘空间使用情况	-s	仅显示总计的硬盘空间使用情况，而不列出每个文件和目录的硬盘空间使用情况
--d	仅当目录层级不高于指定的 N 层时输出	--time	显示目录或其子目录下所有文件的最后修改时间

以下命令显示/usr/src 目录及其一级子目录的硬盘空间占用情况：

```
[ict@openEuler22 ~]$ du -hd1 /usr/src
4.0M    /usr/src/kmod-kvdo-8.1.0.316-1
102M    /usr/src/kernels
106M    /usr/src/
```

3.3.2 查看文件

UNIX 将数据的内容表示和存储接口都进行了抽象，逐步形成了"一切皆为文件"的独特文化。除了常规文件、目录文件和链接文件外，还有字符设备文件、块设备文件、管道文件和套接字文件等多种类型的文件，Linux 为它们提供了几乎一致的使用方式。

在 Linux 中，文件名通常由字母、数字、短横线和下画线构成，长度几乎不受限制，但需要注意的是，文件名一般是区分大小写的。此外，文件名有时使用扩展名，即附加一个"."和后缀，来显式指明文件的类型或用途。但 Linux 与 Windows 等操作系统所不同的是，扩展名不是强制要求的，如可执行文件可以没有扩展名。

按照 UNIX 惯例，以"."开头命名的文件被视为隐藏文件，执行 ls 命令时默认不显示，一般是软件配置文件或系统自动维护的文件等用户不经常操作的文件。

（1）查看文件基本信息

使用 ls 命令也可查看各种类型文件的基本信息。实际上，目录也是一种特殊的文件，查看目录内容只是用"ls"查看文件信息的一个特例。执行以下命令显示"/bin"文件的基本信息。

```
[ict@openEuler22 ~]$ ls -l /bin
 lrwxrwxrwx. 1 root root 7 5月 27 2023 /bin -> usr/bin
```

输出显示，文件大小为 7 字节，文件名称列中带有箭头符号，表示"/bin"是一个链接文件，指向文件"usr/bin"，这个文件使用相对路径表示，表明与"/bin"在同一个目录，即根目录，因此"/bin"文件指向了"/usr/bin"文件。

链接文件的方法可以保持常用命令的位置兼容性，例如"/usr/bin/mkdir"或者"/bin/mkdir"实际上表示同一个文件，避免了在其中一个目录中找不到文件或将同一个文件复制到两个目录中。可以看到，"/usr/bin/mkdir"就是提供 mkdir 命令的可执行文件，它并没有使用扩展名。有关链接文件在后续内容中会详细介绍。

ls 命令还有更多的选项，除了可显示文件的访问时间、最后修改时间和创建时间等外，还可显示文件在硬盘上实际占用了多少存储区块、文件索引号等更深入的相关信息，具体用法可通过帮助文档进一步了解。

（2）查看文本文件内容

Linux 提供了多种命令帮助用户查看文件内容，适用于文本文件的命令尤为丰富，供用户根据偏好或需要来选用。

表 3.7 给出了常用的文本文件查看命令。用户可根据文件内容选择合适的命令，这些命令也都提供了灵活多样的查看形式，如从文件第一行或最后一行开始显示、一次完全显示或多次分屏显示，甚至可以在对文本内容进行编号后显示。

表 3.7   **常用的文本文件查看命令**

命令	用途	适用场合
cat	显示文件全部内容	查看小文件或连接多个文件
less	分页显示文件全部内容	查看内容较多的大文件
head	显示文件头部内容	简单查看文件的头部内容
tail	显示文件尾部内容	查看日志文件，最新的日志在文件末尾
cut	显示文件行的部分内容	查看特定列的内容

cat 命令用于显示文件全部内容，适用场合非常广泛，常结合 Shell 的重定向功能一起使用。它的选项"-s"用于忽略空行，"--show-tabs"表示将制表符显示为"^I"。执行以下命令可查看 Linux 的系统版本信息。

```
[ict@openEuler22 ~]$ cat /etc/os-release
NAME="openEuler"
VERSION="22.03 (LTS-SP2)"
ID="openEuler"
VERSION_ID="22.03"
PRETTY_NAME="openEuler 22.03 (LTS-SP2)"
```

通过"cat /proc/cpuinfo"可查看 CPU 的各种运行时信息。

> 另一个有趣的命令是 tac，它的输出顺序与 cat 命令的输出顺序刚好相反，从最后一行开始倒序输出文件的所有内容，实际上"tac"刚好是"cat"的倒序拼写。

less 命令提供更为友好的交互查看体验。如果文件内容很长，cat 命令会读取文件全部内容并快速滚动输出，不方便用户查看中间内容。less 命令可分页显示文件全部内容，便于用户仔细查看。实际上，less 命令是另一个命令 more 的增强版，支持来回翻页、多种搜索或跳转模式等高级功能，可使用上下方向键滚动页面，或按空格键向下滚动一页，按回车键向下滚动一行，按"h"键显示帮助信息。

less 命令可用于查看硬盘上的文本文件，也可用于查看其他命令的输出内容。例如，以下命令利用 less 命令分页查看 ls 命令输出的大量文本内容。

```
[ict@openEuler22 ~]$ ls --help | less
[ict@openEuler22 ~]$ ls -lh / | less
```

上面的命令利用符号|连接了两条命令，使用了 Shell 提供的管道功能。

head 命令和 tail 命令分别用于显示文件的头部内容和尾部内容。它们都提供了丰富的选项，以指定输出内容的行数和顺序。默认一次显示 10 行，如需要显示 5 行则使用-n5。值得一提的是，tail 命令还支持动态刷新功能，即持续显示文件尾部的内容，特别适用于监视动态变化的日志文件。

例如，以下代码用 tail 命令在 openEuler 的用户信息文件中查看最后 5 个用户。

```
[ict@openEuler22 ~]$ tail -n5 /etc/passwd
sshd:x:74:74:Privilege-separated SSH:/var/empty/sshd:/sbin/nologin
ict:x:1002:1002::/home/ict:/bin/bash
nginx:x:986:986:Nginx web server:/var/lib/nginx:/sbin/nologin
apache:x:48:48:Apache:/usr/share/httpd:/sbin/nologin
mysql:x:27:27:MySQL Server:/var/lib/mysql:/sbin/nologin
```

输出结果中的第一列表示用户名，第二列的 x 表示密码存放在其他文件中，第三、四、五列分别表示用户 ID、组 ID 和用户全名，第六列表示用户的主目录，第七列表示用户的默认 Shell。

cut 也是非常实用的一个命令，用于从文件的每一行中提取并输出特定列或字符。它提供了多种选项，主要如下。

* -b：以字节为单位进行剪切，可以指定要输出的字节范围，例如-b 10-20 表示输出第 10～

20 字节。

- -c：以字符为单位进行剪切，可以指定要输出的字符范围，例如-c 2-5 表示输出第 2～5 个字符。
- -d：自定义分隔符，默认为制表符。
- -f：与-d 一起使用，指定显示哪些列，默认分隔符为制表符。

可用 cut 命令在系统的用户信息文件中提取特定列的内容，例如提取用户名和用户的主目录。

```
[ict@openEuler22 ~]$ cut -d: -f1,6 /etc/passwd
...
sshd:/var/empty/sshd
ict:/home/ict
nginx:/var/lib/nginx
...
```

还有两个与查看文本文件有关的命令值得一提。

一个是 wc 命令，用于统计指定文件中的行数、单词数和字符数，并可按用户指定的选项输出部分统计信息。例如，以下代码可统计/bin/目录中所有文件的个数。

```
[ict@openEuler22 ~]$ ls -A /bin/ | wc -l
1589
```

另一个是 nl 命令，用于将指定的文件添加行号标注后重新输出，例如，

```
[ict@openEuler22 foo]$ nl /etc/os-release
     1  NAME="openEuler"
     2  VERSION="22.03 (LTS-SP2)"
     3  ID="openEuler"
     4  VERSION_ID="22.03"
     5  PRETTY_NAME="openEuler 22.03 (LTS-SP2)"
```

nl 命令应该是最简单的小工具之一，但让人意外的是，它支持的选项多达 11 个，包括指定编号的宽度、对齐方式、是否对空行编号、仅对包含指定模式的行编号等，可谓把对文本行编号这件事做到了极致。

> "小即美"——这是 UNIX 设计哲学的原则之一。nl 命令是对它的一个极好的诠释。

nl 命令让人实在没有重新开发一个类似命令的理由，于是开发者转而去开发其他更有价值的命令，这也许正是开源社区快速发展的原因之一。不过，第 5 章将带领读者重新"造轮子"，开发一个非常简单的.my-nl 小工具。

（3）比较文本文件

用户经常会修改各种配置文件、文档或程序源码等文本文件，但往往出现错误时难以及时定位。例如，在配置 Linux 软件时，修改后的配置文件不能工作、修改后的源码不能通过编译或出现新的 bug，但通过肉眼难以找出问题，也不清楚具体修改了哪些地方。因此，将修改后的文件与原始文件或备份文件进行对比，对于快速确认这些修改是否符合预期非常有帮助。

常用于文件比较的命令是 diff，广泛应用于系统维护和软件开发。它能在极短的时间内完成两个文本文件的精确比较，逐行显示它们的具体差异，并以特定的格式显示差异，例如用

"4.5c4.7"表示原文件的第 4～5 行与新文件的第 4～7 行有差异,将差异清晰地呈现出来,可帮助用户快速定位文件差异。

diff 命令的用法非常简单,参数一般为待比较的两个文件,旧文件在前,新文件在后,常用选项如表 3.8 所示。

表 3.8   diff 命令的常用选项

选项	功能描述	选项	功能描述
-u	输出统一内容的头部信息	-B	忽略空行
-i	忽略文件内容大小写的区别	-w	忽略所有空格

特别的是,diff 命令另一个重要用途是制作文件的"补丁",以一种非常简洁的方式,解决了软件源码的更新难题,曾广泛应用于 Linux 源码的更新和传播。

所谓"补丁",指的是将 diff 命令比较两个新旧文本文件所得的差异信息单独保存而得到的一个小文件。其他用户得到补丁后,通过 patch 工具将它与相应的旧文件进行合并即可得到同样的新文件。因此,只需针对少量修改过的文件分别制作补丁并分发即可实现文件的更新,而不必传送包含大量文件的完整源文件包,可显著提高传输、存储和阅读效率。

在现代版本管理软件 Git 出现之前,补丁技术曾经广泛应用于 Linux 等各种软件的修复文件,如各种安全补丁、升级补丁等。有关补丁的制作和 patch 工具,有兴趣的读者可自行查阅资料。

(4)查看二进制文件内容

Linux 支持在基于文本的 CLI 中查看二进制文件内容,帮助用户更简单地进行安全分析、程序调试等。常用的命令有 hexdump 和 od,它们可以将二进制文件转换为 ASCII(American Standard Code for Information Interchange,美国信息交换标准代码)、十进制、十六进制或浮点格式进行查看。

hexdump 命令将二进制文件内容转换为十六进制字符分行输出,并显示每行的地址、八进制数据和对应的 ASCII 字符。可使用选项来控制显示的格式和内容。例如,可使用-C 选项以大写形式显示系统的用户信息文件内容的地址和数据。

```
[ict@openEuler22 ~]$ hexdump -C /etc/passwd
00000000  72 6f 6f 74 3a 78 3a 30 3a 30 3a 72 6f 6f 74 3a  |root:x:0:0:root:|
00000010  2f 72 6f 6f 74 3a 2f 62 69 6e 2f 62 61 73 68 0a  |/root:/bin/bash.|
00000020  62 69 6e 3a 78 3a 31 3a 31 3a 62 69 6e 3a 2f 62  |bin:x:1:1:bin:/b|
00000030  69 6e 3a 2f 73 62 69 6e 2f 6e 6f 6c 6f 67 69 6e  |in:/sbin/nologin|
```

od 命令则提供了更为灵活的特性,能以多种形式显示二进制文件的内容。它能以八进制、十进制、十六进制或浮点格式显示文件内容,还可指定显示的字节数和偏移量。此外,od 命令还支持对文件中特定数据进行格式化输出等高级功能。

> 从上面的输出来看,文本文件中并非全是可输出字符。例如第二行的末尾是 0a,ASCII 值为 10,即 C 语言中 printf 函数经常用到的换行符\n。

此外,还有一个有趣的命令 strings,它常用来输出二进制文件中的字符串,为程序、函数库等二进制对象的调试、分析和诊断等提供线索及帮助。

（5）查看文件类型信息

查看文件类型信息，有助于对目标文件进行更深入的分析，包括选取适当的命令进行处理，或分析文件是否符合相应计算平台的要求等，对于系统维护和软件开发者都有极大的帮助。

Linux 中，文件类型等众多深度信息存储于文件的内容当中，而不是像 Windows 那样通过扩展名来做简单的区分。文件类型多种多样，例如文本文件是 "ASCII text" 类型，图片文件是 "JPG" 或 "PNG" 等类型，可执行文件是 "ELF" 类型。

file 命令可用来查看文件类型信息，它根据文件的开头部分来确定文件是文本文件、图片文件、可执行文件还是其他类型的文件，并给出尽量完整的描述信息。有时会出现可执行文件运行时报 "文件格式错误" 的情况，例如把 x86 格式的可执行文件复制到 ARM 开发板上运行。通过 file 命令可查看可执行文件的指令集架构和运行所需的操作系统。

```
[ict@openEuler22 ~]$ file /usr/bin/pwd
/usr/bin/pwd: ELF 64-bit LSB pie executable, x86-64, version 1 (SYSV), dynamically
linked, for GNU/Linux 3.2.0, stripped
```

从上述输出信息中可知，pwd 程序的文件类型是 64 位的 "ELF"（Linux 操作系统的可执行文件格式），支持的计算平台为 "x86-64"，支持的操作系统为 "Linux"，"dynamically linked" 表示使用了系统动态链接库。

（6）查看文件动态信息

及时查看某个文件由哪些用户、哪些程序打开，了解重要文件的相关动态信息，对于系统安全管理、开发调试和分析都是非常重要的。

lsof（list open files）命令可列出所有打开的文件，并输出正在使用它的用户、程序等详细的细节信息。"所有" 有两个含义，一是指每一个已经打开的文件；二是指全部类型的文件，它们可能是常规文件，也可能是目录、设备文件、管道文件或网络文件等特殊文件。

lsof 命令有着令人惊讶的选项数量，可见其功能之强大。它默认对所有打开的文件生成单个输出列表，并在重复模式下运行，即持续产生输出、延迟，直到被用户中断为止。它还会生成可由其他程序解析的输出，而不单是格式化显示。

openEuler 默认并未安装 lsof，执行命令 "sudo dnf install -y lsof"，即可使用。

执行以下命令可查看用户 ict 打开的全部文件，选项 "-u" 表示根据用户名查看。

```
[ict@openEuler22 ~]$ lsof -u ict
COMMAND    PID USER    FD   TYPE  DEVICE  SIZE/OFF   NODE NAME
sshd    331715 ict     cwd  DIR   253,0   4096         2 /
sshd    331715 ict     txt  REG   253,0   921584 1720448 /usr/sbin/sshd
sshd    331715 ict     mem  REG   253,0   591984 1705843 /usr/lib64/libm.so.6
...
```

在后续章节中，可以看到 lsof 命令用于查看设备文件、网络文件等。

> 由于 lsof 命令一般需要访问核心内存和各种文件，以 root 权限执行它才能够充分发挥其功能。

在 Linux 中，一切皆文件，而 lsof 命令可洞察一切正在使用的文件，了解指定的用户在指定的地点正在使用什么资源，或者一个执行的程序正在使用哪些文件或网络连接，并根据需要终止无关程序或剔除无关用户。

3.3.3 管理文件

在图形界面下，使用鼠标可快速选择多个文件进行复制、删除或打包压缩等处理。然而，考虑如下文件复制任务：从某个目录中复制一些文件到 foobar 目录中，要求仅复制那些比 foobar 目录中文件时间戳更新的同名文件或在 foobar 目录中不存在的文件。

图形界面的文件管理器可能对此任务无能为力，而 CLI 则能轻而易举地完成。不仅如此，UNIX 的设计者在初期就提供了多种简洁一致的技术手段和命令，帮助用户高效地管理各种文件。

目录和各种常规文件都是文件，本小节介绍在 CLI 下管理这些文件的共性操作。

（1）备份文件

在对重要文件进行修改之前，为了防止发生误操作或其他意外，通常会先备份该文件，即制作该文件的一个副本。必要时，可参考备份文件或直接从备份文件恢复原来的内容。

常用的备份文件的命令是 cp，即 "copy"，它可用于将源文件复制为目标文件，或将源文件复制到目标目录中，并且支持多种选项和参数，以支持不同的复制任务，基本语法格式如下：

```
cp [options] src dest
```

一般有多个参数，src（源文件）表示要复制的文件（包括目录），dest（目标文件）表示目标文件或目标目录，如果 dest 是目标目录，则 src 可以是多个文件。常用选项如表 3.9 所示。

表 3.9 备份文件命令的常用选项

选项	功能描述	选项	功能描述
-a	在复制目录时使用，保留链接、时间戳等属性，并复制目录下的所有内容，相当于-d、-p、-r 选项的组合	-u	仅复制源文件中更新时间较新的文件
-d	在复制时仍保留链接，而不是复制该链接所指向的文件	-p	保留源文件的权限、所有者和时间戳等信息
-r	用于复制目录及其所有的子目录和文件，如果要复制目录，需要使用该选项	-f	强制复制，即使目标文件已存在也会覆盖，而且不给出提示
-i	在复制前进行提示，如果目标文件已存在，则会询问是否覆盖，回答 y 时目标文件将被覆盖	-l	不复制文件，只生成链接文件

例如，以主目录为工作目录，新建一个 bak 目录，并将.ssh 目录和/etc/profile.d/目录及该目录下更新时间比 bak 目录中同名文件更早，或 bak 目录中对应位置不存在的所有文件一起备份到 bak 目录中，并尽量保留时间戳等相关属性信息。

```
[ict@openEuler22 ~]$ mkdir ~/bak
[ict@openEuler22 ~]$ cp -pru .ssh/ /etc/profile.d/ bak
```

使用时需要注意的是，确保有用文件不被备份目标覆盖，以免造成其他文件损坏或丢失。

此外，Linux 还提供了多种文件备份命令，用于更为特殊的需要，如 cpio、dump、dd 等。

（2）移动文件

将文件重命名或将文件移入其他位置是经常进行的文件管理操作，Linux 采用移动文件的方式完成这类操作。

移动文件的命令是 mv，即 "move"，用于将源文件或目录移动到目标目录中，或重命名为目标文件。基本语法格式如下：

```
mv [options] src dest
```

一般有多个参数，src 表示要移动的文件或目录，dest 表示目标文件或目录。如果 dest 是一个已存在的目录，则 src 将被移动到 dest 目录中；如果 dest 是一个已存在的常规文件，则 dest 的内容将被 src 的内容覆盖；如果 dest 不存在，则 src 移动到 dest 所在目录并重命名为 dest。当 dest 是一个已存在的目录时，src 可以是多个文件，此时将 src 所指定的多个文件都移动到 dest 目录中。

mv 命令也提供了多个选项，表 3.10 介绍了常用选项。

表 3.10　　　　　　　　　　　　　　mv 命令的常用选项

选项	功能描述
-b	当目标文件存在时，在执行覆盖前，会为其创建备份文件
-i	互动模式，如果移动的源目录或文件与目标目录或文件同名，则询问用户是否覆盖
-f	强制移动，如果指定移动的源文件与目标目录或文件同名，不会询问，直接覆盖目标文件
-n	不覆盖任何已存在的文件或目录
-u	当源文件比目标文件新或目标文件不存在时，才执行移动操作

mv 命令语法简单明了，易于理解和记忆，不仅可以用于移动或重命名单个文件或目录，还可以用于移动或重命名整个目录树，并且允许用户根据需要灵活地指定源文件或目录及目标文件或目录，是高效组织和管理文件的重要命令之一。

（3）删除文件

对于编译生成的临时文件、过期的日志文件等确定不再使用的文件，及时将它们删除是保持文件系统的整洁和高效性的重要手段，可避免出现文件系统混乱、存储空间浪费、访问性能降低等不良现象。

删除文件的命令是 rm，即"remove"，用于将文件或目录从文件树中移除，并释放文件所占用的硬盘空间。有多个参数，分别指定待删除的目标，常用选项如下。

● -i：互动模式，在删除前会询问使用者是否执行。

● -f：即使原文件或目录的属性为只读，也直接删除，无须逐一确认。

● -r：递归删除，常用于删除目录及其中所有的项目。

需要特别注意的是，使用 rm 命令删除文件属于高风险操作，文件删除后难以恢复，用户应确认后再执行。

> 破坏力非常大的操作是以 root 身份登录并执行 rm -rf/，将删除整个文件系统中的全部文件，且不会给予任何警告，直至"摧毁"Linux 和所有的数据。

为了防止误操作，一种好的做法是在使用 rm 命令时不使用绝对路径，而是使用相对路径，并且把选项"-rf"放在目录后面。这种做法可将意外损失降至最低，至少可防止在输入绝对路径的过程中提前误按回车键而造成过大范围的误删除。

（4）链接文件

UNIX 类操作系统设计了一个非常实用的机制，即可为某个源文件建立一个内容同步的链接文件，通过链接文件即可访问源文件的内容，这是每个 Linux 用户都必须掌握的常见文件。

链接文件通常简称为链接，创建链接的命令是"ln"，即"link"。链接可分为两种：硬链接（hard link）和符号链接（symbolic link，也称作软链接）。前面提到过，UNIX 的文件是对数据内容的抽象。硬链接类似于文件的别名（或 C++ 中的"引用"），与源文件一样，都是对同一份数据内容的抽象，因此与源文件的大小相同；软链接则是一个特殊类型的文件，类似文件的替身（或 C++ 中的"指针"），其内容是指向源文件的路径信息，而不是实际文件的数据内容，因而文件大小只与源文件的路径长度有关，通常只有几到几十字节。删除源文件后，硬链接仍然有效，直到所有的硬链接全部删除，系统才会释放实际数据内容所占用的硬盘空间；而软链接将变成"死链接"，即链接文件本身依然存在，但无法通过它访问源文件的数据内容。

实际应用中，软链接更为广泛。在 openEuler 中，/bin/ 目录下存在 200 多个软链接，/lib64/ 目录下存在 700 多个软链接。软链接带来的好处如下。

- 易于管理：软链接允许用户通过不同的路径使用同一个文件的内容，而不需要在每一个路径下都复制该文件的副本，不会重复占用硬盘空间，也不必烦琐地维护多个目录中的文件副本以保持内容同步。在一个位置创建多个链接，分别指向多个不同路径中的相关文件，用户即可在同一个路径中进行便捷的访问，这使得文件的管理更为简单和高效。

- 兼容性好：软链接允许用户在文件系统中创建指向任意文件的链接。这意味着，如果软链接所指向的源文件被移动或重命名，重新创建同名的软链接即可，这有助于保持文件名的一致性和完整性。软链接在命令工具和库文件中应用非常广泛，可对用户屏蔽软件的升级、更新，保持系统更好的兼容性。

- 可跨文件系统：软链接不局限于一个特定的文件系统。例如，在硬盘物理空间不足的情况下，可添加新硬盘并将新硬盘上的不同文件系统链接到根文件系统中，实现存储空间的动态扩展。在网络或分布式系统中也经常使用软链接，存储系统通常跨越多个物理位置，软链接可屏蔽这些物理存储上的差异，为用户提供一致的使用视图。

创建软链接的基本语法格式为 ln -s src dest，其中"-s"表示使用软链接，"src"表示源文件，"dest"表示链接文件。如果"dest"未指定，则在当前工作目录下创建同名链接，否则以"dest"命名新创建的链接文件。如果"dest"已经存在，则该创建失败；可通过添加选项"-f"强制创建，即覆盖原有文件。

例如，执行以下命令创建一个软链接，通过"'ulb'"即可实现对目录"usr/cocal/bin"的快捷访问。

```
ln -s /usr/cocal/bin ulb
```

需要特别注意的是，移动或删除源文件将导致软链接失效，移动软链接文件或复制软链接文件到新的路径后也可能导致软链接失效，并且这些失效可能无法被及时发现。使用软链接时应根据具体情况采用源文件的绝对路径或相对路径，以及在复制文件时选择适当的选项，对于严格的生产系统，管理员应采用 symlinks 等小工具定期检查并确认所有系统级软链接的有效性。

（5）打包文件

对多个文件或大量的文件进行存档备份或网络传输时，将它们打包为单个文件是非常有必要的，可显著降低存储空间、节省复制和传输时间。如今在网络上下载的软件安装包或源码包，大多是单个的打包文件。实际上，UNIX 在发展初期就已经常使用打包命令了，那时的存储空间更昂贵、传输速率更低，打包是非常必要的文件管理手段。

UNIX 类操作系统中非常流行的打包命令是 tar，它是一种对文件进行归档的命令，用于将多个文件和目录打包成一个单独的归档文件，并与 gzip、bzip2 等压缩命令结合使用以减小归档文件的大小，在文件管理、备份和压缩方面发挥着非常重要的作用。

tar 命令最初被用来在磁带上归档和存储文件，早在 1979 年就出现在 UNIX V7 上，后来成为 UNIX 类操作系统的标准配置命令之一。现在使用的 tar 命令多为 GNU 项目重新开发的版本，更多用于在硬盘或网络上备份和传输文件。此外，有些特殊文件，例如 "/dev" 目录下的设备文件不能使用 cp 命令直接复制，但可使用 tar 命令打包后再复制到其他地方。

tar 命令的功能非常强大，提供了大量的选项，常用选项如表 3.11 所示。

表 3.11　　　　　　　　　　　　　　tar 命令的常用选项

选项	功能描述	选项	功能描述
-c	创建新的归档文件（打包）	-r	追加文件至归档文件结尾
-x	从归档文件中提取文件（解包）	-v	显示命令执行过程
-z	使用 gzip 压缩算法进行压缩或解压缩	-f	指定归档文件
-j	使用 bzip2 压缩算法进行压缩或解压缩	-C<dir>	指定目标目录
-t	列出归档文件的内容	--help	显示帮助信息

tar 命令常用于对目录进行打包，并将其压缩为 GZIP 格式。例如，把 "/etc" 目录压缩为 etc.tar.gz 的命令如下。

```
[ict@openEuler22 ~]$ tar -czvf etc.tar.gz /etc
```

tar 命令实现解包也非常灵活。以下命令将解压缩并提取 etc.tar.gz 中的所有文件到指定目录 /tmp 中。

```
[ict@openEuler22 ~]$ tar -xzvf etc.tar.gz -C /tmp
```

tar 命令还经常与管道功能相结合，提供令人惊叹的便捷打包功能。

此外，还可使用 zip 命令和 unzip 命令进行文件打包管理。zip 是一个更加强大的压缩命令，它可以直接将多个文件和目录压缩成一个 ZIP 格式的压缩文件。zip 命令支持多种压缩算法，并可设置压缩级别来平衡压缩率和文件大小，但存在压缩速度较慢、在版本较早的操作系统上可能无法解压及处理中文文件时可能遇到乱码等主要缺点，更多信息请读者自行查阅资料。

3.3.4　查找文件

Linux 提供了多种精心设计的文件查找命令，可以帮助用户高效地完成各种查找任务。这些命令可实现查找命令对应的可执行文件，按修改日期、文件大小等属性信息查找文件，或按复杂的文本匹配规则查找文件，它们有的使用简洁，有的功能丰富，但都是针对不同任务的有力命令。

本小节主要针对 4 种常见的查找任务介绍以下经典命令，如表 3.12 所示。

59

表 3.12 查找任务的经典命令

命令	用途
which	在特定的搜索路径中查找可执行文件
whereis	在特定的搜索路径中查找可执行文件及相关的帮助文档、源码
locate	快速查找文件（通过文件名索引数据库）
find	在指定目录中精确查找文件

（1）查找可执行文件

在系统维护、安全分析、程序调试和脚本编程等任务中，经常需要确定命令实际是由哪个可执行文件来执行的，或者获取某条命令的完整路径。

which 命令常用于查找可执行文件并返回完整路径，它在系统设定的搜索路径中找查找符合条件的可执行文件，查找范围小，查找速度快。它默认只返回第一个匹配的文件路径，通过选项"-a"可以返回所有的匹配结果。

```
[ict@openEuler22 ~]$ which pwd tar
/usr/bin/pwd
/usr/bin/tar
```

（2）查找可执行文件、源码和帮助文档

whereis 命令不仅可查找可执行文件，还可查找源码和帮助文档。它默认只在系统设定的特定搜索路径中进行查找，也可通过选项指定其他的搜索路径。

```
[ict@openEuler22 ~]$ whereis tar stdio.h
tar: /usr/bin/tar /usr/share/man/man1/tar.1.gz /usr/share/info/tar.info-1.gz
/usr/share/info/tar.info-2.gz /usr/share/info/tar.info.gz
stdio.h: /usr/include/stdio.h
```

（3）全局查找文件

locate 可在系统全局范围内快速查找任意类型的文件，返回匹配成功的文件路径。它通过查询 Linux 预先建立的一个文件名索引数据库来快速匹配用户指定的文件名模式，查找速度更快。它默认在整个文件名索引数据库中查找，也可通过指定文件名模式来缩小搜索范围。

```
[ict@openEuler22 ~]$ locate pwd
/etc/.pwd.lock
/usr/bin/pwd
/usr/include/pwd.h
/usr/lib64/python3.9/lib-dynload/spwd.cpython-39-aarch64-linux-gnu.so
...
```

openEuler 默认并未安装 locate，执行命令"sudo dnf install -y mlocalte && updatedb"，即可安装并使用。

索引数据库通常会自动定期更新，最近创建或添加的文件可能在一段时间后才会自动加入该索引数据库；也可以 root 身份登录，直接执行 updatedb 命令来强制立即更新索引数据库。

（4）精确查找文件

find 是强大的查找命令之一，支持多种匹配条件，可递归搜索指定目录来查找满足条件的文件，还可采取删除等其他操作。find 命令的匹配条件包括文件名称、文件类型、文件大小、时间戳等属性。find 命令通过组合使用多个选项，可构建复杂的搜索条件，实现对文件的精确查找，用途非常广泛。

find 命令的参数用于指定查找目录，可以是一个或多个目录，多个目录之间用空格分隔，如果未指定目录，则默认为当前工作目录；选项用于指定匹配条件，可供选用的选项非常丰富，表 3.13 列出常用的选项。

表 3.13 find 命令的常用选项

选项	功能描述
-name	按文件名称查找，支持使用通配符*和?
-type	按文件类型查找，可以是 f（普通文件）、d（目录文件）、l（软链接文件）等
-size	按文件大小查找，支持使用+或-表示大于或小于指定大小，单位可以是 c（字节）、w（字数）、b（块数）、k（KB）、M（MB）或 G（GB）
-mtime	按修改时间查找，支持使用+或-表示在指定天数前或后，days 是一个整数，表示天数
-newer	按比较时间查找，如比参考文件的时间戳更新或比指定的时间戳更新等
-print	输出匹配的所有文件名，或将结果写入指定文件
-exec	执行外部程序，如对匹配的文件进行删除操作或其他各种处理

需要注意的是，由于历史原因，find 命令的选项表示方式与众不同，它使用单个短横线和字符串表示一个选项。find 在 UNIX V1 就已经引入，至 UNIX V7 已基本成型，广泛应用于大量系统脚本，为了保证这些脚本的兼容性，继续沿用这种选项表示方式。这也说明了它在 UNIX 类操作中的重要地位。

find 命令使用示例如下，在工作目录及所有子目录下，查找最近 1 天内修改过的 C 语言源文件，并打包为 latest.tgz。

```
[ict@openEuler22 ~]$ find -mtime -1 \( -name "*.c" -or -name "*.h" \) -exec tar -rvf \
> latest.tgz {} \;
```

> 以上示例中使用了 4 次转义字符"\"，表示把它之后的符号交给 find 命令而不是 Shell 来处理。另外，如果已知查找将会花费较长的时间，而又希望可以继续执行其他命令，可在以上命令的最后添加一个"&"符号，让该查找命令转到后台继续运行，用户可继续执行其他命令。后台的查找任务完成后，会在显示器上输出提示信息。

在系统日志目录下查找最后修改时间比 ttt 文件更早、文件大小超过 10MB 的所有文件，并将它们直接删除（"\!"表示对后面的一个表达式取反）。

```
[ict@openEuler22 ~]$ find /var/log/ \! -newer ttt -size +10M -type f -delete
```

在/usr 目录中查找失效的链接文件（子目录的搜索最大深度为 3），并输出它们的路径名。

```
[ict@openEuler22 ~]$ find /usr -type l -maxdepth 3 -exec test ! -e {} \; -print
```

该命令会在指定的路径下递归搜索所有的链接文件（-type l），并使用-exec 调用 test ! -e 命令检查每个链接文件是否有效，无效则显示结果。"{}"是实际文件名的替代符，"\;"为"-exec"调用命令的结束标志。

> 上面这几个看似能轻松完成的任务，在使用图形界面的文件管理器时却难以实现。在 GUI 下，应用程序的强项在于友好地支持那些普遍的功能需求，而不是个性化的小众需求；CLI 则没有限制，用户可以灵活选用这些命令的丰富选项。

实际上，find 命令提供了大量的选项，还能实现更多的查找功能。例如，将 find 命令与管道和正则表达式等结合，可设置更为精确的查找规则，帮助用户高效地完成更为复杂的查找任务。

> 与查找文件有关的另一个强大命令是 grep，它按指定匹配规则在文本文件中查找字符串，显示所有匹配的文本行，具体将在第 5 章中介绍。

3.3.5 查看系统信息

Linux 提供了多种系统信息查询命令，可帮助用户更好地了解、使用系统。用户使用这些命令可查看操作系统基本信息、登录用户信息、内存使用情况、硬盘使用情况等。

（1）查看操作系统信息

uname 命令是一个用于显示操作系统信息的命令行工具。它可以提供关于操作系统、内核、主机名和其他相关信息的详细信息。

```
[ict@openEuler22 ~]$ uname -a
Linux openEuler 5.10.0-153.12.0.92.oe2203sp2.x86_64 #1 SMP Wed Jun 28 23:04:48 CST
2023
x86_64 x86_64 x86_64 GNU/Linux
```

uname 有多个选项可分别显示系统的各项信息，使用 "-a" 选项可显示大部分信息，各项信息含义可参考表 3.14。

表 3.14 uname 命令显示的信息

类别	本机信息	类别	本机信息
内核名称	Linux	处理器类型	x86_64
内核发行号	5.10.0-153.12.0.92.oe2203sp2.x86_64	主机的硬件架构名称	x86_64
系统版本与时间	#1 SMP Wed Jun 28 23:04:48 CST 2023	操作系统类别	GNU/Linux
硬件平台	x86_64	网络节点上的主机名	openEuler

> 有关 CPU 或内存的信息，可通过 cat/proc/cpuinfo 命令或 cat/proc/meminfo 命令查看，有关 PCI（Peripheral Component Interconnect，外设部件互连）设备的信息可通过 lspci 命令查看。

（2）查看登录用户信息

管理员通过查看登录用户信息可及时了解系统上用户登录信息，综合考虑并采取相应管理措施。查看登录用户信息有两个相关命令，分别是 who 命令和 last 命令。它们可显示登录用户名、使用的终端、登录时间和备注信息（例如登录时使用的 IP 地址）。

who 命令一般用来查看当前在线的登录用户信息，例如，

```
[ict@openEuler22 ~]$ who -H
NAME     LINE     TIME              COMMENT
ict      tty1     2024-01-01 08:58
ict      pts/0    2024-01-01 08:17 (10.211.55.2)
```

第一行信息表示用户 ict 在本机的控制台 1（tty1）登录，第二行信息表示用户 ict 从 IP 地址为 "10.211.55.2" 的计算机远程登录。

last 命令用于查看最近一段时间的登录用户信息。它默认读取/var/log/wtmp 文件，并列出

该文件中的所有登录记录，包括登录时间、持续时间、登录来源等信息。以指定用户名为参数，则可只显示该用户的近期登录信息。last 命令提供了多个选项，如-a 选项可以将表示登录来源的主机名称或 IP 地址显示在最后一行，-d 选项可以将 IP 地址转换成主机名称，等等。

例如，执行以下命令可查看 root 用户的登录历史记录。

```
[ict@openEuler22 ~]$ last root
root       tty1                              Fri Nov 24 14:31 -01:34 (5+11:03)
root       pts/0       10.211.55.2           Sat Nov 18 16:12 -17:53 (01:40)
root       pts/1       10.211.55.2           Fri Nov 17 22:20 -22:20 (00:00)

wtmp begins Fri Nov 17 21:14:46 2023
```

（3）查看内存使用情况

free 命令用于查看内存使用情况，包括实体内存、虚拟的交换文件内存、共享内存区段及系统核心使用的缓冲区等的使用情况。这些信息有助于用户了解系统的内存使用情况，从而进行相应的优化或调整。在一些场合下，需要特别关心内存的使用情况，例如运行某一个软件后系统变得迟缓。

free 命令没有参数，常用选项如表 3.15 所示。

表 3.15　　　　　　　　　　　　　　　　free 命令的常用选项

选项	功能描述	选项	功能描述
-h	以合适的单位显示内存使用情况	-g	以 GB 为单位显示内存使用情况
-k	以 KB 为单位显示内存使用情况	-t	新增一行显示各列的总和
-m	以 MB 为单位显示内存使用情况	-s<N>	间隔指定秒刷新显示内存使用情况

使用"-h"选项以合适的单位显示内存使用情况，自动使用 MB 或 GB 等单位（Mi 表示 MB，Gi 表示 GB）。使用"-s"选项指定刷新显示间隔的秒数，可持续观察内存使用情况。如下命令每隔 3s 输出一次内存使用情况，按组合键"Ctrl+C"即可退出。

```
[ict@openEuler22 ~]$ free -ht
               total        used        free      shared   buff/cache   available
Mem:           942Mi       414Mi        75Mi        22Mi        562Mi        528Mi
Swap:          2.1Gi        15Mi       2.0Gi
Total:         3.0Gi       429Mi       2.1Gi
```

（4）查看硬盘空间占用情况

df（disk free）命令可查看文件系统的硬盘空间占用情况，常用于硬盘空间监控和管理等系统维护工作，通过定期执行 df 命令并检查输出结果，可以及时发现硬盘空间不足的问题，并采取相应的措施，如清理无用文件、调整文件系统大小等。

df 命令可以显示已挂载的文件系统的硬盘空间占用情况，包括已使用的空间、可用的空间、文件系统类型等信息，常用选项如表 3.16 所示。

表 3.16　　　　　　　　　　　　　　　　df 命令的常用选项

选项	功能描述	选项	功能描述
-a	显示所有文件系统硬盘空间的占用情况，包括/proc 等文件系统	-t, --type	只显示指定类型的文件系统硬盘空间的占用情况
-h	以合适的单位显示硬盘空间的占用情况	-T	新增一行显示各列的总和

```
[ict@openEuler22 bin]$ df -h /
Filesystem                     Size Used Avail Use% Mounted on
/dev/mapper/openeuler-root     40G 5.9G  32G  16% /
```

此外，还可使用 lsblk 命令查看系统中所有可用块设备文件名、容量、类型，以及挂载点等信息。

3.3.6　管理系统

用于 Linux 管理的命令行工具琳琅满目，本小节仅介绍非常基本的系统管理操作，更高级的系统管理的相关内容在后续章节逐步介绍。需要注意的是，管理系统的相关命令都要有 root 权限才可执行。

（1）设置系统日期和时间

在 openEuler 系统中，可使用 date 或 timedatectl 命令来设置系统日期和时间。

用 date 修改当前日期和时间的格式 date--set="MMM DD YYYY HH:MM:SS"。例如，设置当前日期和时间为 2024 年 1 月 1 日 00:00:00，可执行命令 date--set="Jan 01 2024 00:00:00"。

需要注意的是，这种方法只能暂时改变系统日期和时间，重启后可能会恢复到原来的值。如需要持久化保存更改，应执行 hwclock-w 将其同步到硬件时钟。

timedatectl 是 openEuler 中推荐使用的方法，它可同时支持日期、时间、时区和 NTP（Network Time Protocol，网络时间协议）网络时间同步等的设置，并可持久化保存更改。例如，修改系统日期和时间使用 timedatectl set-time "2024-01-01 00:00:00"；修改时区使用 timedatectl set-timezone "Asia/Shanghai"；启用 NTP 网络时间同步使用"timedatectl set-ntp yes"；等等。

在设置系统日期和时间之前，应确保了解当前时间和时区的正确值，以及它们对系统的影响。错误的设置可能导致数据丢失或其他未预期的行为。

（2）重启和关机

虽然重启和关机是 Linux 极少使用到的功能，但在维护时仍然需要使用，并确保在多用户使用的情况下进行安全操作，尽量避免影响其他用户正在进行的工作。

Linux 的重启和关机有 3 种相关行为。

- 停机：系统启动停机流程后，立即停用系统登录、网络连接等各种系统服务，并开始执行清理操作，如逐步终止所有进程、将缓存数据写入硬盘、卸载文件系统等，完成后即处于内核处理停止状态。

- 关机：即关闭计算机，是指完成停机流程后，向电源管理系统发送 ACPI 指令请求关闭电源。

- 重启：即重新启动系统，是指完成停机流程后，内核重新运行，直至系统就绪。

openEuler 沿用 UNIX 的惯例，提供 halt、poweroff、reboot 和 shutdown 这 4 个命令，这 4 个命令分别适用于不同的细分场景。实际上，这 4 个命令都可用于停机、关机或重启，并通过 wall 命令向所有已登录用户的终端发送警示消息。

前 3 个命令都不使用参数，并且使用完全相同的选项，默认分别执行命令对应的行为。主要选项如下。

- --halt：停机，无论调用 3 个命令中的哪一个。

- --poweroff：关闭电源，无论调用 3 个命令中的哪一个。
- --reboot：重新启动系统，无论调用 3 个命令中的哪一个。
- --force：立即执行，不等待所有系统服务完全停止但会继续完成其他停机流程；如果指定两次，则不等待停机流程完成。

shutdown 命令的默认行为是关机，也可通过选项来指定行为为停机或重启。但稍有不同的是，它支持推迟执行和定制广播消息。shutdown 命令有两个可选的参数，一个是时间字符串，另一个是广播字符串。时间字符串用于指定延迟的时间，格式可为"hh:mm""+n"，表示从现在起推迟的小时和分钟数，默认为 1min，如果指定为"now"（即"+0"），则表示立即执行，相当于 halt、poweroff、reboot 命令中的一个。广播字符串则是系统发送给所有使用者的警告信息。

在 openEuler 中，以上所有操作实际上都是通过 systemctl 命令完成的。以上 4 个命令都是指向/bin/systemctl 的软链接，允许用户不改变使用习惯，也保持了其他脚本程序的兼容性。

> systemctl 是现代 Linux 系统管理的重要命令之一，用于管理系统服务、系统级别的事件和守护进程，包含许多其他高级功能和选项，可以满足多种系统管理和维护的需求，第 8 章将详细介绍。

3.4 Shell：让命令行更强大

Shell 是使用 UNIX 类操作系统的主要途径。用户在控制台或终端上使用的 CLI，就是通过 Shell 提供的。在 CLI 中输入的命令，实际上都是由 Shell 来解释并执行的。

前文中所有命令都是在 Shell 中操作的，虽然读者可能已经感受到了 Shell 的强大功能，但目前仅用到了 Shell 最为基础的功能，即单个命令的解释与执行。实际上，Shell 还提供了多种高级交互特性，让命令行更为灵活、更为强大，从而提供真正"友好"的用户界面。

Shell 是 UNIX 设计者为自己开发的用户界面，旨在提供更"友好"的用户界面。它被设计为一个普通的应用程序，基于系统内核的优雅设计并利用简单而强大的系统调用接口开发而成，通过命令行的方式提供灵活、强大而又简洁一致的用户接口。UNIX 的爱好者一直在不断丰富、改进 Shell 的功能，或开发不同风格的 Shell，来为自己提供更加友好的交互界面。可以说，UNIX 为 Shell 提供了设计基础，而 Shell 则为 UNIX 提供了发展动力。

3.4.1 Bash 简介

Shell 的历史可以追溯到 1971 年，当时肯·汤普森在贝尔实验室开发了第一个 Shell。这个 Shell 是一个独立的用户程序，在内核之外执行，具有类似于 Multics 系统前身的特性。它引入了通配符（如*.txt）的概念和简洁的语法，用于支持重定向（<>和>>）和管道（|或^）的使用。然而，V6 Shell 的脚本编程能力相对较弱，它主要被用作交互式的命令解释器。

随着 UNIX 各种变体的发展，涌现出了更多版本的 Shell，它们有着相同的基本功能，又有其各自突出的功能特性，供不同的用户或在不同的场景下选用。常用的 Shell 如下。

- Bourne Shell（简称为 sh）：是一个交互式的命令解释器和脚本编程语言。它由斯蒂芬·伯恩在 AT&T 贝尔实验室开发，在 1977 年底首次引入 UNIX V7，后来成为 UNIX 的标准 Shell。sh 是一个比较简单的 Shell，现常用于编写系统级的 Shell 脚本和执行自动化任务。
- C Shell（简称为 csh）：由比尔·乔伊开发，以 C 语言风格的语法为基础，提供了类似 C 语言的控制结构、数学运算、内置函数和提示符自定义等功能，可以通过使用特殊字符和语法来控制命令行的行为，例如命令的执行顺序、历史命令的使用、命令的别名和参数的展开等。csh 在 BSD 系统中较为常见，值得注意的是，其语法与其他 Shell 的语法不兼容。
- Bourne Again Shell（简称为 Bash）：最为流行的 Shell 之一。Bash 由布赖恩·福克斯（Brian Fox）为 GNU 项目而开发，于 1989 年发布第一个正式版本，原计划用于 GNU 操作系统，后来可运行在大多数 UNIX 类操作系统上。它提供了许多实用的交互特性与编程特性，包括命令行编辑、变量替换和控制结构等。此外，Bash 使用完全兼容 sh 的脚本编程语法，这意味着在早期系统中使用 sh 编写的脚本程序可不加修改地在 Bash 中运行。

此外，近年兴起的 Fish（Friendly Interactive Shell）具有简单易用、界面美观等优秀特点，内置自动提示、语法高亮、自动补全、搜索历史等功能，无须添加额外插件，提供了很好的交互特性。

综合来看，Bash 在命令行交互和脚本编程等多个方面都具有优异的表现，因此成为几乎所有 Linux 的标配 Shell，具有广泛的应用场景和庞大的用户群体。本书以 Bash 为例，简要介绍 Shell 为 CLI 提供的一些常用高级交互特性。

3.4.2 环境变量

环境变量在 Shell 中的应用非常普遍，一般是指在 Shell 中用来指定用户交互和应用环境的一些参数，即为满足不同的应用场景预先在系统中设置的全局变量。这意味着它们不局限于当前 Shell 实例，而且对启动的其他任何程序或子 Shell 都是可见的。

环境变量通常用于存储系统配置、搜索路径、用户信息等重要信息，并影响系统上运行的所有程序和脚本的行为。系统级的环境变量由系统管理员设置，用户级的环境变量由用户自行定义，为 UNIX 类操作系统灵活、多级的个性化定制提供了简单实现。

（1）查看环境变量

env 命令可用于显示环境变量，若没有设置任何选项和参数，则直接显示当前的全部环境变量。以下列出了几个典型的环境变量。

```
[ict@openEuler22 ~]$ env | less
HOSTNAME=openEuler
LANG=zh_CN.UTF-8
HOME=/home/ict
USER=ict
PATH=/home/ict/.local/bin:/home/ict/bin:/usr/local/bin:/usr/bin:/usr/local/sbin:
/usr/sbin
```

表 3.17 介绍一些常用的环境变量的含义。

表 3.17 常用的环境变量的含义

环境变量名	含义	环境变量名	含义
SHELL	当前 Shell 文件的路径名	USER	当前登录用户名
PWD	工作目录	PATH	可执行文件的搜索路径
HOME	用户默认主目录	LANG	计算机系统使用的语言（中文或英文等）

env 命令执行后显示的是全部环境变量，也可通过 echo 命令显示指定环境变量的值，使用方法是“echo $环境变量名”例如 echo $PWD。需要注意的是，按照惯例，环境变量属于全局变量，需要用大写字母表示。

（2）使用环境变量

“$PATH”是一个非常重要的环境变量，用于存储可执行文件的搜索路径，执行命令“echo $PATH”可显示它的值。

```
[ict@openEuler22 ~]$ echo $PATH /home/ict/.local/bin:/home/ict/bin:/usr/local/bin:/usr/bin:/usr/local/sbin:/usr/sbin
```

正是由于系统默认路径的存在,所以用户在命令提示符后面输入命令时是没有指定路径的，Shell 在“$PATH”指定的搜索路径中按顺序逐个查找该命令，从第一个路径开始，如果搜索完全部路径后仍未找到命令，则会显示“command not found”的报错信息。

假设已经把目录“/home/ict/bin”加入 PATH 环境变量，如果在目录/home/ict/bin/中存在一个名为“find”的可执行文件，则它会被优先执行。使用 type 命令可以显示指定命令所属类型，如果指定命令不是 Shell 内建命令，则显示指定命令所在的绝对路径。

```
[ict@openEuler22 ~]$ type find
find is /home/ict/bin/find
```

这意味着，处于搜索路径前面的路径，会覆盖处于搜索路径后面的路径，那么同名的系统命令可能被替换。

> 需要特别指出的是，当前目录并不在$PATH 中，因此即使可执行文件 foo 在当前目录下，也必须以./foo 的方式运行。这是一种安全机制，可避免意外运行同名的恶意程序。

（3）设置环境变量

Bash 中的环境变量有两种设置方式，一种是使用 export 命令设置临时环境变量，另一种是在配置脚本中设置永久环境变量，这些配置脚本主要包括系统级的/etc/profile.d/*、用户级的~/.bashrc 或~/.profile 等。

- 临时设置：在当前 Bash 中执行 export 命令设置环境变量后，对于所有之后执行的命令都有效，直到退出本次 Bash 会话。

```
[ict@openEuler22 ~]$ export PATH=/home/ict/tools/bin:$PATH
```

- 永久设置：在 Bash 的配置文件中设置环境变量后，每次用户登录后都将自动生效。以下命令将环境变量设置添加到~/.bashrc 文件末尾，并立即加载使其生效。

```
[ict@openEuler22 ~]$ echo "export PATH=/home/ict/tools/bin:$PATH" >> ~/.bashrc
[ict@openEuler22 ~]$ . ~/.bashrc
```

为保持良好的兼容性，不建议修改系统级的配置脚本/etc/profile 或/etc/bashrc 文件，而应该在/etc/profile.d/目录下创建新的配置脚本，供系统自动调用。

> Bash 中的另外一种变量称为"Shell 变量",仅在当前 Shell 实例中存在。它们不会传递给子 Shell 或启动的其他程序。命令提示符使用的是 Shell 变量 PS1 和 PS2,可通过 man bash 命令查询帮助文档了解更多关于 Shell 变量的相关信息。

3.4.3 通配符与自动补全

通配符与自动补全都是 Shell 提供的快捷输入手段。通配符用于在命令行中以简单的方式快速选择多个文件作为操作对象;自动补全用于帮助用户减少命令行的输入字符并更快速地输入命令名或参数名。这些输入手段提升了命令行的输入友好性,比使用鼠标更具灵活性,甚至更加快捷。

（1）通配符

使用通配符"*"可快速选择具有特定模式文件名的所有文件。例如,使用"*.txt"可匹配当前目录中的所有文本文件,而无须逐个输入或选择文件名;使用"**/*.log"甚至可匹配当前目录及其子目录中的所有日志文件,这种简单、高效的操作是在 GUI 下使用鼠标难以做到的。

结合通配符和命令行工具（如 ls、cp、mv、rm 等）,可一次性对多个文件执行操作。例如,使用 rm *.bak 可以快速删除所有扩展名为.bak 的备份文件。查看多个命名符合指定模式的文件。

```
[ict@openEuler22 ~]$ ls -dl /*bin
lrwxrwxrwx. 1 root root 7 5月 27 2023 /bin -> usr/bin
lrwxrwxrwx. 1 root root 8 5月 27 2023 /sbin -> usr/sbin
```

Bash 将根据通配符,将所有匹配的文件名（包括路径）传递给"rm"等命令作为参数,替代了用户在键盘上逐个输入文件名。

通配符"*"表示匹配 0 个或多个其他合法字符,即匹配任何文件名。除了"*"外,Bash 还可使用"?"表示匹配文件名中的任意一个字符,并可与"*"混合使用,例如,使用"a?"表示匹配以 a 开头且有两个字符的文件名;使用"a??"表示匹配由字母 a 和任意两个字符组成的文件名;使用"??c*"表示匹配所有第 3 个字符是 c 的文件名。使用通配符,可帮助用户更快速地完成交互任务,节省用户时间并提升用户体验。

> 如果通配符本应传递给命令自身进行处理,加引号或转义字符"\"即可。例如,find 命令中"-name"之后的通配符应交给 find 自身处理,而不应由 Bash 来处理。

（2）自动补全

自动补全是指 Bash 根据用户输入的部分字符串,帮助用户快速补全全部拼写的技术,主要有以下几种。

- 基于 Tab 键的自动补全:在命令行中输入命令或文件路径的一部分,然后按"Tab"键,如只有一个候选项,则自动补全它的完整拼写;如未补全则再按一次"Tab"键,Bash 会显示所有候选项,继续输入部分目录名再按"Tab"键,直到出现唯一的候选项即完成自动补全。

- 命令行历史自动补全:按组合键"Ctrl+P"或"Ctrl+N"分别选择前一条命令或后一条命令;按"Ctrl+R"后输入关键字,系统会自动搜索之前输入过的命令,并显示匹配的历史命令。可以继续按"Ctrl+R"进行切换，直到找到所需的历史命令，或按"Ctrl+G"退出。

- 自定义自动补全规则：Bash还允许用户自定义自动补全规则。用户可以创建自己的自动补全脚本，并将其放置在特定的目录中。当输入命令的一部分时，系统会自动加载这些脚本，并根据规则进行自动补全。这样就可以根据个性化偏好来定制自动补全功能，提高编写效率。
- 命令补全工具：有一些第三方命令补全工具可以提供更丰富的功能，如可安装 bash-completion 软件包来增强 Bash 的自动补全功能。

3.4.4 组合命令

Bash 提供了多种命令组合方式，为用户提供简洁、高效的命令行交互环境。

（1）命令连接

用户可能经常会遇到需要连续执行几条相关命令的场景，此时可用命令连接的方式减少命令行的交互次数，减少等待时间。

例如，参与大型软件项目的开发者，经常会重复这类工作——进入项目源码所在目录，从版本管理服务器下载最新版本，编译所有文件，如果编译成功就运行测试脚本。一般做法是，每次输入一条命令，等待执行完成后，再输入下一条命令并执行，以此类推。但两条命令中间，可能会经过漫长的等待，而一旦离开，前一条命令执行完成后系统就一直处于暂停状态。

针对这种场景，可用符号"&&"连接多条命令，即命令间互为"与"关系，前一条命令执行成功则执行后一条命令，否则放弃执行后续所有命令，例如，

```
[ict@openEuler22 foo]$ pwd && mkdir /foo && pwd
/home/ict/foo
mkdir: cannot create directory '/foo': Permission denied
```

以上命令实际上并不会全部执行，由于 ict 用户没有在根目录下创建目录的权限，第二条命令执行失败，命令行提前终止。

类似地，可用符号"||"连接两条命令，即命令间互为"或"关系，前一条命令执行成功则不执行后一条命令，否则执行后一条命令。如果前后命令之间没有紧密联系，可直接用符号";"将它们连接起来，无论前面的命令执行是否成功，后面的命令都会执行。

> Shell 判断前一条命令是否执行成功的依据是 Shell 变量 "$?"，它存储了前一条命令的退出状态，若值为 0 则表示执行成功，否则表示执行失败。如果这条命令是一个 C 语言编写的程序，退出状态就是 main 函数通过 return 返回的结果。在 Shell 变量中保存这个结果，是为了后续操作时可以根据前一条命令的不同退出状态采取不同的处理方式。这就是 C 语言的 main 函数默认返回 0 的原因。

（2）命令替换

通过反引号"`"可使用命令替换功能，将一条命令的输出作为另一条命令的输入参数。例如，可将 mktemp 命令生成的一个临时文件名，保存在 Shell 变量中（注意 Shell 的赋值符号"="

的两边都不能有空格），命令如下。

```
[ict@openEuler22 ~]$ tmpf=`mktemp -u /tmp/tmp.XXXX` && echo $tmpf
/tmp/tmp.6PYJ
```

实现命令替换的另一种方法是使用 "$" 和 "()"，例如$(pwd)与`pwd`的作用相同。

在 3.2.5 小节中，安装 Man 文档包时用到了命令替换。

```
[ict@openEuler22 ~]$ sudo dnf install -y `rpm -qf \`which dnf\` | sed
's/-[0-9].*//'`-help
```

该命令行中，两次使用了命令替换。第一次是 rpm 命令使用 which dnf 命令的输出作为输入参数查询所属的软件包名；第二次是 dnf install 命令使用 sed 命令的输出作为输入参数安装对应的 Man 文档包。需要注意的是，由于命令替换中包含另一个命令替换，因此用到了转义字符。

该命令也可重写为如下形式。

```
[ict@openEuler22 ~]$ sudo dnf install -y `rpm -qf $(which dnf) | sed 's/-[0-9].
*//'`-help
```

（3）命令组

符号 "()" 可以创建一个命令组在子 Shell 中执行命令，还可以组合多条命令作为一条单一命令与其他命令进行连接。

用子 Shell 执行命令不会影响当前的 Shell 环境。

```
[ict@openEuler22 ~]$ (cd /tmp; pwd) && pwd
/tmp
/home/ict
```

输出信息中，第一行为子 Shell 中命令的输出，表明以上子 Shell 改变工作目录为/tmp，并不会影响当前 Shell 的工作目录。

3.4.5 重定向

重定向技术是 UNIX 早期的一项重要发明，在各种 UNIX 类操作系统上沿用至今。它允许用户通过指定不同的文件或设备来改变程序的输入和输出源，灵活地控制程序的输入和输出流，完成不同的交互任务。

UNIX 类操作系统为每个程序都提供了 3 个抽象的标准 I/O 通道，分别是标准输入（stdin）、标准输出（stdout）和标准错误（stderr）。标准输入是程序用于获取输入的通道，默认设置为键盘；标准输出是程序用于发送输出的通道，默认设置为显示器；标准错误是程序用于发送错误信息的通道，默认设置为显示器。C 语言中的 scanf 函数使用的就是标准输入，printf 函数使用的则是标准输出。

重定向技术用非常简单的方式改变这 3 个标准 I/O 通道的默认设置，灵活地控制程序的输入和输出，甚至可将正常输出和错误信息相分离，为命令行提供了极高的灵活性。

（1）输出重定向

输出重定向是指将一个命令的默认标准输出通道改变为文件，它使用 ">" 和 ">>" 等特殊连接符号连接命令和文件。两种连接符号的相同点是如果文件不存在，则先创建文件并写入命令执行结果；不同点是如果文件存在，">" 用命令执行结果覆盖现有文件，">>" 追加命令执行结果到现有文件的末尾。

例如，echo 命令默认把传递给它的字符串输出在显示器上，可用输出重定向技术将字符串写入文件。

```
[ict@openEuler22 ~]$ echo "Hello, openEuler!" > hello.txt
```

该命令的标准输出被改变为文件，因此以上字符串直接写入了文件 hello.txt，而不会输出在显示器上。但如果有错误信息输出，依然会输出在显示器上。如果希望将错误信息与标准输出重定向到同一通道，可使用"&>"符号。

```
[ict@openEuler22 ~]$ echo "Hello, openEuler!" &> hello.txt
```

> 上述做法实际是将标准错误重定向到标准输出，而标准输出已重定向为文件，所以它们都重定向为文件。相关的知识是，UNIX 中 3 个标准 I/O 通道的文件描述符分别是 0、1、2。

如果希望完全忽略任何错误信息，既不与程序的输出混淆也不显示在显示器上，可使用"2>"将标准错误重定向到 Linux 的"黑洞"文件。

```
[ict@openEuler22 ~]$ echo "Hello, openEuler!" > hello.txt 2> /dev/null
```

> tee 是一个有趣的命令，它从标准输入获取输入，然后将输入同时复制到标准输出，并写入参数指定的多个文件。

（2）输入重定向

输入重定向是指将一个程序的默认标准输入通道改变为文件，它使用符号"<"连接程序和文件。

例如，wc 命令用于统计文本文件的行数、单词数和字符数等信息。如果未指定参数，则从标准输入读取内容，可将输入重定向为文件。

```
[ict@openEuler22 ~]$ wc < hello.txt 1 2 18 hello.txt
```

也可以同时使用输入重定向和输出重定向。

```
[ict@openEuler22 ~]$ wc < hello.txt > wc.txt
```

> UNIX 发明的重定向技术，使得命令行程序的设计和使用更为简洁、一致。开发者不必特意设计功能来支持多种不同的输入或输出方式，使用者也不受限于程序现有的输入和输出功能。只要使用 UNIX 提供的这 3 个标准 I/O 通道，就可以灵活地改变输入和输出。因而这 3 个标准 I/O 通道极为广泛地应用于 UNIX 类操作系统的各种命令行程序中，以支持输入和输出的重定向。

（3）应用示例

当对一个具有成千上万个文件的软件项目（例如 Linux 内核源码）的部分文件做了修改时，想要记住修改了哪些文件、在哪些地方做了修改是非常困难的事。此外，有时还需要把修改后的软件包发送给另一个用户，但由于整个软件包很大，网络传输耗时会很长。最简单的办法是使用 diff 命令生成补丁文件发送出去，对方使用 patch 应用该补丁文件即可获得同样的修改。

例如，以下命令基于 kernel 和 kernel.new 两个目录，递归比较差异，生成补丁文件：

```
[ict@openEuler22 ~]$ diff -uNr kernel kernel.new > kernel.patch
```

另一用户收到该补丁文件后，将其放入 kernel 目录中，并执行以下命令即可完成同样的修改。

```
[ict@openEuler22 kernel]$ patch -p1 < kernel.patch
patching file ...
```

此外，补丁文件还大量应用于 Yocto 项目，作为构建软件包的重要依据，为 Linux 的定制和移植提供高效的支持。

（4）Here 文档

Here 文档（Here Document）是重定向的一种特殊应用，它允许传递多行数据给当前输入的命令，在自动化任务的脚本中应用非常普遍。语法格式如下。

```
[command] <<[-] ['DELIMITER' | DELIMITER]
    HERE-DOCUMENT
DELIMITER
```

简要说明如下。

- 第一行以可选命令开始，紧接着是重定向符号<<，然后是结束界定符，"-"和界定标识符是可选项，界定标识符可加引号，也可不加引号。
- 可使用任何字符串作为结束界定符，常用的是 EOF 或 END。
- HERE-DOCUMENT 块里可以包含命令、变量和任何其他类型的输入。
- 最后一行的结束界定符必须是不带引号的 DELIMITER，并且开头不能有空格或任何其他字符。

Here 文档通常与 cat 一起使用，在不使用编辑器的情况下，向文件中存入指定内容。例如以下示例在 HERE-DOCUMENT 块中传递了文本和环境变量，并将它们写入 hello.txt 文件末尾。

```
[ict@openEuler22 ~]$ cat << EOF >> hello.txt
> Hello, $(whoami)@$HOSTNAME
> EOF

[ict@openEuler22 ~]$ cat hello.txt
Hello, ict@openEuler22.03
```

Here 文档还可用于实现某些程序的多次交互输入，从而可在 Shell 脚本中实现任务自动化，在第 8 章中的实例中会再次遇到。

3.4.6 管道

管道是 UNIX 重要的发明之一，至今依然可视为 UNIX 类操作系统中 Shell 交互界面的"灵魂"。它为命令之间的协作提供了系统级的机制，简单而高效；为命令行提供了灵活的功能组合和强大的数据流处理能力。

管道在命令行中用符号"|"表示，它可以连接两个命令。具体地说，它将前一个程序的标准输出与后一个程序的标准输入相连接，为命令行交互提供了一种非常简单却极为高效的协作机制。

（1）基本用法

例如，以下命令将 echo 命令的输出与 wc 命令的输入连接起来。

```
[ict@openEuler22 ~]$ echo "Hello, openEuler!" | wc
      1       2      18
```

在 3.2.5 小节中，安装 Man 文档包时用到了管道。

```
[ict@openEuler22 ~]$ sudo dnf install -y `rpm -qf \`which dnf\` | sed
's/-[0-9].*//'`-help
```

该命令行中，rpm 命令输出的软件包名，通过管道作为 sed 命令的输入，sed 删掉以 "-"连接版本号信息开始的所有字符，得到软件包名的主体部分。添加的 "-help" 即 Man 文档包名，交给 dnf install 进行安装。

管道还可以连接多条命令，让这些命令通过协作实现更为复杂的新功能。例如，以下代码连接 4 个命令，将/etc/passwd 文件按字母排序后，追加到/tmp/passwd 文件并输出到标准输出，交给 nl 添加行号后保存到文件。

```
[ict@openEuler22 ~]$ cat /etc/passwd | sort | tee -a /tmp/passwd | nl > nlpasswd
```

> 上面的代码展示 tee 命令的一个主要用途，即在数据流的中间开一个分支，在不影响数据流处理的同时，将中间结果写入日志文件，以便在必要时进行追踪分析。

可见，使用管道可简单地组合多个命令实现一种新功能，而不是开发一个新的程序来满足任务需要，而且这种组合方式非常灵活。实际上，管道的功能是将数据流从一个程序传递到另一个程序，支持数据的连续处理操作和多种功能扩展。

一方面，一个程序如果将输出以文本数据的形式发送到标准输出，则可使用任意其他支持标准输入的文本处理程序进行各种不同的再处理，连接多个小程序让文本流像在流水线上一样经过不同小程序的加工处理，使得命令行的功能扩展几乎不受限制，这是管道让命令行更强大的表现之一，也是 UNIX 广泛采用文本协议的原因之一。

任何功能复杂的单一程序，都不可能覆盖用户的所有需求，而使用管道则可对功能进行不受限制的扩展，因此 UNIX 的 "小即是美" 与管道技术相得益彰。

另一方面，管道非常适合处理大量数据，它不是将所有数据先存储在内存中再进行处理，而是直接处理数据流，或者说 "边写边读"。例如，通过管道连接文件备份命令 dd/dump（备份）和 restore（恢复）对文件数量庞大的文件系统进行操作，可节省大量的硬盘空间和读写时间。此外，管道在数据库异地备份和网络传输中应用也非常广泛。

> 对于某些在命令行下难以直接实现连接的两个程序，可使用 mkfifo 交互式创建命名管道，再分别将输入和输出重定向到命名管道对应的文件。

（2）应用示例

用 tar 命令将文件打包后，可连接不同的压缩命令进行压缩处理，相当于对 tar 命令实现多种压缩算法的扩展，而这种扩展是不受限制的——只要再开发一种使用新压缩算法的命令即可。

如下代码分别采用 gzip 命令和 xz 命令对文件包进行压缩。

```
[ict@openEuler22 ~]$ tar -cvf bak.tar ~/bak | gzip > bak.tar.gz
[ict@openEuler22 ~]$ tar -cvf bak.tar ~/bak | xz > bak.tar.gz
```

用管道将 find 命令与其他命令连接，可实现多种复杂功能。例如，执行以下命令查找工作目录下及其所有子目录中的 Shell 脚本文件，并直接打包。

```
[ict@openEuler22 ~]$ find -type f -name "*.sh" | tar -cvf sh.tar -T
```

执行以下命令查找当前目录及各级子目录中的所有 C 语言源文件，分别统计文件大小及总和，并按文件从小到大的顺序显示。

```
[ict@openEuler22 ~]$ find . -name "*.c" | du -ch | sort -k1 -n
```

du 用于显示文件所占硬盘空间，sort -k1 -n 表示将输出结果按第一列的数值进行排序。

管道经常与 xargs 命令相结合，与更多的程序相连接，实现更丰富的复合功能。xargs 命令从标准输入读取数据，将这些数据作为参数逐个传递给其他命令并分别执行。

> xargs 的重要作用在于将不支持从标准输入获取输入或不支持多个参数的命令加入数据流。这些命令不支持标准输入都是有特别原因的，例如 file 或 mv 命令，它们的输入参数只能是文件名，而将其他一般的文本输出作为参数是没有意义的，并且 mv 命令的参数地位并不相同。

例如，执行以下命令查找当前目录及各级子目录下的所有 C 语言源文件，并分别统计行数。

```
[ict@openEuler22 ~]$ find -type f \(-name "*.c" -or -name "*.h" \) | xargs wc -l
```

> 以上命令中，如果不使用 xargs 将会是另外的结果，即统计结果输出的行数，而不是查找到的每个文件内容的行数。

以下命令在工作目录下查找所有的脚本文件，分别在每个脚本文件的名称中添加 ".bak" 扩展名，即批量进行重命名。

```
[ict@openEuler22 ~]$ find . -maxdepth 1 -type f -name '*.sh' | xargs -I % mv % %.bak
```

-I %是替代符，表示分别用所匹配的文件名来替换 mv % %.bak 中的%。

> 思考：在 Windows 等系统的 GUI 下如何完成这些类似的小任务？

管道是一种简单、高效的协作机制，可将支持标准输出和标准输入的任意小程序连接起来，使用不同功能持续处理数据流（包括二进制字节流和文本流），为命令行提供几乎不受限制的功能扩展能力，这是任何大规模的单一集成软件所难以企及的。

当然，以上示例中的命令都比较复杂，如需要经常使用，可通过 alias 命令、编写 Shell 函数或 Shell 脚本将它们扩展为用户自己的新命令。

3.4.7 扩展命令

为了提供更丰富或者更适合用户的功能，Shell 允许用户通过多种途径对现有命令进行扩展。在 Shell 中执行的命令主要有以下 3 种类型。

- 内部（builtin）命令：在 Shell 程序内部以函数的形式实现的命令，可进一步提高命令的执行效率，通常是频繁使用的命令，属于 Shell 的一部分。
- 外部命令：由其他可执行文件提供的命令，是在 Shell 外部独立实现的，可以用 C/C++ 等高级语言编程生成的二进制程序或用 Shell/Python 等脚本语言编写的脚本程序，适用于不同的 Shell。例如，pwd、cd 等都是内部命令，而 ls、cat 等 "/bin/" 目录中的命令则是外部命令。

- 别名命令：使用 alias 命令自定义的命令，如执行命令 "alias ll='ls -lh --colre'" 则定义了一个新的别名命令 ll。

用 type 命令可查看命令的类型。

```
[ict@openEuler22 ~]$ type cd cat ls
cd is a shell builtin
cat is /usr/bin/cat
ls is aliased to `ls --color=auto'
```

除了外部命令和别名命令，还有一种扩展命令是 Shell 函数命令，即使用 Shell 脚本语言编写函数来实现的命令。

下面以为安装 Man 手册编写 Shell 函数为例，介绍 Shell 函数命令的使用。

在 3.2.5 小节中，安装某条命令对应的 Man 手册时使用了比较复杂的命令。经常使用这种命令并不方便，可通过编写 Shell 函数来定义简单的扩展命令。

原来使用的命令如下。

```
[ict@openEuler22 ~]$ sudo dnf install -y `rpm -qf \`which dnf\` | sed 's/-[0-9].
*//'`-help
```

通过以下两个简单步骤即可自定义新的扩展命令：编写 Shell 函数、加载 Shell 函数。

（1）编写 Shell 函数

使用 Here 文档方式或其他方式，将以下内容写入~/.install-help.rc 脚本文件。

```
function install-help() {
dnf install -y `rpm -qf \`which dnf\` | sed 's/-[0-9].*//'`-help
}
```

（2）加载 Shell 函数

使用.命令或 source 命令把 Shell 函数 install-help 加载到当前的 Shell 环境。

```
[ict@openEuler22 ~]$ . ~/.install-help.rc && type install-help
install-help is a function
```

成功加载后 install-help 即可当作命令直接使用。如果在 Bash 配置文件~/.bashrc 中加载 ~/.install-help.rc 脚本文件，或把上面这 3 行脚本语言代码添加到~/.bashrc 中，则每次登录后即可直接使用 install-help 命令。

使用 install-help 命令，可让安装 Man 帮助文档变得更为简单。

```
[ict@openEuler22 ~]$ sudo -i install-help xargs && man xargs
```

> 注意，使用 sudo 执行 ict 用户的扩展命令并不能成功，原因在于 root 用户的 Shell 环境中没有 install-help 命令，只需要按同样的方法修改 root 用户的 Bash 配置文件/root/.bashrc 即可。

这就是 Shell 提供的另一种命令类型：Shell 函数命令（它在当前的 Shell 中执行）。相比 alias 命令，这种命令非常适用于扩展稍微复杂而又频繁使用的功能。更为复杂的功能，可开发 C/C++程序或 Shell 脚本，并将其扩展为外部命令。有关 Shell 脚本编程的更多内容，可参考第 5 章。

3.4.8 命令行编辑

Bash 为命令行交互提供了非常强大的命令行编辑功能。命令行编辑是指在终端输入命令时可以使用组合键等编辑功能，快速地对命令行进行文本处理，为用户提供更好的体验。例如，用"Ctrl+A"组合键可将光标直接移动到行首，用"Ctrl+E"组合键可将光标直接移动到行尾，等等。熟练运用这些命令行编辑组合键可极大地提高交互效率，使得在命令行中操作时能得心应手。

本小节列出的常用的命令行编辑组合键，可减少重复输入字符，并减少手指的来回移动，强烈建议在日常工作中坚持使用，直到形成习惯。

（1）快速移动光标

这些组合键可减少对方向键或鼠标的依赖，从而缩小手部的移动范围，提高光标移动效率，如表 3.18 所示。

表 3.18   快速移动光标组合键

组合键	功能描述	组合键	功能描述
Ctrl+A	将光标移动到行首	Ctrl+B	将光标向后（左）移动一个字符
Ctrl+E	将光标移动到行尾	Alt+F	将光标向前（右）移动一个单词
Ctrl+F	将光标向前（右）移动一个字符	Alt+B	将光标向后（左）移动一个单词

（2）命令编辑

这些组合键可提高命令编辑效率，并且不依赖鼠标，如表 3.19 所示。

表 3.19   命令编辑组合键

组合键	功能描述	组合键	功能描述
Ctrl+D	删除光标处的字符，如果光标前后都没有字符，则会退出 Shell	Ctrl+K	从光标处删除至命令行尾
Ctrl+H	删除光标前（左）的字符，相当于按"Backspace"键	Ctrl+U	从光标处删除至命令行首

（3）终端控制

这些组合键提供了对终端或交互设备的必要控制功能，如表 3.20 所示。

表 3.20   终端控制组合键

组合键	功能描述	组合键	功能描述
Ctrl+L	清屏，效果同执行 clear 命令	Ctrl+C	终止当前任务
Ctrl+M	提交命令	Ctrl+S	阻止屏幕滚动输出更多信息，如大量的编译信息
Ctrl+Z	挂起当前任务，执行 bg 命令可将任务放到后台执行	Ctrl+Q	允许屏幕滚动输出

3.5 用户与权限

经常困扰初学者的一个错误提示是"Permission denied"，这是与权限有关的典型问题。

UNIX 设计目标之一就是面向多用户的操作系统，系统之中一切皆文件，在系统配置、用户配置等各种应用中还广泛采用了易于读和写的文本文件，它们直接影响着系统的稳定性和用户私密性。因此，有效保障这些文件的访问控制对于 UNIX 的安全性至关重要。

UNIX 类操作系统在早期就设计了一种精简的用户与权限模型，可高效地实现所有用户对各种系统资源的访问控制，使用简单，易于理解和管理，沿用至今。

3.5.1　用户模型

在多任务操作系统中，用户是系统资源的分配对象，系统根据用户身份确定系统资源的使用方式。这些系统资源包括 CPU、内存、硬盘等，管理员用户应该可以几乎不受限制地使用所有资源，但其他普通用户应该受到限制。操作系统必须能够区分当前访问相关资源的用户是否为资源拥有者或已获授权者，以保护所有用户的资源不被非法读取、改写或删除。

Linux 的用户模型非常简单，分为用户和用户组两级来进行管理。每个用户可以属于多个用户组，每个用户组可以拥有多个用户。用户使用用户名和密码作为登录系统的凭证，系统通过用户 ID（User ID，UID）识别用户，主目录是用户独有的目录。这些用户基本信息存放于文本文件 /etc/passwd 中，组名、组 ID（Group ID，GID）等用户组基本信息存放于文本文件 /etc/group 中。

root 用户是 Linux 的第一个用户，拥有最高权限。用户名和 UID 分别固定为 root 和 0，可以几乎不受限制地读写所有文件，建议仅在系统维护等必要情况下才使用。

直接以 root 身份进行日常操作，具有诸多风险：误操作可能会带来灾难性后果、执行程序可能招致木马攻击、容易泄露密码。因此，除非有必要，否则不应使用 root 身份与系统交互。同理，也不应以 root 身份启动一般的服务程序，以免因软件漏洞导致系统灾难。

3.5.2　切换用户身份

Linux 为用户提供了快捷切换用户身份的命令，不必频繁重新登录系统即可高效完成各类相关任务。

一般来说，尽量不要使用 root 身份登录系统，但有些操作，如软件安装和卸载等系统管理操作，必须使用 root 用户的权限，此外，有时需要以虚拟用户身份启动某些应用程序，降低系统的安全风险。

（1）临时使用其他用户身份

获得授权的普通用户使用 sudo 命令可临时使用其他用户身份，如果未指定用户身份则默认使用 root 身份。

```
[ict@openEuler22 ~]$ sudo whoami ; sudo file ~ ; sudo -u openEuler whoami ;
[sudo] ict 的密码：
root
/home/ict: directory
openEuler
```

输入当前用户的密码，通过验证后即以其他用户身份运行指定的命令。

从第二条命令的输出可知，主目录仍然是 ict 用户的，表明以上命令实际是使用 root 身份在当前用户的 Shell 环境中运行的。如果要使用 root 身份的登录环境运行命令，使用-l 选项即可。

sudo 命令通过配置文件 /etc/sudoers 对普通用户进行授权。在 openEuler 中，wheel 组用户都是允许使用 sudo 命令的。因此，将普通用户添加到 wheel 组即可使用 sudo 命令。此外，还可以在

/etc/sudoers 中对其他用户组或用户进行更细粒度的配置，如仅允许用户以 root 身份执行有限的命令，或某些用户无须验证密码等。

sudo 命令会优先使用 root 身份，尤其适用于必须以 root 身份快速执行几条命令的临时需求。如果需要使用 root 身份执行多条连续的命令，可使用与下面类似的命令。

```
[ict@openEuler22 ~]$ sudo sh -c "cd /var/log && du -hs"
12M .
```

root 用户可使用 runuser 命令，临时以其他用户身份启动某些服务型应用程序，以降低安全风险。

（2）切换为其他用户身份

所有登录用户都可使用 su 命令切换为其他用户身份，进行后续所有的会话。如果未指定用户身份，则默认切换为 root 身份。根据是否指定"-"选项，su 命令有两种使用方法。

- su [user]：切换为其他用户身份，但当前会话的 Shell 环境保持不变。
- su -[user]：切换为其他用户身份，Shell 环境切换为其他用户的 Shell 环境，相当于以其他用户身份登录。

切换为其他用户身份后，使用 exit 命令可退回原用户的会话。需要注意的是，用 su 命令切换为其他用户身份时，校验的密码是其他用户的密码。

3.5.3 权限模型

权限是操作系统用来限制资源访问的机制。UNIX 类操作系统将一切资源都抽象为文件，并为文件设置读、写、执行 3 种一般权限。结合多用户特性，UNIX 将每个文件都按所属用户（也称为属主）、所属用户组及其他用户分别赋予不同的读、写、执行权限。通过这种简单的机制，即可控制哪些用户、哪些用户组可以对特定文件采取何种操作，从而灵活地控制所有用户对系统资源的访问。

简单地说，用户、用户组与文件权限共同确定用户对文件和进程等系统资源的访问许可，即用户能否读取、修改、执行某个文件，取决于该用户及其所在用户组对该文件是否具有相应的权限；用户启动的进程对某个系统资源是否有读写和修改权限，取决于用户和用户组对该系统资源是否有权限。

（1）权限表示法

Linux 文件的一般权限分为 3 种：读（read）、写（write）和执行（execute），常用"rwx"表示法（即使用 3 种权限对应的缩写字母，也称符号表示法）或八进制表示法表示权限，如表 3.21 所示。

表 3.21   权限表示法

符号表示	八进制表示	二进制表示	访问权限
rwx	7	111	读+写+执行
rw-	6	110	读+写
r-x	5	101	读+执行
r--	4	100	只读
-wx	3	011	写+执行
-w-	2	010	只写
--x	1	001	只执行
---	0	000	无权限

文件的执行权限决定用户是否可以运行该文件，目录的执行权限决定用户是否可以获取这个目录的内容。如果用户不具备某个目录的执行权限，则无法访问该目录中的所有内容。

除了文件的执行权限外，root用户不受其他权限的限制。

（2）权限控制粒度

Linux的权限控制粒度是基于用户和用户组的，如表3.22所示，每个文件或目录都有一个所属用户和所属组。通过分别设置所属用户（User）、所属组（Group）和其他用户（Other）的访问权限，即可防止未被授权的用户访问或修改文件，从而保护系统和用户的敏感数据。

表 3.22 权限控制粒度

粒度	表示	描述
所属用户	u（User）	文件拥有者，默认为文件的创建者
所属组	g（Group）	文件所属组里的全部用户
其他用户	o（Other）	其他所有用户
所有	a（All），等于 u+g+o	所有用户

（3）文件权限

文件权限由9个权限位来控制，每3位为一组（一个八进制数），它们分别对应文件所属用户、所属组和其他用户的读、写、执行权限。执行 ls -lh file 命令可显示文件权限信息。

```
[ict@openEuler22 ~]$ ls -lh / | head -n 3
total 68K
lrwxrwxrwx.   1 root root 7 May 27 2023 bin -> usr/bin
drwxr-xr-x. 109 root root 12K Jan 2 05:47 etc
drwxrwxrwt.  13 root root 400 Jan 2 03:46 tmp
```

例如"/etc"的文件权限为"rwxr-xr-x"，表示所属用户（root）有读、写和执行权限，所属组和其他用户只有读和执行权限。该权限对应的八进制表示法为"755"，这是非常常见的一种权限。

细心的读者可能已经发现，"/tmp"的权限有些不同，这类特殊权限将在第8章介绍。

3.5.4　修改权限

初学者遇到错误提示"Permission denied"时，可能就需要修改文件权限。例如，可执行文件在某些情况下丢失了可执行权限，Shell脚本程序无法运行，等等。

chmod（change mode）命令用于修改文件权限，它支持非常丰富的权限模式表示，使用非常灵活。常用语法格式如下。

```
$ chmod mode file...
```

其中"mode"指定权限模式，支持符号表示法或八进制表示法；"file"可以是一个或多个文件名。使用选项"-c"表示仅在权限更改时输出有关信息；"-R"表示递归地修改指定目录及其中的所有文件和子目录的权限。

（1）符号表示法

使用符号表示法时，"mode"的格式如下："[ugoa] [[+-=] [rwxX]…] [,…]"。权限可以有多个，用","连接即可。其命令如表3.23所示。

表 3.23   符号表示法

命令	功能描述	命令	功能描述
chmod +x file	赋予所有用户执行权限	chmod -R u=rwx dir	递归赋予所属用户全部权限
chmod -x file	取消所有用户的执行权限	chmod g-x,o-x file	取消所属组和其他用户的执行权限

（2）八进制表示法

使用符号表示法可任意组合粒度、权限进行修改，而使用八进制表示法则需整体修改，即同时修改 9 个权限位。

例如，执行以下命令查找权限为"777"的所有文件并取消所属组和其他用户的执行权限。

```
[ict@openEuler22 ~]$ find ~/bin/ -type f -perm -777 -exec chmod g-x,o-x {} \;
```

权限的两种表示法，提供了简单、灵活的使用方式。

3.5.5 修改属主

除了执行权限外，经常引发错误提示"Permission denied"的另一个原因是文件属于 root 或其他用户，例如用 sudo 执行命令后所创建的文件，文件属主和属组都是 root 用户，普通用户访问这些文件就会提示拒绝访问。

chown（change owner）命令用于修改文件的属主和属组，常用语法格式如下。

```
$ sudo chown -R user[:[group]] file...
```

选项-R 表示递归修改指定目录及其中的所有文件和子目录的属主和属组。该命令一般都需以 root 身份执行，使用非常简单。

执行以下命令将"~/bin"及其中所有文件和子目录的属主和属组都修改为 ict。

```
[ict@openEuler22 ~]$ sudo chown -R ict: ~/bin
```

3.6 安装 DDE 桌面环境

openEuler 默认不安装桌面环境，对于众多习惯了鼠标操作的初学者来说，可选择安装。openEuler 支持多种桌面环境，例如 DDE、Xfce、UKUI 和 GNOME。

- DDE 是统信软件团队研发的一款功能强大的桌面环境，包含数十款功能强大的桌面应用，是真正意义上的自主自研桌面产品。
- Xfce 是一款轻量级 Linux 桌面环境。与 GNOME、KDE 相比，Xfce 占用的内存和 CPU 非常少，给用户带来了高效的使用体验。
- UKUI 是麒麟软件团队历经多年打造的一款 Linux 桌面环境，主要基于 GTK 和 Qt 开发。与其他桌面环境相比，UKUI 更加注重易用性和敏捷度，各元件相依性小，可不依赖其他套件而独自运行，给用户带来灵活和高效的使用体验。
- GNOME 是运行在 UNIX 类操作系统中的常用桌面环境，是一个功能完善、操作简单、界面友好，集使用和开发于一身的桌面环境，是 GNU 项目支持的桌面环境之一。

DDE 和 Xfce 非常具有代表性，适合初学者体验。以下介绍 DDE 的安装方法，Xfce 等其他

GUI 请读者自行查阅 openEuler 社区文档。

在 openEuler 中安装 DDE 非常简单，安装命令如下。

```
# 输入 rootet 用户的密码，切换为 root 用户身份
[ict@openEuler22 ~]$ su -
[root@openEuler22 ~]# dnf update          #更新软件源
[root@openEuler22 ~]# dnf install dde      #安装 DDE 软件包
#设置以图形界面的方式启动，并重启系统
[root@openEuler22 ~]# systemctl set-default graphical.target && reboot
```

安装完成，使用 ict 用户登录系统后即可进入 DDE。需要注意的是，DDE 不允许以 root 用户登录，如果没有其他账号，可使用 DDE 默认创建的用户（用户名和密码都为 openeuler）登录系统。

在 DDE 中，可使用图像、视频相关的网络浏览器等各种多媒体应用，用鼠标与系统轻松地进行直观的交互；也可通过虚拟终端继续使用 CLI，在 Shell 下进行灵活而高效的命令行交互。

3.7　本章小结

openEuler 兼容其他 Linux 发行版，其他主流 Linux 发行版的用户能够很容易地迁移到 openEuler 系统。从命令行基本操作中可以了解 Linux 提供的大量命令，通过支持多种选项，它们提供非常丰富的实用功能。不管是在文本处理方面，还是在系统的关机与重启方面，这些命令，功能细致，使用简单。同时给了用户更灵活的选择，可以按个人的偏好选择使用方式。

Shell 更是提供了精巧的设计，特别是管道，让用户可简单地将这些命令连接起来，形成具有强大数据处理能力的加工流，具有极高的灵活性，这是任何集成的单一图形应用程序都难以实现的。重定向技术则可轻松改变命令的输入和输出方式，赋予命令更多的使用可能。此外，Shell 还提供了多种有效机制，进一步增强了命令行的功能、提升了命令行的交互效率。这些都充分展现了 UNIX 的优雅设计哲学，也展现了 Linux 简洁、灵活、高效、一致的使用体验。

此外，本章还简要对比了 GUI 和 CLI，并介绍了命令行相关的基本知识，以及 Linux 的用户与权限模型和 DDE 的安装。希望读者通过对本章的学习可以感受到使用 openEuler 命令行的优势，并做好在第 4 章中探究操作系统的一些基本原理的准备。

思考与实践

1. 在 Windows 等系统上使用 SSH 软件远程登录 openEuler，并练习命令行基本操作。
2. 在命令行基本操作涉及的常用命令中，你喜爱的有哪些，为什么？

3. 熟悉 Bash 的基本使用，试为自己定制个性化的命令提示符。

4. 选择熟悉的基本操作，使用通配符和组合命令功能。

5. 自拟一个小任务，使用 Here 文档等重定向技术。

6. 结合命令行基本操作中的常用命令，使用管道来完成新的复杂任务。

7. 使用命令行编辑功能，提升命令行的使用效率。

8. 练习修改权限、修改属主并进行测试验证。

第4章
操作系统原理与实践

学习目标

① 理解操作系统设计理念
② 了解操作系统管理的主要资源类型
③ 理解文件管理的方法和结构体系
④ 理解内存管理的对象和方法
⑤ 理解进程的含义和管理方式

通常，计算机启动后，出现在眼前的第一个可操作画面就是由操作系统提供的。操作系统就像一个大管家，管理着计算机中所有的硬件资源，同时尽可能地保护保存在计算机中的私人信息。因此，在使用和管理计算机系统的过程中，无论目标是嵌入式系统还是大型计算集群服务器，用户都有必要对操作系统的相关概念和基本原理有清晰的理解。

UNIX 设计哲学对现代操作系统的发展产生了深远的影响，它强调构成系统各模块的简约性和接口的统一性，以达到模块可组合、可重用的目的，构成现代软件工程的基石。UNIX 设计哲学在现代软件设计中得到了广泛的应用，很多重量级的软件都体现了这种设计哲学。

本章将讨论计算机中非常重要的 3 类硬件资源，即硬盘、内存、CPU。对它们的管理分别对应了操作系统的三大核心任务：文件管理、内存管理、进程管理。这些内容相对抽象，希望读者结合 3 个实例，更多地实践和钻研，能够对 Linux 的基本原理和优秀设计有更为深入的了解，以便更好地理解和应用 openEuler 等各类 Linux 操作系统。

> 除了本章所述的 3 类最重要的计算机硬件资源，还有许多外部设备也由计算机进行管理。它们种类繁多、功能各异，操作系统也遵循 UNIX 设计哲学对它们进行抽象，有兴趣的读者可参考操作系统内核设计的相关图书深入学习。

4.1 操作系统设计理念

Linux 采用自由软件许可协议，鼓励用户共享和修改源码，以满足不同用户的需求。Linux 提供了大量的可配置选项并支持模块化设计，用户可根据自己的需求和硬件环境进行定制和优化。虽然这些可配置选项大大增加了操作系统设计的复杂性，但操作系统采用的机制与策略分离的设计思想使得各个模块与操作系统内核之间的耦合性大大降低，每个模块的设计仅需要符合其接口设计即可满足系统要求。此时，所有模块的内部是简洁明了的，先进的接口设计保证了模块之间的低耦合及强大的性能。

（1）重要特性

现代操作系统具有以下重要特性。

- 支持多用户同时登录和多任务运行，能够满足多个用户同时使用的需求；能够并行化处理多个任务，具有支持多进程、多线程甚至协程的运行能力。
- 采用与 UNIX 类似的文件系统，支持多种类型的文件系统，如 Ext4、Btrfs、XFS 等，具有高性能和稳定性。
- 提供内存运行时的隔离能力，可按照执行单元建立独立的地址空间，保障各执行单元之间的数据安全。
- 提供虚拟内存管理机制，可将物理内存和硬盘空间组合使用，提供更大的地址空间和更高的系统稳定性。
- 具有丰富的网络功能和协议支持，包括 TCP/IP 协议栈、网络设备驱动和网络服务等。

（2）设计原则

为满足上述重要特性和用户需求，操作系统设计通常遵循以下设计原则。

- 模块化设计：采用模块化的设计，提供通用的模块接口，将功能划分为独立的模块，使系统的组件可独立开发、维护和扩展。
- 可移植：根据可移植需求设计操作系统内核，使其可运行在多种硬件平台上，并提供对不同硬件架构的支持。
- 遵循开放的标准：如遵循 POSIX 规范，兼容各类 UNIX 应用程序的执行，且能够在不同的平台上无缝运行和迁移。

（3）系统架构

操作系统的经典架构（宏内核的典型架构）如图 4.1 所示，主要由进程管理、内存管理、文件管理、设备管理等模块组成，向下统一管理计算机系统的硬件资源，向上为应用程序提供简单一致、可移植的系统调用接口，应用程序通过这些调用接口请求内核提供的服务。用户层和硬件层将内核层夹在中间，如同夹心饼干，内核层通过设计简洁的接口将各种硬件功能统一起来，并提供给用户使用。内核层需要将用户调用转换成相应类型的驱动调用，控制提供指定功能的驱动程序操作硬件来完成软件设计目标，因此，驱动程序被放置在与硬件直接交互的系统最底层。此外，内核层需要提供内存管理、进程间通信等一系列保护和调度功能。

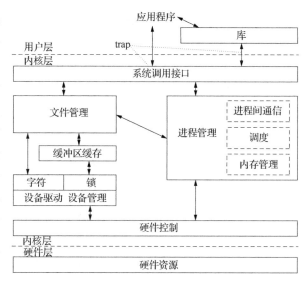

图 4.1 宏内核的典型架构

之前介绍的 Shell 程序也是一种常见的应用程序。

4.2 文件管理

对于操作系统这个大管家，要管理好计算机中庞大的各类型资源，还要让用户用好，是一件非常困难的事情。当操作系统面对成千上万不同类型的设备时，如果每种设备都需要单独的设计，那么每种设备都需要设计一个操作它的接口和方法。这是一种非常朴素的设计方式，例如在很多单片机设计中经常会看到的 uart_write、spi_read 等函数，这些名字表明了操作设备的类型，非常好理解，这种设计方式特别适合单片机这种外设基本不变的计算设备。但如果一个计算机中包含多种串行接口设备怎么办？如果使用串行接口的设备发生变化怎么办？不可能为每种可能出现的变化重新修改操作系统代码。

幸运的是，UNIX 的设计者发现了这些资源的一些共性，并依据这些共性设计了一套简洁强大的管理机制，其中非常关键的是"一切皆文件"这一原则。想象一下有一张纸，能对它做什么呢？往纸上写一些信息或从纸上获取一些信息。常见的文件操作也是类似的，让文件可不断地擦除和重新写入。可定义往文件里写数据的操作为写操作，而从文件中读出数据的操作为读操作。适当分析即会发现，计算机上的外部设备似乎也具有类似的特性。如往串行接口发数据可视为写操作，从串行接口接收数据则可视为读操作。因此可把所有相关设备都看成"文件"，并且都支持读和写两类操作。

有了上述的抽象以后，用户看到的不是一个个具有不同功能的设备，而是具有统一接口的文件对象，这种文件对象被称为设备文件。当用户希望操作某个设备时，仅需要按照操作系统提供的函数对设备文件进行读写访问。这些系统提供的函数组合在一起被称为系统调用接口，系统调用接口通常情况下是不发生变化的，这样可保证操作系统的兼容性。

此外，用户往往希望编写的应用程序在不同的操作系统中都能够正常编译和运行。为此，IEEE 制定了一套操作系统接口标准 POSIX，包含对操作系统提供的系统调用、命令及相关格式等各方面的规定。设计操作系统时均按照 POSIX 规范为用户提供接口就可极大地减少用户开发、移植应用程序的难度。支持 POSIX 的操作系统也被称为 POSIX 操作系统。

4.2.1 文件树

当所有的设备都被抽象为文件后，操作系统仅需要对文件进行组织和管理。但面对如此多的文件，怎么进行有效的管理成为一个问题。从古至今，人们习惯了使用分门别类这种高效的方法对事物进行管理，例如生物领域将真核域划分为动物界、植物界、真菌界等界，然后在界下划出亚界、总门、门、亚门等。同样的道理，为了清晰地管理所有文件，操作系统也将文件分门别类放置，组成一棵可覆盖所有文件的树。

在文件组成的树中，有些文件可包含其他文件，被称为目录；不能包含其他文件只能用于存储数据的文件，被称为普通文件。普通文件通常位于一棵树的最底端，而目录文件则位于中间部分。在最顶端有一个文件，它容纳了所有文件，被称为根目录，在 POSIX 操作系统中通常用斜线"/"作为它的名字。理论上讲，一切可用的文件都是可通过根目录来找到的。如第 3 章中学习的"ls"命令，它也是一个文件，只是名字叫"ls"，通常可通过"/usr/bin/ls"来找到它。

"/usr/bin/ls"中的第一个字符"/"表示根目录。当然，为了找到"ls"这个文件还需要从根目录出发经过"usr"和"bin"两个目录，后面的"/"就起到了分隔两个目录的作用，所以文件名中不能包含"/"字符，不然操作系统就会"犯迷糊"。

> 需要注意的是，除了斜线，反斜线、冒号、星号、问号、双引号等字符都不能用于文件名。

总结一下：每个文件都有自己的名字，称为文件名；目录是一种特殊的文件，可包含其他文件；通过由文件名加"/"构成的路径可找到对应的文件；所有文件路径的出发点都是"/"。

POSIX 操作系统中有一些传统的目录组织结构,这些目录组织结构在所有符合 POSIX 规范的操作系统中均是一致的，如图 4.2 所示，根目录下包含的目录分别具有其特定的作用。

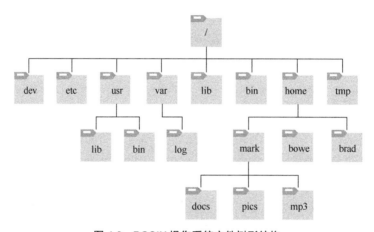

图 4.2　POSIX 操作系统文件树形结构

- bin 目录用于存放系统级别的二进制可执行文件。它的名字来源于 binary（二进制）这个英文单词，若在其他位置遇到 bin 目录，例如/usr/bin 目录，通常情况下这个目录也是用于存放二进制可执行文件的。

- lib 目录存放的是系统所提供的共享库。共享库通常也是二进制文件，但它们和可执行文件不同，不能直接执行，只能提供一系列的函数让用户调用。lib 和 bin 目录是非常常见的目录，即使不在根目录下，它们的功能通常也是保持不变的。

- etc 目录保存系统管理配置文件。这些配置文件用于控制系统的运行和行为。例如用于保存用户账户配置的/etc/passwd 文件，保存网络配置的/etc/network/interfaces 文件，这些文件对于操作系统的正常运行至关重要。因此，该目录通常是只读的，只有 root 用户才能修改其中的文件。

- usr 目录存放用户可用的软件和数据，它对于用户的日常使用至关重要。有趣的是，在这个目录下通常还存在一套 bin 和 lib 目录,有些操作系统直接把/bin 和/lib 两个目录与/usr/bin 和/usr/lib 这两个子目录设计成一样的。但管理很多内容相同的文件是件麻烦的事情，若它们需要一直保持内容一样，就涉及同步的问题，聪明的工程师们引入了软链接这个概念，让操作系统仅保存一个文件，将这个文件连接到不同的路径上，从而达到既节省硬盘空间又便于管理的目的，后面会介绍操作系统是如何做到这一点的。

- tmp 目录用于存储临时文件，这些临时文件在系统关闭或重启后会被自动删除。想长期保存的文件万万不可放在这个目录。
- dev 目录中的文件为操作系统中的所有设备提供了统一的命名规则和访问接口。前面所说的设备文件均存放在该目录下，查看系统中存在的设备，可通过列出该目录下所有文件实现。
- var 目录存放系统运行时产生的数据。这些数据通常会随着系统的运行而不断变化。例如想知道系统在运行过程中做了哪些事，出现了什么问题，就可查看/var/log 目录下的日志文件，这对了解系统到底出了什么问题非常重要。
- home 目录是专门给用户提供的文件存储位置。每一个用户都可在 home 目录下获得一个和用户名相同的目录。通常情况下，用户把自己的图片、视频、文档、代码等独享的数据放在各自的 home 目录下。图 4.3 中的/home/mark 目录就是单独给名为 mark 的用户使用的。

（1）文件命名规范

操作系统中文件命名规范可因不同的操作系统而异，以下是 Linux 中常见的文件命名规范。

- 字符集：文件名通常由 Unicode 字符集中的字符组成，这些字符包括字母、数字、特殊字符。建议仅使用 ASCII 字符集以确保文件名具有最广泛的兼容性。
- 长度限制：在 Linux 中，文件名的长度限制为 255 个字符。
- 文件扩展名：文件名中可包含扩展名，用于表示文件的类型或内容。扩展名通常是文件名的最后一个点（.）之后的部分。Linux 也支持没有扩展名的文件，典型的就是前面看到的二进制可执行文件，它们通常都不包含扩展名。

> 若一个文件不包含扩展名，则该文件被称为"无扩展名文件"，要判断它的类型和作用可借助 file 命令完成。file 命令可显示一个文件丰富的属性，包括文件类型、编码格式、CPU 架构等信息。

- 大小写敏感性：在 Linux 中，大小写英文字符被视作不同的字符。这意味着"file.txt"和"File.txt"被视为不同的文件。这一点和 Windows 操作系统有较大差别。
- 特殊字符和空格：Linux 不允许在文件名中使用某些特殊字符或空格，若一定要使用，需要对这些字符进行转义或编码，可用由"\"开头的字符串来表示一个字符。

不同操作系统有不同的文件命名规范，因此，在编写文件名时，最好遵循通用操作系统的文件命名规范，以确保文件名的兼容性和正确性。

（2）inode

Linux 操作系统内部使用了一种数据接口来保存文件的信息，这种数据接口被称为 inode（索引节点）。每个文件或目录在文件系统中都有一个唯一的 inode。inode 存储了有关文件或目录的重要信息，例如文件类型、权限、所有者和所属组、文件大小、时间戳、链接计数，以及数据块指针等。

- 文件类型：指示 inode 所表示的文件的类型，可以是文件、目录、软链接等类型。
- 权限：指定对文件的访问权限，包括所有者、所属组和其他用户的权限。
- 所有者和所属组：指明文件或目录的所有者及其所属的用户组。
- 文件大小：记录文件的大小，以字节为单位。
- 时间戳：包括文件的访问时间、修改时间和状态更改时间。
- 链接计数：记录指向该 inode 的硬链接数量，当链接计数的值为 0 时，文件系统会释放该 inode 及其相关的数据块。
- 数据块指针：包含指向文件数据存储位置的指针，这些指针指向存储文件内容的物理数据块。

通过 inode，操作系统可快速访问和管理文件的元数据，而无须遍历整个文件系统，这些节点之间的关系如图 4.3 所示。每当创建新文件或目录时，系统会为其分配一个新的 inode，并为其分配唯一的编号。这种设计使得 Linux 文件系统可高效地管理文件和目录，并具备较高的灵活性和性能。

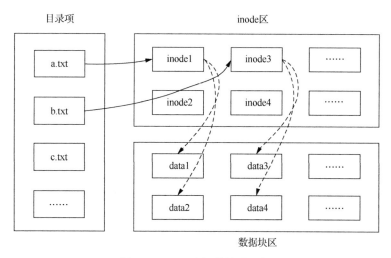

图 4.3 inode 之间的关系示意

inode 保存的是一个文件的实体，而前面说的文件名只不过是一个表象，可为同一个 inode 创建多个文件名。例如，很多操作系统中/bin/ls 和/usr/bin/ls 就是拥有不同路径的同一个文件，有相同的 inode 编号。可通过 stat 命令来查看它们的 inode 编号。

```
[ict@openEuler22 ~]$ stat /bin/ls
  File: /bin/ls
  Size: 138208        Blocks: 272        IO Block: 4096    regular file
Device: 10302h/66306d Inode: 11403944    Links: 1
Access: (0755/-rwxr-xr-x) Uid: (    0/  root)  Gid: (    0/ root)
Access: 2023-09-24 06:59:18.068143879 +0800
Modify: 2022-02-08 00:03:08.000000000 +0800
Change: 2022-12-09 01:42:53.960000302 +0800
```

```
Birth: 2022-12-09 01:42:53.960000302 +0800

[ict@openEuler22 ~]$ stat /usr/bin/ls
  File: /usr/bin/ls
  Size: 138208         Blocks: 272        IO Block: 4096    regular file
Device: 10302h/66306d  Inode: 11403944    Links: 1
Access: (0755/-rwxr-xr-x) Uid: (    0/    root)  Gid: (    0/    root)
Access: 2023-09-24 06:59:18.068143879 +0800
Modify: 2022-02-08 00:03:08.000000000 +0800
Change: 2022-12-09 01:42:53.960000302 +0800
Birth: 2022-12-09 01:42:53.960000302 +0800
```

需要注意的是，前面提到了软链接（又称软链接）和硬链接，它们都用于建立文件之间的紧密的联系，通过一个文件的路径修改其内容后，用其他链接到该文件的路径（无论软链接还是硬链接）访问其内容时看到的都是相同的结果。但它们也有各自的特点，软链接是一个特殊的文件，它保存了指向目标文件或目录的路径。软链接有自己的 inode 和权限，文件类型标记为链接类型。硬链接则是使用相同的 inode 编号创建一个新的链接，它在文件系统中的表现形式与目标文件本身几乎相同。当使用 ls -l 命令查询一个目录时，该目录下的软链接将会通过在其文件名后追加 "->" 符号和其指向的路径表示出来。例如下面的例子中，/bin 就是/usr/bin 的一个软链接，无法直接看出硬链接。

```
$ ls -l /
lrwxrwxrwx 1 root root        7 12月 9 2022 bin -> usr/bin
```

软链接指向的文件被删除后，软链接就会变成"坏链接"。而硬链接则不同，删除任何一个指向文件的硬链接不会影响其他链接对该文件的访问。为了记录一共有多少硬链接指向某个 inode，操作系统会把所有链接到 inode 的硬链接数量记录在 inode 的链接计数属性中。当这个属性的计数值为 0 时，表示没有路径指向对应的 inode，它对应的硬盘空间也完成了其使命，可被操作系统释放，并重新分配给其他 inode 使用。

4.2.2 VFS

常见的文件系统可将大容量存储设备看成一个非常大的数组，这些数组中保存了具有实际意义的数据，也保存了组织这些数据所需的信息（也称为元数据）。由于这些大容量存储设备种类繁多，管理它们的侧重点也各不相同，如有的侧重读取速度、有的侧重写入安全性、有的侧重容量扩展性等，采用何种格式和策略来管理这些存储数据的设备对操作系统来说非常重要。因此，工程师设计了多种文件系统格式用于适配这些侧重点。当前比较流行的文件系统包括 Ext4、XFS、Btrfs、NTFS 等，这些文件系统采用了不同的数据结构来管理大容量存储设备。

面对众多的文件系统，Linux 操作系统采用 VFS（Virtual File System，虚拟文件系统）机制来管理它们。对操作系统来说，无论存储设备实际采用何种文件系统，它都认为它们是 VFS 中的一个目录。当用户访问这个目录时才会通过该设备实际使用的文件系统驱动和设备访问驱动共同完成对真实数据的访问，VFS 内核架构如图 4.4 所示。

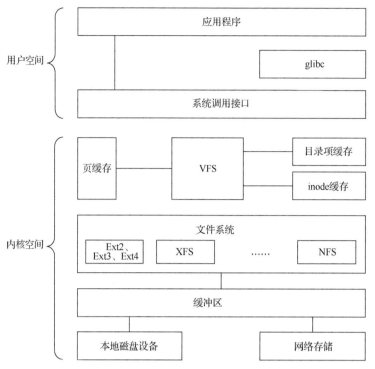

图 4.4　VFS 内核架构

　　同理，前面介绍的设备文件也将成为 VFS 中的一个文件，用户通过统一的函数对这些文件进行操作。因此，Linux 根据这些文件系统的共性特征提供了一组用于文件操作的函数，如 write、read、open、close 等。这些函数完成了文件的共性操作，如写入、读出、打开、关闭。但设备还有一系列个性化功能，例如串行接口设备往往需要设置波特率、停止位长度、奇偶校验等，这些个性化功能通常由 ioctl 函数来完成。

　　除了普通文件和设备文件，Linux 中还存在伪设备文件、管道文件、套接字文件等特殊文件，这些文件都放置在设备文件目录/dev 下，用于表示 Linux 内核中抽象的虚拟设备或用户程序中使用的管道等。其中，伪设备文件包括/dev/zero 文件，该文件对任何读取操作均返回 0；/dev/null 文件，相当于一个数据"垃圾桶"，任何内容写入该文件均会被丢弃；/dev/random 文件，读取该文件会得到一个随机数。

　　有两个比较特殊的目录也放置在根目录下。一个是/proc目录，该目录下保存了反映当前系统状态的一些文件，例如/proc/cpuinfo 文件就包含当前系统所用 CPU 的信息，包括其架构名称和级别、主频、缓存、处理器个数、指令集等。另一个目录是/sys，该目录下保存了反映系统运行时的各种设备信息的一些文件，但这些文件的内容更偏重系统设备模型，/sys 按照组成系统的设备类型设计其子目录并归类。因此，该目录下的子目录多代表设备的分类，例如/sys/dev/block 子目录下均为可读写大批量数据的块设备；/sys/bus/pci 子目录下的文件均与 PCI 总线相关。

　　在 Windows 中常见的 C:、D:在 Linux 中是硬盘设备文件，通常放置在/dev 目录下，如/dev/sda、/dev/sdb。在操作系统中可把硬盘设备文件中的内容，放置在根目录下的任意一个路径上，形成一个目录，这样用户就可直接访问它，这个过程被称为挂载（mount）。例如下面的命令就可将一个硬盘分区挂载到/mnt 目录，之后硬盘内容就可通过访问/mnt 目录下的文件获取。

```
[ict@openEuler22 ~]$ sudo mount /dev/sdb1 /mnt
```

如果需要完成对硬盘内容的整体操作，可借助 **dd** 命令操作其对应的设备文件。例如下面的命令就分别完成了硬盘/dev/sdb 内容的备份和整体复制。这里 **bs** 参数表明每次搬移的数据量大小为 1MB。

```
[ict@openEuler22 ~]$ sudo dd if=/dev/sdb of=/mnt/usb/sdb.img bs=1M [ict@openEuler22 ~]$
sudo dd if=/dev/sdb of=/dev/sdc bs=1M
```

4.2.3　EulerFS 简介

EulerFS 是一个开源的分布式文件系统，能够将文件存储在多台计算机系统中，其主要特点如下。

- 支持自动分片和扩展。EulerFS 可自动将文件分布到多个物理存储节点（即计算机），并随着节点增加而自动进行扩展。
- 强一致性。EulerFS 所有节点都保持完整且具有一致的文件系统视图，提供类似本地硬盘的访问体验。
- 高可靠性。EulerFS 通过副本机制实现数据的高可用，单个节点失效不会导致数据丢失。
- 高性能。EulerFS 使用线程池，支持并发访问，能够承载高并发的读写负载。
- 易扩展。EulerFS 以模块化设计，支持动态加入和移除后端存储。
- 快速故障恢复。EulerFS 利用快照机制可快速从崩溃中恢复数据或恢复损坏数据。
- 开源免费。EulerFS 基于 Apache License 2.0 开源协议，用户可自由使用和修改源码。

总体来说，EulerFS 是一个提供分布式、弹性、高可用文件服务的开源系统，适用于需要大容量、低延迟和高吞吐的分布式存储场景。它通过分布式设计解决了传统文件系统的单点问题。

4.2.4　实例 4-1：文件系统操作

操作系统提供了一系列工具用于简化对文件系统的操作，这些操作通常包括创建/删除分区、格式化文件系统、将分区挂载到目录树中等。同时，操作系统还支持将文件甚至网络中另一个计算机上的硬盘挂载到本机的目录树中作为一个目录文件。这一切都借助了 VFS 的泛化能力。下面是一些典型的文件系统操作实例。

（1）创建分区、格式化、挂载

Linux 将硬盘分区后挂载在文件树中，就是将硬盘分区的根目录和系统文件树的一个普通目录等价化。使用硬盘前需要先将硬盘分区并完成格式化，格式化完成后，硬盘分区上包含一个独立的文件系统，可实现挂载。下面是将一块硬盘进行分区并挂载的过程，首先通过列出所有和该硬盘相关的文件查看当前的分区个数。

```
[ict@openEuler22 ~]$ ls /dev/sdb*  # 列出 sdb 这块硬盘中包含的所有分区
/dev/sdb
```

输出结果返回的路径中如果存在类似/dev/sdb1 的文件名，则表示已经存在分区，此时改动分区需要特别小心。然后通过 **fdisk/dev/sdb** 可进入一个交互环境，对该硬盘进行分区操作。按照需求创建分区即可，创建分区完成后可通过上面的命令再次查看分区情况，会发现新的分区已经出现在/dev 目录中。

```
[ict@openEuler22 ~]$ sudo fdisk /dev/sdb
Command (m for help):n
Partition type
p   primary (0 primary, 0 extended, 4 free)
e   extended (container for logical partitions)
Select (default p):p
Partition number (1-128, default 1):1
First sector (34-5860533134, default 2048): 2048
Last sector, +/-sectors or +/-size{K,M,G,T,P} (2048-5860533134, default 5860533134): +1G
Created a new partition 2 of type 'Linux filesystem' and of size 1 GiB.
```

创建分区后需要指定分区使用的文件系统格式并进行格式化，这需要借助 mkfs 命令。在 Linux 中，通常使用 Ext4 文件系统格式管理硬盘。

```
[ict@openEuler22 ~]$ sudo mkfs.ext4 /dev/sdb1
```

执行上述命令后，就可正常使用/dev/sdb1 分区。可将它挂载到文件树的任何地方，通常情况下会将一些非系统盘挂载到/mnt 目录下。

```
[ict@openEuler22 ~]$ sudo mount /dev/sdb1 /mnt/data        #需确保/mnt/data 目录存在
```

此时，即可直接访问/mnt/data 目录及其下的所有文件。

> 注意，在挂载之前无法直接通过/dev/sdb1 访问其中存储的文件和目录，仅当挂载后其中内容才能正常访问。

（2）将网络共享硬盘挂载到文件树

一些文件服务器支持将其上的硬盘内容通过网络共享，这样在一定范围内的用户可方便地跨计算机存取这些文件。借助 VFS 这一优秀的设计，Linux 支持将这类通过网络共享的硬盘挂载到计算机的文件树中，使用户可像操作本地普通文件一样操作远程计算机上的文件。该操作也是借助 mount 这一命令完成的，如下面的例子所示，提供 NFS（Network File System，网络文件系统）共享服务的计算机 IP 地址为 192.168.1.100，其上的/shared 目录被设置为 NFS 共享目录。下面的 mount 命令将这个目录挂载到执行该命令的计算机的/mnt/nfs 目录下，访问该目录下的文件时，操作系统将自动通过 NFS 文件访问格式去远程文件服务器上完成相应硬盘操作，这一过程用户基本感觉不到。

```
[ict@openEuler22 ~]$ sudo mount -t nfs 192.168.1.100:/shared /mnt/nfs
```

（3）将文件虚拟为硬盘

在"一切皆文件"的原则下，硬盘设备也是文件，也可挂载为目录，同时，一个普通文件也可虚拟为硬盘使用。上文介绍的 mkfs 命令不仅可对一个硬盘分区进行操作，还可对普通文件进行操作，如将一个普通文件的内容按照硬盘分区的思路进行格式化，但它需要将待格式化的文件虚拟为一个回环设备的分区进行处理，下面的命令将完成这一过程。命令执行完成后，如果需要知道所有回环设备的情况，可使用 lsblk 命令进行查看。

```
# 创建一个大小为 10GB 的文件并填写内容为 0，这一步保证文件占用的空间
[ict@openEuler22 ~]$ sudo dd if=/dev/zero of=/media/disk.img bs=1G count=10
# 将创建的/media/disk.img 文件虚拟为一个回环设备/dev/loop0 及其分区/dev/loop0p1
```

```
# 这里 loop0 中的 0 是自动选择的一个编号
[ict@openEuler22 ~]$ sudo losetup -fP /media/disk.img
# 直接格式化该回环设备的分区/dev/loop0p1
[ict@openEuler22 ~]$ sudo mkfs.ext4 /dev/loop0p1
# 需确保 /mnt/vdisk 目录存在
[ict@openEuler22 ~]$ sudo mount /dev/loop0p1 /mnt/vdisk
```

4.3　内存管理

内存是计算机系统中最重要的资源之一，所有程序和数据都保存在内存中，操作系统需要为应用程序提供内存分配、内存回收、内存压缩等功能。其中，内存分配就是分配系统中的内存给应用程序使用，一旦内存被分配给某个应用程序使用，其他程序就不能再使用这些被分配的内存，在逻辑上隔离各个应用程序的数据；内存回收则是将已经分配给进程的内存回收，这样就能够反复利用不需要使用的内存，达到节约资源的目的；而内存压缩则是对内存中已经分配的数据进行压缩以释放更多的空间。

仅在逻辑上保证内存归属一个应用程序使用往往是不够的，黑客或无意识的破坏程序可能利用操作系统的漏洞发起攻击，窃取或破坏其他应用程序的信息。操作系统往往需要借助计算机硬件达到保证应用程序数据安全的目的。此外，当计算机上的物理内存不够用的时候，操作系统还要保证应用程序不会因为内存不够用而退出，常见的做法是将容量更大但速度更慢的硬盘虚拟成内存。

4.3.1　内存保护

内存保护是一种通过限制对内存区域的非法访问和修改来保障系统稳定性和数据完整性的机制。读者可先分析没有内存保护机制的时候可能出现什么问题。若计算机中存在一个支付宝程序，它把当前登录用户的密码保存在地址为 0x1000 的内存上。在没有内存保护机制的计算机上，任何程序都能够访问任何地址，这时黑客就能够通过访问 0x1000 这个地址窃取当前登录用户的密码，从而达到不法目的。不只是支付宝这样的应用程序的信息，操作系统自身保存的一些机密信息也可能被黑客窃取。

Linux 借助硬件模块限制各应用程序的权限，让不同应用程序无法实现相互的直接内存访问，从而达到保障信息安全的目的。这种情况下，某个应用程序只能访问它自己拥有的地址，而不能访问其他应用程序地址中保存的信息，这要求不同的应用程序之间不能有直接的数据交换，所有的数据传递都需要借助操作系统提供的服务，如图 4.5 所示。

另外，对于同一个应用程序多次开启的情况，如在 Windows 上开启多个 QQ 程序，当使用不同的账号登录不同的 QQ 程序时，要求不同账号间的数据是相互独立

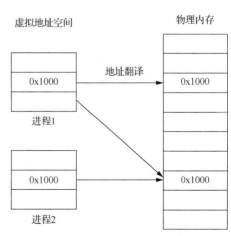

图 4.5　虚拟地址映射示意

的，不然可能造成消息发送的混乱。这种正在运行的应用程序实例称为进程，同时运行的多个QQ 程序就是多个进程。支持同时执行多个进程的操作系统被称为多任务操作系统。在多个进程同时运行的情况下，需要通过地址映射技术保证多个进程之间内存的独立性。同时，因为所有数据交换工作都需要借助操作系统，这些应用程序不可避免地需要和操作系统打交道，操作系统需要通过设计保证这些操作的安全性。

（1）地址映射

在没有地址映射技术的年代，程序员编写的应用程序只能面向一个地址空间。地址空间就是所有可访问内存物理地址的范围，例如在内存容量为 1MB 的计算机上，应用程序能够访问的地址空间就是 0x00000～0xFFFFF。面向一个地址空间通常只能同时运行一个应用程序，也就是只有一个进程，若要同时运行多个进程，则会出现问题。例如某个应用程序将数据保存在0x1000 地址，第一个进程（进程 1）如此，第二个进程（进程 2）也是如此，这时两个进程使用了同一个地址的数据，进程 1 对数据的修改会影响进程 2，同样，进程 2 对数据的修改也会影响进程 1。这时，程序员预先设计的逻辑就会失效，运行结果产生错误，且数据相互影响，造成安全问题。

操作系统设计者针对这个问题设计了一套地址映射机制，例如将进程 1 中的 0x1000 地址映射到 0x1000，而将进程 2 中的 0x1000 地址映射到 0x11000。此时，虽然在程序设计时要求访问的都是 0x1000 这个地址，但运行时进程不同，其实际访问的内存发生了变化，是不同的地址。这里把映射前的地址称为虚拟地址，映射后访问的真实内存地址称为物理地址。这样，虽然不同进程之间访问的虚拟地址相同，但其真实数据存放在不同的物理地址上，从而达到进程间数据隔离的目的。从程序设计的角度来看，程序员只需要关注程序的进程内逻辑是否正确即可，无须过多关心多进程带来的影响，这种进程级别的内存管理机制大大简化了多任务程序设计的复杂度。

> 注意，应用程序一旦编译完成，其存放数据的地址就不能变更了，更不能知道其他进程的存在。因此，无法在应用程序内部完成地址映射。

总而言之，地址映射技术是计算机系统中用于将虚拟地址映射到物理地址的一种机制。它在计算机系统中起着至关重要的作用，它使得操作系统能够为每个进程提供独立的地址空间，并将其映射到物理内存，实现了进程间数据的隔离和保护。同时，地址映射技术也为系统优化和内存管理提供了基础，提高了系统的性能和效率。在 Linux 中主要使用分页技术实现内存的地址映射。

（2）分页技术

要实现虚拟地址和物理地址之间的映射，必然涉及记录两者之间的映射关系，此时，存在两个问题需要回答。一是如何记录该映射关系，将其记录在哪个地方，实际访问时如何映射？二是这种映射的最小单位是多少？最小单位太小则映射关系信息量会很大，而最小单位太大则可能造成内存的浪费。分页技术回答并解决了这两个问题，它将虚拟地址空间和物理地址空间划分为固定大小的页面进行管理，每个页面的映射关系记录在专门的页表（page table）中，这个表格由操作系统统一管理，借助硬件中的 MMU（Memory Management Unit，内存管理单元）实现地址映射；单个页面的大小通常为 2^n（n 为自然数）字节，如 4KB、2MB 或 1GB，由于机器特性和历史原因，常见的页面大小为 4KB。

分页技术首先将虚拟地址按照位数划分为页号和页内偏移量两个部分，例如在一个页面大小为 4KB 的系统中，应用程序要访问 0x11384 这个虚拟地址时，这个地址的页号是 12 位以上的数 0x11，而页内偏移量是由低 12 位的数组成的 0x384。当页面大小变化时，划分两个部分的位数随之发生变化，如页面大小为 8KB 时，划分位数为 13 位。随后，MMU 将虚拟地址页号替换为物理地址页号，再将物理地址的页号和页内偏移量组合起来形成需要访问的物理地址。如前面获得的 0x11 这个虚拟地址页号，若在页表中找到的物理地址页号为 0x32，那么最终访问的物理地址就是 0x32 和页内偏移量 0x384 按原位置合并起来得到的物理地址，即 0x32384，分页技术机制示意如图 4.6 所示。

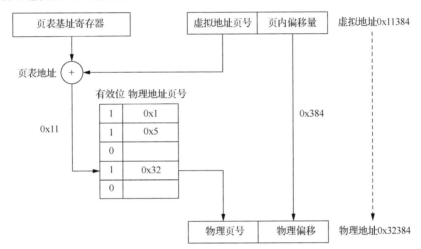

图 4.6　分页技术工作机制示意

> 这样的设计对数字电路来说是非常容易实现的，按位进行划分的方法使得页面大小通常都是 2^n 字节；仅替换页号的逻辑使得需要映射、替换的信息大幅减少。

从另一个角度来思考上面的例子，虚拟地址空间 0x11000～0x11FFF 被映射到 0x32000～0x32FFF 这一物理地址空间上，而 0x12000 等不属于 0x11000～0x11FFF 的地址则需要重新进行映射。因此，通常认为分页技术的操作粒度等于它的页面大小，一个进程可使用的内存空间的大小只能是页面大小的整数倍，即使进程仅使用了 1 字节，也需要为它准备一个页面。页面越大，可能存在的内存空间浪费也越严重，但过小的页面也会造成页号数量的增多，导致映射速度降低。页面大小通常受到操作系统和运行硬件两方面的共同限制，需要负责两方面的工程师共同关注。

操作系统和 MMU 使用页表保存虚拟地址页号和物理地址页号之间的映射关系。页表中包含一系列页表项，每一个页表项记录了一组虚拟地址页号和物理地址页号之间的映射关系，以及一些其他控制信息。常见的做法是将虚拟地址页号作为页表的索引，通过它寻找对应的页表项，从而获取对应的物理地址页号，这种设计逻辑非常简单，易于在数字电路中实现。每个进程都有自己的页表，当一个进程运行的时候，其对应的页表就会被载入 MMU 完成地址映射。

由于 MMU 是 CPU 中一个专用的地址映射单元，其设计专用于加速地址映射的计算，因此，地址映射的速度非常快，不会对应用程序的执行速度产生较大影响。

在某些情况下，操作系统允许多个进程共享部分物理地址空间。这通常是通过使用共享内存（shared memory）机制来实现的。共享内存是一种特殊的内存，可由多个进程同时访问和修改。这意味着这些进程可将数据存储在同一块内存中，并通过读取和写入相同的内存地址来进行通信和数据共享。共享内存的使用可提供一些优势。首先，共享内存可实现进程间的高速数据传输，因为数据不需要通过进程间通信机制进行复制或传递。其次，共享内存可简化进程间通信的实现，因为进程可直接读写共享内存而不需要借助复杂的消息传递机制。然而，使用共享内存也需要谨慎。由于多个进程可同时访问共享内存，必须采取适当的同步和互斥机制来确保数据的一致性和避免竞争。此外，共享内存的管理和分配需要仔细考虑，以避免出现内存泄露或错误的访问。

4.3.2 虚拟内存管理

计算机中内存访问速度相对较快，但因成本原因，其容量通常比较小。在实际使用过程中，经常会遇到内存容量不够而造成应用程序退出的情况，在某些系统中甚至会造成操作系统崩溃。操作系统设计者想到了存储容量非常大的硬盘，设计了虚拟内存管理机制来将系统中存在的硬盘空间虚拟成内存提供给应用程序使用，使得应用程序可用的内存远远超过系统中内存容量的总和。操作系统作为一个优秀的计算机大管家，希望这些机制的引入不会改变应用程序的行为，不给程序开发人员带来困扰。最理想的情况下，应用程序操作的仍是虚拟地址空间，无须知道这些虚拟地址空间内的信息存储在哪个位置（是在硬盘上，还是在内存中），如图 4.7 所示。

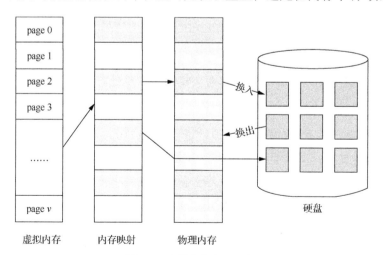

图 4.7 虚拟内存布局示意

借助 4.3.1 节中介绍的分页技术就可完成上述任务。操作系统和 MMU 可在页表项中提供一个有效位（valid bit）来表示该页表项是否有效，即对应数据是否放置在物理内存中。若访问地址所在的页面有效位为 0，那么表明其对应的数据不在物理内存中，此时 MMU 将抛出一个名为页缺失（Page Not Present）的页错误（Page Fault）。操作系统在获得这个错误的信息后，会暂停出错的应用程序并从硬盘上找到目标页面的数据，并从当前内存中选择一个牺牲页（未被使用或已修改的页面）。把该牺牲页的数据保存到空闲硬盘区域后，将目标页面的数据读取到牺牲页，达到交换这两个不同存储介质页面数据的目的，这一过程称为页面置换。此后，操作系统需更新页表使得载入的页面有效，并恢复产生页缺失的应用程序的执行，让它再次访问之前的地址，从而保证应用程序的执行逻辑不发生变化。整个页错误响应和处理过程都基于 CPU 的异常处理机制完成，完全无须应用程序的参与，因此，应用程序对这一过程不会有任何察觉，称其对应用程序透明。

在上述过程中，需要操作系统选择一个牺牲页进行页面置换，如果错误地选择了一个马上就要使用的页面进行置换，就可能造成页面的频繁置换，从而影响整体计算速度，因为页面错误处理和页面置换对计算机系统来说都是相对耗时的工作。常见的牺牲页选择算法包括 FIFO（First In First Out，先进先出）、LRU（Least Recently Used，最近最少使用）、LFU（Least Frequently Used，最不常用）等，这些算法选择牺牲页的策略各不相同，其基本原理都是尽可能预测出后续程序执行过程中不活跃的页面。Linux 在默认情况下，使用 LRU 算法选择牺牲页，其基本思想是：当需要置换页面时，选择最近最少使用的页面作为牺牲页进行置换。LRU 算法的策略和人类大脑的工作习惯非常类似，如果一些信息在长时间内没有使用或回顾，人们想起它的概率会随之降低，大脑也会慢慢将它们遗忘。当然，不同的应用场景下的应用程序可能会有不同的页面置换要求，Linux 内核允许变更所使用的牺牲页选择算法。

此外，虚拟内存放置在硬盘中，很容易和文件系统的内容产生混淆，操作系统要求专门为这种扩展可用内存空间的硬盘区域创建一个交换分区或文件。所有放置在硬盘上的内存页面都存放在交换分区中，同时，交换分区中不允许存放其他文件。因为交换分区中的内容需要经常变更，所以利用 SSD（Solid State Disk，固态盘）作为交换分区会比使用硬盘具有更好的整体性能。但 SSD 的生命周期内的读写次数比硬盘的要少不少，对其进行高频率的读写会减少 SSD 的使用时间。为保证系统可用性，也可使用性能稍差一些的交换文件替代交换分区，这样即使部分 SSD 因高频读写发生了损坏，操作系统也能够动态地调整交换文件占用的硬盘区域，提高系统整体可用性。要查看当前系统中有哪些交换分区可通过 swapon 命令实现，其输出结果如下所示。

```
[ict@openEuler22 ~]$ swapon --show
NAME       TYPE      SIZE     USED PRIO
/dev/sdd5 partition 63.9G 437.2M -1
```

4.3.3　openEuler 内存技术

openEuler 针对云应用场景中多租户的特点，对大页内存的管理进行了优化，以更好地支持大内存场景。openEuler 在内存技术方面具有一些优势。

- 内存管理高效：openEuler 实现了高效的内存管理机制，包括虚拟内存管理、页面置换算法和内存分配等。借助这些机制，它能够有效地管理系统的内存资源，为应用程序提供所需的内存空间，确保系统的稳定性和性能。
- 支持内存压缩：openEuler 引入了内存压缩技术，通过对内存页面进行压缩，减少内存占用。这种技术可提高内存利用率，延缓页面置换，从而节省内存空间，并提高系统的性能和响应速度。

- 支持 NUMA 架构：openEuler 支持 NUMA（Non-Uniform Memory Access，非均匀存储器访问）架构，能够优化内存访问，减少不必要的内存访问延迟。这对于多处理器系统中存在多个内存节点的情况尤为重要，可提升系统的整体性能和响应能力。
- 提供大页支持：openEuler 提供了大页支持，增大了页面大小（如 2MB 或更大）。大页支持可减少页表的数量，降低 TLB（Translation Lookaside Buffer，转换后援缓冲器）的缓存失效率，提高内存访问的效率，在大型内存应用和数据库等场景中表现出色。
- 注重内存安全性：openEuler 在内存管理方面注重安全性，通过访问权限控制、地址空间隔离等机制，能够保护系统的内存不受未授权访问和恶意操作的影响，提高系统的安全性。

这些优势使得 openEuler 的内存技术能够提供高效、可靠的内存管理和利用，提升系统性能和效率，适应不同规模和类型的应用场景。

4.3.4 实例 4-2：内存信息分析

内存是计算机中非常重要的一种资源，操作系统提供了一系列工具，用户可以用它们查看当前内存用量，包括用途、使用进程、虚拟内存位置和大小等信息。

（1）/proc/meminfo 文件

正如 4.2.2 小节所提到的，/proc 目录下有一系列描述当前系统状态的文件，其中的 meminfo 文件记录了当前系统内存的使用情况，可为系统运行、维护提供诊断信息。使用 cat 命令即可显示该文件的内容，其内容经过了内核处理，是工程师可直接阅读的文本。如下面的例子所示，文件中包含系统总内存量（MemTotal）、空闲空间（MemFree）、可用空间（MemAvailable）、缓存空间（Buffers）、交换空间容量（SwapTotal）、文件映射占用（Mapped）等信息，要完全理解这些信息还需读者进一步了解内核内部的原理。另外，这些信息的单位均为 KB，在当前面对大容量存储设备时往往难以读取，需要借助 free 命令来进一步梳理。

```
[ict@openEuler22 ~]$ cat /proc/meminfo
MemTotal:        131629944 KB
MemFree:         118051680 KB
MemAvailable:    127552784 KB
Buffers:            126132 KB
Cached:            9799204 KB
SwapCached:              0 KB
......
SwapTotal:         2097148 KB
SwapFree:          2097148 KB
Dirty:                 688 KB
Mapped:             441848 KB
......
DirectMap4k:        390324 KB
DirectMap2M:       8781824 KB
DirectMap1G:     124780544 KB
```

（2）free 命令

通过 free 命令也可查看当前系统内存的使用情况，如下所示。

```
[ict@openEuler22 ~]$ free -h
              total        used        free      shared  buff/cache   available
Mem:          125Gi       2.6Gi       112Gi        69Mi        10Gi       121Gi
Swap:         2.0Gi          0B       2.0Gi
```

-h 选项表明将字节数转换为用户易理解的符号，例如前文结果中显示的 131629944KB 转换为更直观的 125Gi（表示 125GB）。输出结果中一共包含两行数据，第一行以 Mem:开头，表明物理内存的使用情况；而第二行以 Swap:开头，表明交换分区的使用情况。纵列则用于表明这些内存各自的使用情况，total 表明总体容量，used 表示已经使用的内存大小，free 表示可用内存大小。后 3 列中的 shared 表示多个进程间共享的内存大小。buff/cache 用于统计内核缓存所占用的空间，这些空间都是可动态释放给应用程序使用的。将这些可动态释放的空间扣除后，实际可提供给应用程序使用的空间大小则输出在 available 列下，该列的值可用于判断一个系统是否还有冗余内存。

（3）mkswap 命令

若需要将分区或文件格式化为交换分区，可使用 mkswap 命令实现。例如将/dev/sdb1 设备作为交换分区可使用以下命令。按照设备即文件的思想，同样可将命令中的/dev/sdb1 替换为一个文件路径，将文件作为交换分区来使用。需要注意的是，无论是设备还是文件，为保证操作系统中数据的安全性，它们的所有者应当都设置为 root，权限也应当保证为仅 root 可读写，即600。使用交换分区则可以使用 swapon 指令。

```
[ict@openEuler22 ~]$ sudo mkswap /dev/sdb1
[ict@openEuler22 ~]$ sudo swapon /dev/sdb1
```

4.4　进程管理

进程是计算机系统中的程序在某数据集合上的一次运行活动，是操作系统进行资源分配的基本单位。进程管理的主要目的是确保计算机系统中的所有进程能够高效、有序地运行，以提供更好的系统性能和用户体验。

每个进程都有自己的进程 ID、虚拟地址空间、程序计数器、通用寄存器快照、打开文件描述符及其他与进程相关的资源。操作系统需要对这些进程所需的资源进行管理，在进程创建过程中，操作系统需要为进程分配进程 ID、页表、打开文件描述符列表等数据结构；在进程调度过程中，操作系统需要通过调度算法将可运行进程装入就绪队列，并选择一个就绪进程分配CPU，还需要为进程分配时间片，记录进程上下文信息；在进程执行过程中，操作系统需要管理进程的虚拟地址空间，处理进程间同步和通信，定期改变进程的运行状态；在进程终止过程中，操作系统需要清理进程使用的物理内存、文件描述符等资源，更新进程的数据结构信息，修改进程表并释放进程相关的数据结构。总的来说，Linux 的进程管理就是操作系统对进程的创建、调度、执行和终止等进行管理和控制的过程。

4.4.1 并行化模型

正如 4.3.1 小节所介绍,进程是计算机系统中正在运行的应用程序实例。同一个应用程序可同时运行多个实例,一个实例也可包含多个进程,为完成一个任务同时进行运算,从应用程序设计的角度来看,这涉及并行化程序的概念。在现代操作系统中,通常存在进程、线程、协程这 3 种不同的并行化手段。基于进程的并行化程序具有较高的安全性,但由于每个进程拥有独立的虚拟地址空间等一系列独立的资源,维护这些资源需要消耗相对较多的计算时间和内存空间。操作系统研究者设计了更为轻量级的并行化程序支持机制——线程(thread)和协程(coroutine),这两种机制虽然相对复杂,但它们卓越的性能受到了 HPC 社区的广泛认可。

要了解并行计算的相关概念,可先了解非常典型的并行处理单元的工作模式。并行计算是指同时使用多种计算资源来快速解决计算问题,可分为时间上的并行和空间上的并行。时间上的并行是指流水线技术,而空间上的并行则是指用多个处理器并发地执行计算。

- 串行计算:就像一个人炒菜,按步骤一道又一道地完成。
- 并行计算:就像几个人分工,同时炒菜,一个人洗菜,一个人备菜,一个人掌勺……各司其职,相互配合。

计算机的 CPU 核就像多个"厨师",它们可同时处理不同任务的不同部分。一个内核处理任务 A,一个内核处理任务 B,于是任务的总完成时间会比通过串行计算实现时少很多。总之,并行计算利用计算机多个处理单元同时工作的优势,通过划分任务并发执行各个部分的工作,从而提高整体效率。这在多核时代尤为重要,它让计算机的运算能力更好地发挥出来,如图 4.8 所示。

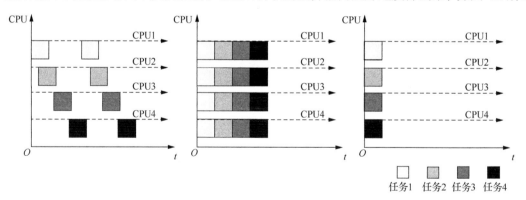

图 4.8 不同并行计算调度方法示意

UNIX 设计之初就是分时系统,通过时间分片技术同时为多个用户的进程提供计算资源,实现了时间上的并行;随着多核处理器的发展,Linux 需要针对多核进行深度优化的并行计算方法,openEuler 在多核调度器和系统内核支持协程方面做了创新贡献。

4.4.2 进程创建

通过 fork 系统调用(简称 fork 调用)即可简单地创建一个新进程。当一个应用程序执行完 fork 调用后,当前进程就会分裂为两个进程,且这两个进程都会继续执行 fork 调用后的程序。这两个进程中一个是原有进程,会继续向后执行,被称为父进程;另一个是新创建的进程,被称为子进程。由于 fork 调用会复制父进程的所有内容（包括代码、数据、堆栈等）来创建子进程，因此，可将子进程看作父进程的副本，与父进程不同的是，子进程拥有自己的 PID（Process Identification，进程 ID）。

进程 ID 用于区分不同进程，每个进程都有独一无二的进程 ID，使用 ps 命令可查看操作系统中所有进程的相关信息。

```
[ict@openEuler22 ~]$ ps -ef
UID       PID     PPID C STIME TTY       TIME CMD
root      1         0  0 2022 ?       00:00:50 /usr/lib/systemd/systemd --switched-root
root      2         0  0 2022 ?       00:00:00 [kthreadd]
......
root      1025      1  0 2022 ?       00:00:00 sshd: /usr/sbin/sshd -D [listener] 0 of
root      36471  1025  0 Jan03 ?      00:00:00 sshd: ict [priv]
ict       36474  36471 0 Jan03 ?      00:00:01 sshd: ict@pts/0
ict       36475  36474 0 Jan03 pts/0  00:00:01 -bash
ict       41829  36475 99 04:30 pts/0 00:00:00 ps -ef
```

分析以上输出信息可知，PID1 的 systemd 进程是根，PID1025 进程是 systemd 的一个子进程，又是 PID36471 进程的父进程，这种父子关系可以一直衍生直到执行上述命令的 PID41829。

> 实际上，Linux 的进程与文件系统一样，也采用了树形结构，用 pstree 命令可清晰呈现。子进程是由父进程创建的，每个父进程可以有多个子进程。采用树形结构有助于组织和管理系统中的进程。

通常情况下，不同进程的任务各有不同，但执行 fork 调用后两个进程将会向后继续执行相同的代码。为区分两个进程，fork 调用会为子进程提供返回值 0，表示和父进程的区别。应用程序检查返回值就可明确当前进程是父进程还是子进程，从而有区别地执行不同任务。具体可参见下面的代码。

```
pid_t pid;
//创建子进程
pid = fork();
if (pid == -1) {              //错误处理
    perror("fork");
    return 1;
} else if (pid == 0) {        //子进程执行任务 1
    task_child();
} else {                      //父进程继续执行
    task_parent();
}
```

另外，如前文所述，每个进程拥有独立的虚拟地址空间和外部资源，进程之间几乎不存在直接进行数据交换的可能，但进程之间常常需要相互通信以实现数据交换或同步控制。操作系统为满足这种需求提供了多种进程间通信技术，包括管道（pipe）、共享内存（shared memory）、消息队列（message queue）、信号量（semaphore）等。它们的设计目的不同，满足了不同类型的通信需求。共享内存是为了在进程之间共享大量数据而设计的，可提供高性能的数据交换。管道和消息队列主要用于小批量数据传输任务，管道适用于单向通信，而消息队列支持双向通信。信号量是用于同步控制的，以解决进程之间执行顺序不可控的问题，确保进程按照预定的顺序执行。

在某些情况下，操作系统还可为进程设置资源限制，如最大内存使用量、最大文件打开数等。这些限制可防止进程滥用系统资源或导致系统崩溃。以下示例中 ulimit 命令限制了一个进程的最大打开文件数为 512，-n 指定了限制的类型，可通过-a 来查看所有可能的参数。这条命令需要重新登录后才能生效。

```
[ict@openEuler22 ~]$ ulimit -n 512
```

4.4.3 进程调度

从应用程序的角度来看，多个进程的执行是同时的、并行的，但如果计算机中仅有一个 CPU 核的话，则只能执行一个应用程序。操作系统负责在多个进程之间进行切换，从而造成多个进程在同时执行的假象。Linux 采用时间片轮转的调度算法，通过分配给每个进程一段时间片（通常为几毫秒），来实现多个进程之间公平共享 CPU 时间。这个过程就是进程调度，操作系统可决定哪个进程在给定时间片内运行。

> 进程切换过程中，有一些神奇的事情在发生。UNIX 经典读物《莱昂氏 UNIX 源代码分析》一书中有一段非常有意思的注释" /* You are not expected to understand this */"，如图 4.9 所示，可见具体进程切换过程比较复杂，甚至难以理解，有兴趣的读者不妨读一读。

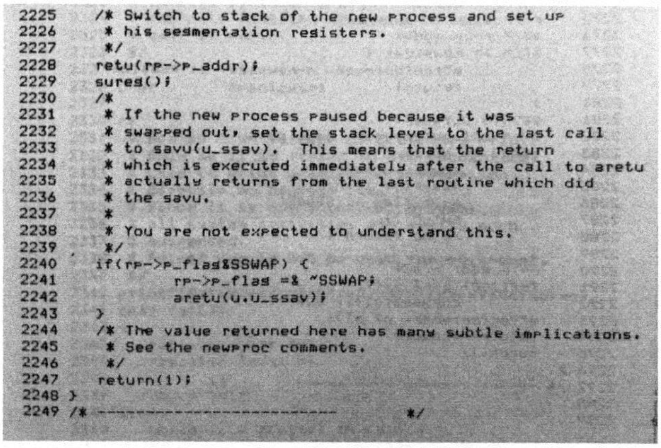

图 4.9 UNIX V6 进程切换核心代码

但应用程序在执行时，操作系统不能随意打断其执行流程，只有在两种情况下操作系统才可获得 CPU 核的控制权，一种是应用程序执行过程中产生了中断或异常，另一种是应用程序调用了操作系统提供的系统函数。

通常情况下，操作系统会等待应用程序调用系统函数，从而运行调度算法决定是否实施进程调度将当前进程挂起（即让其暂停执行），让其他进程继续执行。采用这种策略的操作系统称为非抢占式操作系统，此时，操作系统介入进程调度是被动的，切换时间是不受控的，操作系统有机会就切换进程，没有机会就继续等待。非抢占式操作系统虽然总体效率较高，但进程切换时间不可控，对一些执行时间节点要求高的任务很不友好。例如，若一个进程专用于音乐播放，但系统中另一个进程一直占用 CPU 核，不将其释放给操作系统，进程无法切换到播放进程，就会造成用户听到的音乐时断时续。因此，抢占式操作系统被设计出来满足任务对切换时间控制的需求。抢占式操作系统通过定时器按时间间隔产生中断，主动打断当前进程的执行，在处理中断的过程中，操作系统对进程进行调度、实施切换。这样就不可能出现某个进程一直占用 CPU 核的问题，但中断处理带来的多余开销会导致操作系统性能的部分损失。

4.4.4 进程间通信

通常情况下，在并行计算过程中应用程序仅需要描述每个进程任务的执行流程，而不用关心它们的具体执行顺序、相互之间如何切换等细节。此时，各个进程之间的执行顺序是相互独立的，任务完成的时间也是随机的，没有必然的保障。但在某些情况下，一个进程的执行需要等待其他进程先执行完成，或者需要其他进程的计算结果作为前提条件，这就涉及进程间通信技术。

进程间通信是一种使多任务操作系统中独立运行的不同进程之间能够相互交换信息的技术，使得分离的多个进程可以实现安全的合作。Linux 沿用了 UNIX 的设计，分别为不同的使用场景提供高效、可靠的实现机制。

（1）信号量

信号量作为一种同步控制机制用于解决 IPC 问题，起到调节进程间执行顺序的目的。进程在执行过程中要停下来等待某个信号量的触发才能继续执行，另一个进程可通过操作信号量来触发它。当一个进程需要等待某个条件满足时，它可通过等待信号量来阻塞自己（即暂停程序的执行），直到另一个进程对该信号量进行了特定的操作以解除阻塞。一个进程可通过增加或减少信号量的值来触发或影响等待该信号量的另一个进程的行为，这种方式可协调进程之间的执行顺序和资源的共享。

实际上，信号量的本质是一种数据操作锁，用来实现数据操作过程中的互斥、同步等功能。信号量通过保存一个整数值来控制各进程对资源的访问：当值大于 0 时，表示资源空闲，可以访问；等于 0 时，表示资源分配完毕，无法访问；小于 0 时，表示有至少 1 个进程（线程）正在等待资源。

（2）信号

信号用于中断软件，通知进程发生了某种事件或异常，实现进程间的通信和协调，例如进程间的通知、同步和资源管理等。

信号可以被视为一种异步通信方式，因为发送信号的进程不需要等待接收信号的进程执行完毕。信号可以被进程捕获并处理，从而实现进程间通信。当一个进程收到信号时，它可以决定忽略该信号、处理该信号或将其传递给其他进程。信号的处理方式可以是执行特定的函数、终止进程或执行其他操作。

例如，使用 kill 函数可向指定进程发送退出信号，常用于命令行中的进程管理。

（3）管道

管道基于环形缓冲区,通过将一个进程的输出连接到另一个进程的输入来实现进程间通信。

管道大小固定，通常为 4KB，但可以通过系统调用进行修改。

当一个进程向管道中写入数据时，数据会被写入环形缓冲区中，并覆盖旧的数据。当一个进程从管道中读取数据时，它会从缓冲区的起始位置读取数据，并逐渐向后移动读取指针。当读取到缓冲区的末尾时，读取指针会回到缓冲区的起始位置，从而实现循环。

管道的优点在于它可以在不涉及内核空间的情况下实现进程间通信，因此效率较高。但是，管道也存在一些限制，例如它只能用于具有亲缘关系的进程间的通信，并且只能进行单向通信。

管道常用于 Shell 中连接多个小程序的标准输出通道和标准输入通道，协作实现数据流的复杂处理。

（4）套接字

套接字是一种通用的进程间通信机制，支持不同主机之间的进程间通信。它既可用于本地进程间通信，也可用于网络通信、分布式系统和并行计算系统等。

套接字有多种类型，包括流套接字（stream socket）、数据报套接字（datagram socket）和原始套接字（raw socket）等。不同类型的套接字适用于不同的通信场景，例如 TCP/IP 协议族中的流套接字适用于可靠的数据传输，而 UDP（User Datagram Protocol，用户数据报协议）协议族中的数据报套接字适用于不可靠的数据传输或广播/多播通信。

套接字提供的统一接口可以屏蔽底层通信细节，提供简单、一致的 API，使得开发人员能够更加专注于应用程序的逻辑。套接字的易用性、可扩展性、跨平台性、高效性和灵活性等优势使得它在网络编程中成为一种强大而灵活的工具，在 Linux 中也常用于提供各类服务的守护进程的相互通信。

（5）共享内存

共享内存是一种非常强大的进程间通信机制，它允许两个或多个进程共享同一段物理内存空间，尤其适用于有大量数据交换的场景，如实时系统、并行计算和多线程应用等。

共享内存的实现原理是将同一段物理内存映射到不同进程的地址空间中，使得所有进程都可以访问共享内存中的地址。当一个进程向共享内存写入数据时，其他进程可以立即看到这些数据，因为所有进程访问的是同一块内存区域。同样地，当一个进程从共享内存读取数据时，它读取的是其他进程写入的数据。

共享内存的优势在于其具有高效性、实时性和同步性。由于数据直接存储在物理内存中，避免了数据的复制，因此具有很高的通信效率。同时，由于数据是共享的，进程间可以实时地进行数据交换和共享。然而，共享内存需要注意数据同步问题，即当多个进程同时访问共享内存时，需要采取措施确保数据的一致性和完整性。

> Linux 进程间通信具有高效性、灵活性、可靠性、可扩展性和跨平台性等优势，因此在云计算、分布式系统、网络通信等领域得到了广泛应用。

4.4.5　线程抽象

在一个进程中，可通过包含多个执行不同任务的线程实现并行计算。这些线程不仅共享进程的虚拟地址空间等资源，使得跨线程通信变得简单，还具有比使用进程更小的创建和切换代价，这种代价通常情况下被称为开销，就是使用 CPU 核的时间。线程之间也需要借助操作系统改变当前线程，实现线程切换，但当前进程中的虚拟地址空间、打开文件句柄等资源都不会变化，只有执行的线程上下文发生了变化。这些上下文仅包括线程在执行过程中的状态和相关信息，如寄存器组的值、堆栈位置、线程状态、优先级和调度信息等。这里的上下文信息相对于页表、打开文件句柄列表等数据要少很多，因此，线程切换比进程切换需要的处理少很多，开销也更小，如图 4.10 所示。

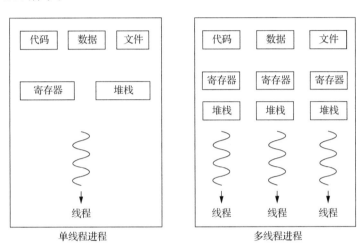

图 4.10　多线程资源开销示意

POSIX 中定义了一系列操作线程的函数，如 pthread_create、pthread_exit、pthread_join 等创建线程、终止线程和等待线程结束的函数。除此之外，由于进程中的所有线程共享了进程的虚拟地址空间，从理论上来说，每一个线程都可访问所属进程内的地址，这在线程执行的过程中可能会带来逻辑上的错误。例如某全局变量 IsRunning 在线程 A 中被赋值为 True 后马上用于判断逻辑，仅看该线程的逻辑，是正确无误的。但若在该变量被赋值后，执行的线程切换为另一线程 B，且该变量在执行过程中被修改为 False，则当线程 A 再次执行时，判断逻辑就可能和预期的结果完全不同。一般称这种通过全局变量来传递数据或控制信号的函数是线程不安全的。为保证线程安全，需要在设计线程函数时注意以下几点。

- 避免使用全局变量：全局变量是多线程共享的，对全局变量的修改可能导致竞争条件，就如前面的例子中全局变量 IsRunning 面临的情况一样。因此，在函数设计中尽量避免使用全局变量，或者通过加锁等机制来保护全局变量。
- 使用局部变量或线程局部存储：将函数中需要共享的数据定义为局部变量或线程局部存储，确保每个线程拥有独立的数据副本，避免线程间的竞争。
- 使用互斥（mutex）锁：对于访问共享资源的代码块，使用互斥锁来保护临界区，确保同一时间只有一个线程可访问共享资源。在进入临界区前获取锁，在退出临界区后释放锁。例如前面的例子中，在线程 A 中对 IsRunning 变量赋值前加上互斥锁，在后续判断逻辑结束后才将锁释放，就可避免其间可能产生的其他线程对其进行修改的情况。

- 使用原子操作：对于简单的操作，如整数的加法、赋值等，可使用原子操作来保证操作的原子性，避免竞争条件。
- 使用线程安全的库函数：保证使用的函数已经在实现上考虑了线程安全性。
- 使用操作系统提供的同步机制：使用同步机制（如条件变量、信号量等）来控制线程间的执行顺序和相互协作，确保操作的正确执行。

总的来说，相对于进程，线程的操作会更加复杂，需要更多地考虑其安全性问题，但其具备轻量级的特点，在很多对性能有偏重的应用中广泛使用。

4.4.6 openEuler 进程技术

openEuler 针对多核处理器设计了深度优化的多核调度器和 openEuler 协程等新技术，能够更大限度地发挥系统资源性能，减少进程执行间的等待时间和提高系统的吞吐量，以提高进程调度的效率和响应速度。

（1）多核调度器

当计算机中包含多个 CPU 核时，在多个进程中选择哪些进程分配给哪个 CPU 核执行就成了操作系统的调度难点。openEuler 在 Linux 内核中的多核调度方面注重负载均衡、亲和性、调度优化和可扩展性，以提供高效、稳定的多核处理能力，并充分利用系统的硬件资源，提供良好的用户体验和性能表现，多核调度器的主要功能特性如下。

- 多核负载均衡：多核调度器具有负载均衡特性，可将任务合理地分配给多个核心，以充分利用系统的处理能力；还可动态地调整任务的分配，确保各个核心的负载相对均衡，避免出现某些核心负载过重而导致出现性能瓶颈。
- 多核亲和性：多核调度器支持任务与核心之间的亲和性。它可将某个任务绑定到特定的核心上执行，避免任务频繁地在多个核心之间切换，减少上下文切换的开销，以提高系统的整体执行效率。
- 多核任务调度优化：多核调度器采用了一些优化策略，以提高多核任务的调度效率和性能。例如，它可根据任务的类型、优先级和资源需求等因素进行智能调度，合理分配核心资源。此外，它还可利用任务的并行性，将可并行执行的任务同时调度到多个核心上，以加速任务的完成。
- 高可扩展性：多核调度器具有高可扩展性，可适应不同规模和配置的多核系统。无论是拥有几个核心的嵌入式系统，还是拥有上百个核心的大规模服务器，它都能够有效地管理和调度核心资源，提供良好的性能和可靠性。

正是这些特性，使得 openEuler 可以极大限度地发挥多核处理器的性能，在服务器应用上更具性能优势。

（2）openEuler 协程

openEuler 在其操作系统内核中提供了对协程的支持，协程可在单个线程内同时完成多个任务，其原理如图 4.11 所示。

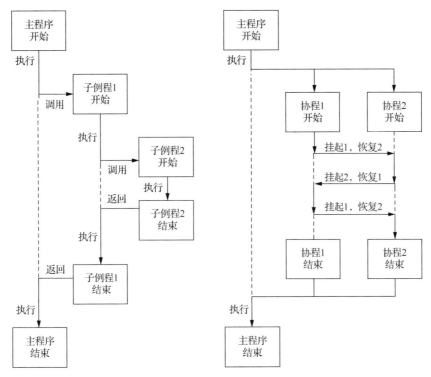

图 4.11　协程工作原理

其特点如下。

- 轻量级：openEuler 协程是一种轻量级的并发编程模型。与线程相比，协程更加轻量，占用更少的系统资源。多个协程可在同一个线程内并发执行，无须创建额外的线程。这使得协程在处理大量并发任务时更加高效。

- 用户空间调度：openEuler 协程实现基于用户空间的调度机制。这意味着协程的调度和管理不需要依赖于操作系统内核的调度器，而完全由用户程序实现和控制。这种用户空间调度方式可提供更高的灵活性和可定制性。

- 非抢占式调度：openEuler 协程采用非抢占式调度方式。在协程内部，没有强制的上下文切换点，而是由程序显式地在适当的时机进行协程切换。这种非抢占式调度方式使得协程之间的切换更加可控，并且减少了上下文切换的开销。

- 协作式调度：openEuler 协程采用协作式调度方式，即协程之间通过显式的协作点进行切换。当一个协程主动放弃执行权时，调度器会选择另一个可执行的协程来运行。这种协作式调度方式可避免竞争条件和资源争用，提高系统的稳定性和可靠性。

- 支持异步编程：openEuler 协程可用于实现异步编程模型。通过协程的挂起和恢复机制，协程可方便地处理异步任务，避免了传统回调式编程的复杂性。协程可在等待 I/O、计算等操作时暂停执行，并在操作完成后继续执行，实现高效的异步编程。

总体而言，openEuler 协程的特点包括轻量级、用户空间调度、非抢占式调度、协作式调度和支持异步编程。这些特点使得协程成为一种高效、灵活和可控的并发编程模型，适用于需要处理并发任务和实现异步操作的场景。

4.4.7 实例 4-3：进程监控与进程管理

Linux 提供了用于实现系统监控与进程管理的命令行工具，支持用户对计算机系统资源和所有进程进行查看、调整和关闭等管理操作。本实例综合使用 top、ps、lsof 和 kill 这 4 个常用命令，它们使用灵活，希望读者在实践过程中注重探究这些命令的具体用法和设计思想。

本实例的任务是用 top 命令查看系统 CPU 使用率和 MEM 占用率情况，用 ps 命令查看各进程的实时状态，并用 lsof 命令以 watch 进程为对象观察进程所打开的文件等信息，最后使用 kill 终止该进程。

（1）top：监控系统实时状态

top 命令用于交互式地对系统运行状态和进程活动进行实时监控。它可以提供 CPU 使用率、内存使用率、进程状态等各种实时信息，并提供了大量的快捷键，允许用户按需灵活地进行各种具体观察，甚至直接调整进程的优先级。

执行以下命令按 MEM 占用率大小排序，top 命令对显示列默认按进程 ID 排序，启动时可通过-o 选项指定排序方式，运行时可通过快捷键改变排序方式。

```
[ict@openEuler22 bar]$ top -o %MEM
top -23:55:25 up 3 days, 1:59, 2 users, load average: 0.05, 0.08, 0.02
Tasks: 125 total, 1 running, 123 sleeping, 1 stopped, 0 zombie
%Cpu0 : 0.3 us, 0.3 sy, 0.0 ni, 99.3 id, 0.0 wa, 0.0 hi, 0.0 si, 0.0 st
%Cpu1 : 0.0 us, 0.3 sy, 0.0 ni, 99.7 id, 0.0 wa, 0.0 hi, 0.0 si, 0.0 st
MiB Mem : 942.4 total, 514.0 free, 257.2 used, 265.1 buff/cache
MiB Swap: 2100.0 total, 1902.5 free, 197.5 used. 685.2 avail Mem

    PID USER PR NI VIRT RES SHR S %CPU %MEM TIME+ COMMAND
  39549 ict 20 0 21536 2372 2088 T 0.0 0.2 0:00.00 watch
      1 root 20 0 179176 8544 4576 S 0.0 0.9 0:47.50 systemd
      2 root 20 0 0 0 0 S 0.0 0.0 0:00.20 kthreadd
......
```

top 命令显示的信息包括总体信息和各进程详细信息两部分。

在总体信息中，第一行显示系统的运行状态信息，包括运行时长、登录用户数和系统负载情况；第二行表示任务的信息，包括进程总数（total）、正在运行的进程数（running）、睡眠中的进程数（sleeping）、停止的进程数（stopped）、僵尸进程数（zombie）；第三行和第四行显示系统中所有 CPU 的使用情况，包括各种特征的任务所占的计算负载，如用户进程（us）、系统进程（sy）、改变过优先级的用户进程（ni）、空闲进程（id）、等待进程（wa）、硬中断任务（hi）、软中断任务（si）、虚拟 CPU 任务（st）；第五行和第六行分别显示物理内存信息和交换分区（虚拟内存）信息，其中 total 表示总内存容量（单位为 KiB），free 表示空闲内存的容量，used 表示已使用的内存容量，buff/cache 和 avail Mem 分别表示缓存的内存容量和可用的交换分区容量。

在各进程详细信息部分中，每一行都代表了一个进程，其使用的资源均被显示出来，包含每个进程的进程 ID（PID）、所属用户（USER）、优先级（PR）、使用的虚拟内存容量（VIRT）、使用的主内存容量（RES）、共享内存容量（SHR）等信息。

top 命令的功能非常丰富，不仅在启动时可使用多种选项，还允许用户在运行时使用"F"键来重新选择显示列，使用"O"键过滤不符合条件的进程，使用"R"键调整进程的优先级，使用"K"键来发送信号到某个进程，以及使用"Q"键来退出 top 命令，等等。

此外，使用"-b"参数可以将 top 命令的输出保存到文件中，以便后续分析和查看。

（2）ps：查看进程状态

ps（process status）命令用于快速查看所有正在运行的进程及其详细运行状态（就绪、运行、暂停或僵尸状态等）和启动的命令等。与 top 命令主要用于实时监控不同，ps 命令同时适用于命令行交互和脚本自动化任务。

ps 命令是强大的进程管理工具，早在 UNIX V4 中就已出现，由于历史兼容原因，ps 命令的选项非常多，使用方式也有多种，常用选项如表 4.1 所示。

表 4.1 ps 命令的常用选项

选项	功能描述	选项	功能描述
-aux-efx/	显示所有用户的所有进程	-auf --user ict	显示指定用户（ict）的进程信息
-axf	显示所有进程的完整信息	-eo pid,ppid,cmd,%mem,%cpu	以自定义格式显示进程信息

执行以下命令显示用户 ict 正在运行的全部进程及其资源占用情况、运行状态和启动的命令等。

```
[ict@openEuler22 bar]$ ps uf --user ict
USER      PID  %CPU %MEM TTY     STAT    START  TIME  COMMAND
ict      36474  0.0  0.5 ?       S       Jan03  0:01  sshd: ict@pts/0
ict      36475  0.0  0.6 pts/0   Ss      Jan03  0:01  \_ -bash
ict      42197  100  0.4 pts/0   R+      06:00  0:00    \_ ps uf --user ict
ict      33376  0.0  0.4 ?       S       Jan03  0:02  sshd: ict@pts/3
ict      33377  0.0  0.5 pts/3   Ss+     Jan03  0:01  \_ -bash
ict      39549  0.0  0.2 pts/3   T       Jan03  0:00    \_ watch -n 1 ls /bin
ict      30374  0.0  0.7 ?       Ss      Jan03  0:00  /usr/lib/systemd/systemd --user
......
```

进程的运行状态主要包括：R（运行中），表示进程正在运行或在运行队列中等待运行；S（休眠），表示进程处于休眠状态，等待某个条件的形成或接收到某个信号；T（停止或跟踪），表示进程被暂停运行或被跟踪；Z（僵尸进程），表示进程已经终止，但其父进程尚未释放其系统资源；等等。

另外一个相关命令是 pstree，可用来显示所有进程的父子结构关系，帮助分析相关进程。

（3）lsof：查看进程打开的所有文件

通过 top 或 ps 命令可查看进程使用的 CPU 和 MEM 资源，但无法了解进程使用的文件资源，可能影响系统安全和软件调试。使用 lsof 命令可以查看进程打开的所有文件，这些文件可能是常规文件，也可能是硬件设备文件、网络文件等，还可能是系统中的敏感文件。

执行如下命令查看 watch 进程打开的所有文件。

```
[ict@openEuler22 bar]$ lsof -p 39549
COMMAND   PID USER    FD   TYPE DEVICE SIZE/OFF    NODE NAME
watch   39549  ict   cwd    DIR  253,2    4096  392449 /home/ict
watch   39549  ict   rtd    DIR  253,0    4096       2 /
watch   39549  ict   txt    REG  253,0   68104 1709754 /usr/bin/watch
watch   39549  ict   mem    REG  253,0 1661144 1705840 /usr/lib64/libc.so.6
......
```

可见，watch 进程打开了目录文件、对应的可执行文件和 libc 共享库等文件。如果该进程非法访问了敏感文件或其他无关文件，就需要进一步观察并分析是否存在恶意行为或其他安全漏洞，或者存在一直占有某些文件资源未及时释放等意外情况。

（4）kill：终止进程

Linux 允许用户通过命令行直接终止（也称杀死）进程，这适用于无法正常退出或存在安全风险的进程。

kill 命令用于终止一个或多个进程的运行，它根据进程 ID 提前结束执行中的进程。如执行以下命令终止 watch 进程：

```
[ict@openEuler22 bar]$ kill 39549
```

实际上，kill 命令的功能是向指定进程发送信号，以控制进程的行为，终止进程只是其中的一种行为。以上命令向 watch 进程发送了默认信号 TERM，告知该进程终止运行。但某些进程可能会忽略这个信号（即未实现相应的信号处理过程），则需要发送强制终止信号（SIGKILL）来中断进程执行：

```
[ict@openEuler22 bar]$ kill -9 39549
```

> SIGHUP 信号常用于通知进程重新启动或重新读取配置文件，多应用于服务器守护进程。通过 kill -l 可查看 kill 命令所支持的所有信号。

另外，通过 kill 命令终止进程时应拥有该进程的权限，以防意外或恶意行为，这是 Linux 对进程的安全保障。普通用户只能终止自己启动的进程；root 用户能够终止其他用户的进程和自己启动的一般进程，但无法终止 init 或 systemd 等系统进程。

4.5 本章小结

本章首先介绍了操作系统设计理念，并在该设计理念的指导下简要介绍了操作系统文件管理、内存管理和进程管理的设计目标和实现手段，在各部分讲解过程中还穿插了 openEuler 针对各种系统需求做出的改进和功能补充。

通过对本章的学习，读者应该对硬盘、内存和 CPU 等各类资源的管理思路、面临的问题、解决手段等有一定的了解，能够理解操作系统最重要的这三大部分的特点，并了解 openEuler 的主要技术创新和优势。更重要的是，希望读者从中学习到操作系统设计的精髓，能够在将来的软件设计中充分利用这些思想，使得设计的软件也具有高内聚、低耦合的特点，并在系统管理维护和软件设计开发中更好地应用 Linux。

思考与实践

1. 以文件系统为例，思考 UNIX 是如何通过接口设计保证操作一致性的。

2. 尝试使用简单的文件操作命令实现系统备份与恢复。

3. 尝试构建 NFS 文件服务器，并在另一台机器中将共享文件夹挂载在/mnt/share 目录下。

4. 使用 watch -n 1 ps 命令启动一个进程可以每秒显示一次当前所有正在运行进程的状态，观察 watch 命令启动的进程 ID，看看是否存在子进程 ID。

5. 尝试使用 lsof 命令查看一个进程打开的所有文件。

第 5 章
openEuler开发环境

学习目标

① 了解 openEuler 文本处理的常用工具与方法
② 掌握 Shell 脚本编程
③ 掌握 openEuler 环境的 C/C++应用开发方法

④ 了解可移植性开发与 Docker 容器部署
⑤ 了解开放源码与开源社区

Linux 是对开发者友好的操作系统，它有强大的命令行工具，具有跨平台、可定制、可移植和开源开放等特点，已成为大量开发者的首选开发环境。本章以 openEuler 为例，介绍 Linux 的常用开发环境。

openEuler 完全继承了 UNIX 开发环境的优秀特性并发扬光大。UNIX 的优雅设计和简洁接口使它具有一致、开放和可扩展等优秀特性。例如文本流、小工具等优秀设计思想及操作系统接口标准，为良好的开发环境提供了基础和保障，开源运动的发展为良好的开发环境注入了新鲜力量。除了在 openEuler 中开发的脚本或高级语言应用具有良好的可移植性外，openEuler 的开发环境和部署环境本身也具有良好的可移植性。

本章介绍文本处理的常用工具与方法、Shell 脚本编程、C/C++应用开发的基础知识与方法，以及 openEuler 开发环境带来的良好的可移植性。在文本处理中，介绍 Vim 编辑器，正则表达式，grep、tr、sed、sort、gawk 等丰富的文本流处理工具，以及命令行排版工具等内容。在 Shell 脚本编程中，结合猜数字小游戏介绍基础语法和编程结构，并展示 install-help 脚本的迭代开发示例；在 C/C++应用开发中，介绍基于 GCC 编译器、Makefile 和 CMake 自动化构建的命令行开发流程以及相关优化工具，并给出这两个小工具极简实现的代码和构建过程。最后分析 openEuler 开发环境和部署环境的可移植性。

希望读者可通过 openEuler 深入感受 Linux 开发的友好性，特别是强大的文本流处理、脚本自动化、自由组合的编译和构建、丰富的开源软件、开发环境和部署环境的可移植性等。

5.1 文本处理

文本文件没有过时，至少目前仍被广泛使用，例如各种程序源码、网页文件、Linux 的配置文件、日志文件、数据记录文件等。常见的 HTML 格式、CSV（Comma-Separated Values，逗号分隔值）格式、常用于网络服务接口的轻量级数据交换格式 JSON、常用于配置文件和数据交换的 YAML 格式，以及广泛应用于开源项目的轻量级标记语言 Markdown 等都是文本文件的典型应用。

UNIX 类操作系统具有非常强大的文本处理能力，相关的命令行工具可谓琳琅满目。从 ed、Vi、Emacs、nano 等编辑器到 cat、less、sort、cut、grep、sed、awk 等过滤器，发布即成经典。编辑器可以处理大多数文本文件，只需要按个人偏好选择，与文本内容无关（无论是一般程序的输出结果，还是 C、Java、Python 的源文件）。过滤器都是一些小工具，它们可以单独使用，也可以通过管道灵活地组合，实现对文本的提取、排序、转换、分析等多种复杂的加工和处理。

> 甚至可以说，UNIX 在初期是因为文本处理而存活下来的。当时 UNIX 的开发缺乏计算机硬件等必要资源支持，但由于其中的 troff 软件可高效地格式化打印机和字符终端的文本，可用于排版复杂的专利申请文档，才终于获得一些资助。troff 在相当长一段时间内都是 UNIX 文档处理系统的主要组件，如今仍在某些领域广泛使用。

UNIX 采用了简洁、一致的文本接口设计。在 I/O 方面，UNIX 极力提倡采用简单、文本化、面向流、设备无关的格式。多数程序都尽可能采用简单过滤器的形式，即将输入的简单文本流处理为简单文本流输出。UNIX 管道的发明人道格拉斯·麦克罗伊（Douglas McIlroy）说，这就是 UNIX 的设计哲学——一个程序小即是美；只做一件事，并做到极致；连接程序，协作完成复杂功能；提供机制，而非策略；使用纯文本文件来存储信息；一切皆文件。

UNIX 设计者认为文本不会过时，提倡尽量采用文本流作为通用接口，并围绕文本处理设计了大量的小工具。许多优秀的小工具甚至与 UNIX 有着差不多的"悠久历史"，它们至今仍在广泛使用，值得每一个计算机爱好者深入探究。

5.1.1　Vim 编辑器

读者如果对编程有兴趣，就一定不可错过 Vim。它是一个功能非常强大的文本编辑器，具有丰富的内置高级功能，是 UNIX 中优秀的编辑器之一。可以说掌握了 Vim 编辑器，就具有在任何 UNIX 类操作系统上编辑任何文本文件的技能。

在 Man 手册中，将 Vim 描述为"程序员的文本编辑器"，它可以用来编辑所有类型的纯文本，特别适合用于编写程序。

```
VIM(1)              General Commands Manual              VIM(1)
NAME
       vim -Vi IMproved, a programmer's text editor
...

DESCRIPTION
       Vim is a text editor that is upwards compatible to Vi. It can be
       used to edit all kinds of plain text. It is especially useful for
       editing programs.
```

然而，让初学者望而生畏的是，Vim 的编辑方式与 Windows 系统中记事本、Word 等 GUI

软件的迥然不同。但请相信，一旦开始接受它，并坚持钻研和练习，一定会折服于它的快捷和高效，并爱不释手，长期受益。

（1）Vim 与 Vi

Vim 基于 Vi 编辑器改进而来，与 Vi 共享一个几十年都没有变化过的核心命令集。

Vi 是早期的 UNIX 软件之一，在 1976 年随 BSD 软件一起发布，至今仍被广泛使用。它的核心设计思想是让用户的手指始终保持在键盘的核心区域，即可完成所有的编辑动作，而不必在书本或论文堆里寻找被盖住的鼠标。Vi 程序小巧，功能强大，并且命令简洁、使用高效，很快流行起来。

Vi 编辑器有一个特点：不鼓励用户使用个性化配置。这也是 Vi 的一个"美德"，即在一个新的系统上无须配置即可立即使用。它具有足够强大的内置功能和不曾改变的核心命令。因此即使是不同版本的 Vi，用户也可立即使用，无须改变个人习惯。事实上，在几乎所有的 UNIX 类操作系统上，Vi 都是一个可直接使用的编辑器。

Vim 在 Vi 基础上进行了功能增强，主要包括多级撤销和重做（支持无限次）、多窗口和缓冲区、语法高亮、命令行编辑、文件名补全、在线帮助、可视化选择等，支持 Linux、Windows 和 Mac OS X 等多种平台。此外，Vim 允许用户自定义脚本和安装插件进行功能定制和扩展。在大多数 Linux 发行版中，Vi 可能是指向 Vim 的一个软链接。

初学者只需要关注最为基础的内容，即可体验这款神奇的工具。openEuler 默认安装的是 Vim 的精简版，但以 Vi 的名称存在。本章就以 Vi 的名义介绍 Vim 的基本使用①。

（2）工作模式

Vi 的启动选项非常丰富，允许用户定制启动行为和外观，包括选择不同的工作模式。Vim 多窗口 C++编辑界面如图 5.1 所示。

图 5.1　Vim 多窗口 C++编辑界面

---

① Vim 详细教程可参考 Vim 官方网站。

Vi 功能强大的一点在于它为不同的编辑场景提供了十几种不同的工作模式,如标准模式、简易模式、只读模式、插入模式、替换模式、可视模式、差异模式、恢复模式等。这些工作模式可通过选项在启动前指定,也可以在启动后通过命令来切换。

在这些工作模式中,核心的有 3 种:命令模式、输入模式和底行模式。这 3 种工作模式的功能和基本使用流程如下。

- 命令模式: Vi 以默认方式启动后处于命令模式,可快捷地移动光标、删除、剪切、复制、粘贴、撤销操作、重做、搜索字符串等,按"I、A、C、R、O"等键切换到输入模式,或按":"切换到底行模式。
- 输入模式:包括插入模式和改写模式,前者在光标位置开始插入新文本,后者在光标位置开始用新文本改写原来的内容。按"Esc"键切换到命令模式。
- 底行模式:在底行模式,可执行获取帮助、保存、退出、字符串查找和替换,以及参数设置等较为复杂的命令,按"Esc"键切换到命令模式。

图 5.2 展示了这 3 种模式的切换方法。需要注意的是,输入模式和底行模式之间不能直接切换,只能通过命令模式来过渡。这些工作模式在其他资料中可能使用不同的名称,请读者注意区分。

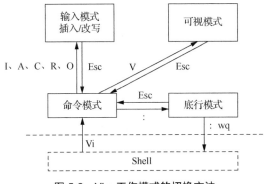

图 5.2　Vim 工作模式的切换方法

当忘记了当前处于哪种工作模式时,可尝试按"Esc"键进入命令模式,再切换到其他模式。

采用这 3 种工作模式可能是 Vi 区别于其他所有编辑器最为显著的特性之一,本小节重点介绍命令模式和底行模式的基础使用,它们是 Vi 的特色。此外,Vim 还支持可视模式,允许用户直接以可见的方式选中一个区域的文本进行处理,选中的区域除了常见的多个行,还可以是矩形块(这是大多数编辑器所不支持的)。

建议读者耐心阅读本小节的内容,并对比快捷键的设置、揣摩 Vi 编辑器的工作思路,然后动手练习。

在 openEuler 上,快速了解这些基础功能的推荐方法是跟随 Vi 提供的精简教程进行操作练习,只需 25~30min。在 Shell 命令行中执行 vimtutor 命令,即可进入该教程。

(3)命令模式

Vi 启动后默认处于命令模式,输入的任何字符都被解释为命令(指令),而非输入的字符。例如按"I"键,并不会输入字符 i,而是切换到输入模式。

命令模式是 Vi 的精髓，它通过丰富的命令及其组合实现高效编辑。但初学者并不需要立即熟悉所有命令，可先从中挑选感兴趣的命令，逐步熟悉。实际上，这些命令具有一致的内在逻辑，一般只需掌握一小部分，并将它们进行组合，就足以灵活运用。

在命令模式下可以进行各种操作：移动光标、删除和剪切、复制和粘贴、切换到输入模式、撤销和重做、搜索字符串等。

丰富、灵活的光标移动方式可能是 Vi 最为显著的特色之一，它支持使用右手常用的 3 个手指快速移动光标，用户手掌可不离开键盘主区域，并且一直保持键盘盲打的姿势，提高编辑效率。移动光标的按键如表 5.1 所示。

表 5.1　移动光标的按键

按键	功能描述	按键	功能描述
H	光标向左移动一个字符	Ctrl + B	向上翻一页，相当于按 "Page Up" 键
J	光标向下移动一个字符	Ctrl + F	向下翻一页，相当于按 "Page Down" 键
K	光标向上移动一个字符	Shift+G	光标移动到文件的最后一行
L	光标向右移动一个字符	n+Shift+G	n 为数字。光标移动到第 n 行（20G 表示光标移动到第 20 行）
W	光标向右移动到下一个单词开头	GG	光标移动到第 1 行，相当于 1G
B	光标向左移动到下一个单词开头	n+Enter	n 为数字，光标向下移动 n 行

实际上，Vi 中的大多数命令都可以使用数字前缀，表示操作次数。例如，使用 3W 表示向右移动到第 3 个单词开头。

删除和剪切的按键如表 5.2 所示。

表 5.2　删除和剪切的按键

按键	功能描述	按键	功能描述
X	从当前位置向后删除一个字符，相当于按 "Delete" 键	DD	剪切光标所在的那一整行，用 P/Shift+P 可粘贴
Shift+X	从当前位置向前删除一个字符，相当于按 "Backspace" 键	nDD	n 为数字。剪切光标所在行向下的 n 行，例如 2DD 表示剪切光标所在行向下的 2 行，用 P/Shift+P 可粘贴

复制和粘贴的按键如表 5.3 所示。

表 5.3　复制和粘贴的按键

按键	功能描述	按键	功能描述
YY	复制光标所在的那一行	P	（小写）将已复制的数据在光标所在行的下一行粘贴
nYY	n 为数字。复制光标所在行的向下 n 行，例如 20YY 表示复制 20 行	Shift+P	（大写）将已复制的数据在光标所在行的上一行粘贴

切换到输入模式的按键如表 5.4 所示。

表 5.4　切换到输入模式的按键

按键	功能描述	按键	功能描述
I	在光标位置开始输入文本，进入插入模式	CW	从当前光标位置开始删除一个单词，并进入插入模式
Shift+I	在光标所在行的第 1 个非空格符处开始输入	R	进入改写模式，改写光标处一个字符然后回到命令模式
A	在光标的下一个位置开始输入文本	Shift+R	进入改写模式，用新的输入覆盖原有内容
Shift+A	在当前行的最后一个字符之后开始输入	Shift+O	在当前行的上方插入一个新行

Vi 提供了无限级撤销功能，直到撤销不可用为止。撤销和重做的按键如表 5.5 所示。

表 5.5　　　　　　　　　　　　　　　　撤销和重做的按键

按键	功能描述	按键	功能描述
U	撤销上一次更改	Ctrl+R	重做上次撤销的更改
Shift+U	撤销当前行的所有更改	3+Ctrl+R	重做最近的 3 次

> 值得指出的是，Vi 还提供了一个便捷命令 "."，用来快速重复最近的一次编辑操作，包括但不限于插入、改写、复制、粘贴、撤销和重做。强烈建议读者在实际操作中使用。

字符串搜索的按键如表 5.6 所示。

表 5.6　　　　　　　　　　　　　　　　字符串搜索的按键

按键	功能描述	按键	功能描述
/+word	向光标之下搜索名称为 word 的字符串	N	重复前一个搜索操作
?+word	向光标之上搜索名称为 word 的字符串	Shift+N	与 N 相反，为反向进行前一个搜索操作

按 "/" 或 "?" 键后，在底行模式继续输入 word 进行搜索。

（4）底行模式

底行模式是 Vi 的突出特色，它提供了更复杂命令的用户接口。字符串替换、保存退出和参数设置等操作主要就是通过底行模式完成的。值得指出的是，Vim 还支持在底行模式中与 Shell 命令直接协作，例如执行 Shell 命令并插入输出结果、对内容进行加工处理等。

字符串替换命令如表 5.7 所示，替换命令的格式一般如下：

`:[range]s/{pattern}/{string} [count]`

该命令表示在[range]的每一行中搜索{pattern}，并将其替换为{string}。[count]是一个与命令相乘的正整数。如果没有给出[range]和[count]，则仅替换当前行中找到的{pattern}。默认情况下，搜索操作区分大小写，即 "FOO" 与 "FOo" 不匹配。

表 5.7　　　　　　　　　　　　　　　　字符串替换命令

命令	功能描述	命令	功能描述
:s/foo/bar/	将当前行的第 1 个 foo 替换为 bar	:3,$/s/foo//	将第 3 行到最后一行中的第 1 个 foo 替换为空
:2-5s/foo/bar/g	将第 2～第 5 行中所有 foo 替换为 bar	:%s/^M$//g	删除该文件中的所有^M 字符

如果用 Vi 打开在 Windows 系统下创建的文本文件，很可能每行的结尾都显示了 "^M"，（:%s/^M$//g）可用来删除这些符号。%指匹配整个文件，^M 要用 Ctrl+V 和 Ctrl+M 来输入，^M 后面的$表示匹配行尾（用空字符替换，即删除）。

另外，字符串搜索也可以在底行模式中完成，用法与命令模式中的类似。

保存与退出命令如表 5.8 所示。

表 5.8　　　　　　　　　　　　　　　　保存与退出命令

命令	功能描述	命令	功能描述
:w	保存文件，指定文件名即可另存文件	:wq	保存文件并退出
:q	直接退出，如果文件做了修改，会进行提示	:q!	强制退出，不保存修改

操作系统基础与实践——基于 openEuler 平台

参数设置命令如表 5.9 所示。

表 5.9   参数设置命令

命令	功能描述	命令	功能描述
:set nu	行首显示行号	:set ignorecase	忽略大小写
:set nonu	与"set nu"相反，取消行号显示	:set noignorecase	大小写敏感

执行":r some_file"可读取指定文件内容并将其插入当前光标位置外，还可插入 Shell 命令的输出结果。例如":r !date"在当前光标位置插入日期和时间，":r !ps -aux"在当前光标位置插入所有进程信息，等等。

（5）可视模式

Vim 的可视模式提供了一种直观、快捷的方式来选择并处理文本区域。可视模式有 3 种。

- 字符模式：用于选择单个字符，在命令模式下按"V"键进入。
- 行模式：用于选择整行，在命令模式下按"Shift+V"键进入。
- 块模式：用于选择矩形块，在命令模式下按"Ctrl+V"组合键进入。

在可视模式下，可以使用 Vi 的移动光标命令调整选中区域，并执行删除、剪切、复制、粘贴和替换等各种操作。例如命令 x 可删除选中区域，命令 y 可复制选中区域，命令 p 可粘贴剪贴板中的区域，命令 r 可替换选中区域的字符，等等。

> Vi 的命令众多，以上只是一部分。但这并不代表每个用户都需要掌握全部，更不代表 Vi/Vim 非常复杂。实际上，这些命令存在一致的内在逻辑，用户只需要根据偏好选用一部分。经过潜心钻研，用户可以快速熟练掌握相关命令。除了 vimtutor，Vim 还提供了在线帮助，在底行模式中使用 help 即可直接获得帮助信息。
>
> 此外，Emacs 是一种更为强大的编辑器，它的突出特性是高度可定制性、可扩展性和更为陡峭的学习曲线。它的所有按键都可由用户自己设置，支持无限多个剪贴板，并使用一种 LISP 脚本语言作为扩展机制，具有庞大的插件系统，用户可快速实现自己的扩展，适用于几乎所有类型文本的高效编辑。

5.1.2 nano 编辑器

nano 是 Linux 的一个小型、友好的文本编辑器，如图 5.3 所示，大部分 Linux 发行版默认都带有 nano 编辑器。与 Vi、Emacs 等其他编辑器相比，nano 提供了更简单的用户界面和导航，对于不熟悉命令行编辑的用户来说更加友好，比较适合 Linux 初学者使用。

nano 可创建或打开一个文本文件进行编辑，例如执行"nano test.c"命令，如果"test.c"文件不存在则创建，如果存在则打开文件。

nano 界面的上半部分是文本编辑区，可对文本进行编辑（增加、删除、修改、查找和替换）。nano 界面的下半部分是按键操作提示区，组合按键有两种。

- "^大写字母"：其中的^表示"Ctrl"。例如，保存命令是"^O"，即"Ctrl+O"；离开（即退出）nano 命令是"^X"，即"Ctrl+X"。

118

图 5.3 nano 编辑器

- "M-大写字母"：其中的"M-"表示"Alt"。例如，撤销命令是"M-u"，即"Alt+U"；重做命令是"M-e"，即"Alt+E"。

> 需要注意的是，按键操作提示区中按键显示为大写字母，实际操作时应使用小写字母。nano 的组合按键比较丰富，通过 Ctrl+G 命令可查看更多帮助信息。

5.1.3 文本搜索

文本搜索的核心是字符串匹配。RE（Regular Expression，正则表达式）或称 regex 是一种强大的字符串匹配模式表达工具，为处理大量的文本或字符串定义了一套模式匹配规则，广泛应用于文本搜索与替换、自然语言处理、自动化测试、数据清洗和预处理、文本格式化、词法分析与编译器等领域。

许多 UNIX 命令行工具都支持正则表达式，例如前面提到的 Vi、Vim，以及接下来即将介绍的 grep、sed、gawk 命令和 Shell 脚本编程等。本节结合 grep 命令介绍正则表达式在文本搜索中的基本使用方法。

（1）grep

grep（global regular expression print）是一个强大的文本搜索命令，它支持正则表达式，可以用于在文本文件或文本流中查找匹配特定模式的行，并将其输出到标准输出。

grep 命令与第 3 章介绍的 find 命令都用于查找，它们的功能有着本质区别。find 命令是根据文件名或属性等信息查找文件在文件系统中的路径，grep 命令则是根据字符串模式在文本文件或文本流中查找匹配的文本行。但也有相似之处，那就是它们都把各自的任务做到了极致。

grep 命令的基本语法格式如下：

```
grep [选项] pattern [文件...]
```

pattern 表示查找字符串或正则表达式，后面可以是一个或多个文件名，如果没有指定任何文件则默认从标准输入读取文本。常用选项如表 5.10 所示。

表 5.10   pattern 命令的常用选项

选项	功能描述	选项	功能描述
-i	忽略大小写进行匹配	-s	忽略错误信息
-n	显示匹配行的行号	-v	反向查找，只输出不匹配的行
-l	只输出匹配的文件名	-c	只输出匹配的行数

下面以根据命令名查找进程为例介绍 grep 命令的用法。

执行如下命令即可在 ps 命令列出的进程信息中匹配 watch 命令名称字符串的进程。

```
[ict@openEuler22 ~]$ ps -aux | grep watch
root      92  0.0  0.0   ?        S    1 月 07  0:00 [watchdogd]
ict    39549  0.0  0.2  pts/3    T    05:46  0:00 watch -n 1 ls /bin
ict    39581  0.0  0.2  pts/3    S+   05:46  0:00 grep --color=auto watch
```

此时与 watch 命令匹配的结果有 3 行,其中第 2 行结果是 ict 启动的进程,进程 ID 为 39549。但如果需要在自动化任务中直接获取进程 ID,还需要指定更为精确的匹配模式。

（2）字符集合

字符集合是正则表达式中非常简单的匹配模式,使用方括号"[ ]"表示,对普通字符按照字面意义进行匹配,如表 5.11 所示。

表 5.11 字符集合表达式

表达式	含义	示例
[0-9]	匹配任意一个数字	[123]匹配数字 1、2、3 中的一个
[a-z]	匹配任意一个小写字母	[a-c]匹配小写字母 a、b、c 中的一个
[A-Z]	匹配任意一个大写字母	[ABC]匹配大写字母 A、B、C 中的一个
[_]	匹配一个下画线	[_]匹配下画线
[^]	除了括号内出现字符外的任意一个字符	[^abc]匹配除了 a、b、c 之外的其他任意一个字符

下面以根据命令名获取进程 ID 为例介绍字符集合的用法。

分析匹配 watch 命令名称字符串的进程的结果可知,第 2 行结果有独有的模式,即"数字+空格+watch",因此可执行如下命令。

```
[ict@openEuler22 ~]$ ps aux | grep "[0-9] watch"
ict 39549 0.0 0.2 pts/3 T 05:46 0:00 watch -n 1 ls /bin
```

可知已正确匹配到唯一信息,此时再结合 cut 命令即可直接获得进程 ID。

```
[ict@openEuler22 ~]$ ps aux | grep "[0-9] watch" | cut -d' ' -f9
39549
```

（3）转义字符

正则表达式也使用转义字符"\",用来表示其后面紧跟的一个字符有特殊含义,如表 5.12 所示。

表 5.12 转义字符表达式

表达式	功能描述	表达式	功能描述
\\	匹配一个"\"字符	\d	可匹配任意一个数字,等价于 [0-9]
\n	匹配一个换行符	\w	可匹配一般字符,等价于 "[A-Za-z0-9_]"
\(	匹配一个"("字符	\b	匹配单词边界,如"\bCha"匹配单词 "Chapter"

转义字符在 C 语言、Shell 等工具中都有应用,但需要注意含义可能存在区别。

（4）元字符

元字符是正则表达式的显著特色,是具有特殊意义的专用字符,如表 5.13 所示。

表 5.13 元字符

元字符	含义	示例
^	匹配字符串的开始位置	"^\d" 表示从数字开始匹配
$	匹配字符串的结束位置	"\d$" 表示匹配以数字结束的字符串;"abc$"表示匹配以 "abc" 结束的字符串

续表

元字符	含义	示例
*	匹配任意多个（包括 0 个）前一个字符	"zo*"能匹配"z"及"zoo"
+	匹配任意多个（不含 0 个）前一个字符	"zo+"能匹配"zo"及"zoo"，但不能匹配"z"
?	匹配 0 个或一个前一个字符	"do(es)?"可匹配"do"或"does"
|	两项里面匹配一个	"(P|p)ython"可匹配"Python"或"python"
.	可匹配任意字符（除换行符以外）	"ag."可匹配"agag""agaag"等
(abc)	表示圆括号内的内容为一个整体	(com|net)表示"com"或"net"之一

需要注意的是：^在[]里面表示反向选择，不在[]里面表示匹配字符串的开始位置；匹配任意多个任意字符的模式不是 Shell 中的"*"通配符，而是".*"。另外，如果查找字符串中存在元字符，需要使用转义字符，如用"\^"表示搜索"^"这个符号本身。

下面以在所有文件中搜索指定字符串模式为例介绍元字符的用法。

以下命令在工作目录树下所有 C 语言源文件中搜索以"/* openEuler"开头的所有行。

```
[ict@openEuler22 ~]$ find -name "*.c" -exec grep "^/* openEuler.*" {} \;
```

此外，find 命令也支持在文件路径名中搜索指定字符串模式。以下命令在工作目录树下搜索所有路径名中含有"src/openEuler"和一位或多位数字，并以".txt"结尾的文件。

```
[ict@openEuler22 ~]$ find -name -regex ".*/src/openEuler\d+.*.txt$"
```

grep 命令根据指定的字符串模式在各种文本流中搜索匹配的文本行并输出到标准输出，核心是正则表达式匹配。

正则表达式定义了非常丰富的模式规则，几乎可以描述任何字符串的匹配模式。除了文本搜索，正则表达式还广泛应用于文本替换和文本分析等更为深入的文本处理工作。

5.1.4　文本替换与自动编辑

文本匹配的结果除了用于简单的输出，还可以用于实现文本替换与自动编辑，这将为用户减少大量的重复工作，节省大量的时间。

文本替换与自动编辑是两个相互关联的概念，通常都用于自动处理文本文件中的内容。文本替换是指将文本文件中的某些内容替换为其他内容，而自动编辑则是指通过脚本或自动化工具对文本文件进行一系列编辑操作。

文本替换通常基于简单字符串或正则表达式的匹配来实现，常用命令有 tr 和 sed 等；自动编辑则是通过使用自动化命令或编写脚本来对文本进行非交互式的一系列编辑处理，sed 是非常流行的自动化命令。

（1）tr

tr（translate）是一个常用的字符转换命令，可从输入流中替换或删除指定字符。tr 命令的基本语法格式如下。

```
$ tr [options] set1 [set2]
```

set1 和 set2 都是字符集，可以是单个字符或字符范围。tr 命令将输入流中的 set1 字符集中的字符替换为 set2 字符集中的相应字符。如果只指定一个字符集，则 tr 命令会删除该字符集中的所有字符。

```
[ict@openEuler22 ~]$ echo "openEuler" | tr 'a-z' 'A-Z'
OPENEULER
```

> 在 Vim 中，也可调用 tr 命令来做类似处理，例如在命令模式下输入 2,4 !tr 'a-z' 'A-Z'，按 "Enter" 键执行后，即可将第 2~4 行的所有小写字母都转换为大写字母。

tr 命令还可用于处理文本文件换行格式不同的问题。在 Linux 中，文本文件的换行符是 "\n"（换行）；而在 Windows 中，文本文件的换行符是 "\r\n"（回车+换行）。在 macOS 中，早期的文本文件使用 "\r"（回车）作为换行符（当前 macOS 已与 Linux 一致）。这就可能导致文本文件在跨平台时出现一些格式问题。例如，在 Windows 上创建的文本文件在 Linux 上打开时，在每行的结尾可能会多出一个 "^M" 符号；也有可能所有的行连在了一起，没有自动换行。

执行如下命令删除来自 Windows 的文本文件中的所有回车字符，并保存为 Linux 的文本文件。

```
[ict@openEuler22 ~]$ tr -d '\r' < windows.txt > linux.txt
```

（2）sed

sed 是一个流行的流编辑器命令，它依据给定的编辑动作，对输入流（或文件）进行非交互式的自动处理，包括查找替换、删除、插入等，非常适合将同样的编辑动作同时应用于大量文件。

sed 命令具有灵活的编辑方式且效率极高，与正则表达式相结合，可处理各种复杂的文本转换任务，在 UNIX 类操作系统中广泛使用。sed 命令的基本语法格式如下：

```
sed [options][actions][files]
```

sed 命令常用选项如表 5.14 所示。

表 5.14 sed 命令常用选项

选项	功能描述	选项	功能描述
-i	直接修改文件（如果指定扩展名则备份文件）	-f 脚本文件	将 sed 动作写在一个脚本文件内
-n	只显示处理过的行	-e 脚本	直接在命令行指定 sed 动作

sed 常用动作如表 5.15 所示。

表 5.15 sed 常用动作

动作	功能描述	动作	功能描述
a	新增：后接字符串，添加为新的一行	i	插入：后接字符串，插入为新的一行
c	改写：后接字符串，替换指定行的全部内容	p	输出：通常与选项-n 一起使用
d	删除：删除包含指定模式的行	s	替换：替换字符串，通常搭配正则表达式使用

需要注意的是，sed 命令的选项和动作都有 i，但两者的含义并不相同。

执行如下命令删除来自 Windows 的文本文件中的所有回车字符。

```
[ict@openEuler22 ~]$ sed -i 's/\r$//' windows.txt
```

sed 命令经常与 find 命令通过管道相结合，同时处理一批文件。例如，以下命令在工作目录树中查找所有的 C 语言头文件，并在第 1 行插入指定文本、替换所有的指定字符串。

```
[ict@openEuler22 ~]$ find . -name \*.h |xargs sed -i -e '1i/#define __ICT__' \
> -e 's/OpenEuler/openEuler/g'
```

5.1.5　文本分析

UNIX 类操作系统大量使用文本文件来存储各种信息，包括计算结果、监控输出、系统日志等。文本文件中可能蕴含着诸多重要信息。文本分析工具可以用不同的方式呈现文本文件的全部或部分内容、提取关键字段信息、执行统计计算等，帮助用户更好地利用这些文本文件。

（1）sort

sort 是一个非常实用的命令，它的功能是对输入流中的文本行进行排序，它可以依据字符的 ASCII 值进行排序，也可以按照指定的字段或关键字进行升序或降序排列，并将结果输出为标准输出，通过简单的分析和格式化帮助用户更好地了解这些文本行中的信息。

sort 命令功能虽然简单，但选项并不少，从中可见它把排序这件小事做得足够细致。常用选项如表 5.16 所示。

表 5.16　　　　　　　　　　　　　　　**sort 命令常用选项**

选项	功能描述	选项	功能描述
-k	指定排序关键字，可以指定多个关键字，用逗号分隔	-t	指定字段分隔符，默认为制表符
-n	按照数值进行排序，而不是按照字符串进行排序	-b	忽略每行前面的空白字符
-r	降序排序，而不是默认的升序排序	-m	将多个已排序的文件进行合并

例如，执行以下命令查找当前目录及各级子目录下所有 C 语言源文件，并分别统计行数，将结果降序排列后输出（圆括号后的空格不可省略）。

```
[ict@openEuler22 ~]$ find -type f \( -name "*.c" -or -name "*.h" \) | xargs wc -l | sort -rn
```

执行以下命令查看所有进程信息，将结果按 CPU 占用率升序排序，输出最后 5 行。

```
[ict@openEuler22 ~]$ ps aux|sort -k2 -n | tail -5
```

通过管道，sort 命令可以为任何使用标准输出的程序直接提供文本行的一般排序分析功能，而其他的程序不必再开发类似功能。当然，ls 命令等使用过于频繁的程序例外。

此外，与 sort 命令关系密切的另一个命令是 uniq，用于报告或删除文本流中的重复行，它们经常一起应用于数据清理和报告生成等方面。

默认情况下，uniq 命令会删除连续的重复行，只保留第 1 行。uniq 命令也有很多选项，可以用来定制其行为。例如，使用-c 选项在每行的开头显示该行在文件中出现的次数，使用-d 选项只显示重复的行。

通常先使用 sort 命令对文本进行排序，然后使用 uniq 命令去除重复行，从而得到更清晰的结果。

（2）gawk

gawk 是一种强大的文本分析命令，可按照指定的规则对文本数据进行提取和计算等。gawk 命令支持正则表达式和条件语句，可实现复杂的分析处理并生成报告等自动化任务。

gawk 命令还支持基本的文本格式化，可将处理结果以多种简单格式输出，例如文本文件、CSV 文件、HTML 文件等。此外，gawk 命令甚至可以被当作一种编程语言，它支持变量、数组、控制结构、函数等特性，使得用户可以对数据进行更复杂的处理。

gawk 命令的基本语法格式如下：

```
gawk [options] 'BEGIN{ command1 } pattern{ command2 } END{ command3}' [files]
```

gawk 命令支持多种选项和参数，可指定输入/输出文件的分隔符和多文件处理的顺序等，使用户可以对处理过程进行更精细的控制。中间的命令主要包括 3 个部分。

- BEGIN 块：开始语句，用来预处理或输出表头，可选。
- pattern 块：循环读取行数据并处理。
- END 块：结束语句，用来生成报告等，可选。

gawk 命令一次读取文件中的一行文本，按输入分隔符（默认分隔符为空格或制表符）进行切片，切割成多个组成部分，将每个组成部分直接保存在内建的变量中，直到处理完文件的所有行。默认预先定义的变量如表 5.17 所示，其中 n 是大于或等于 1 的整数。

表 5.17　　　　　　　　　　　　gawk 命令默认预先定义的变量

变量	含义	变量	含义
$0	表示当前行的整行文本	$2	表示当前行文本的第 2 个字段
$1	表示当前行文本的第 1 个字段	$9	表示当前行文本的第 9 个字段

例如，以下命令默认以空格字符为分割符，将指定字符串分为 2 个字段，输出第 2 个字段（即匹配的目标）。

```
[ict@openEuler22 ~]$ echo "Hi, openEuler!" | gawk '{print $2}'
openEuler!
```

以下示例为统计源码总行数，查找当前目录及各级子目录下所有 C 语言源文件，分别统计源码行数，并统计所有源码行数的和。

```
[ict@openEuler22 ~]$ find -type f \(-name "*.c" -or -name "*.h" \) | xargs wc -l \
> | gawk 'NR>1 {toal += $1} END {print "Total lines: ", total}'
```

以下示例为统计进程占用的内存总量百分比，使用 ps 命令查询 ict 用户运行的所有进程，并统计进程所占用的内存总量百分比。

```
[ict@openEuler22 ~]$ ps --user ict au --sort=-%mem \
> | gawk 'NR>1 {total_mem += $4} END {print "Total memory used:", total_mem}'
Total memory used: 5.5
```

> 在 ict 用户执行 "sudo systemctl start lightdm" 启动并登录 Xfce 图形界面后，上述命令的输出结果变为：
>
> ```
> Total memory used: 69.9
> ```

正则表达式为文本搜索、替换和分析等任务提供了强大的统一表达工具，与 find、grep、sed 等命令一起为 UNIX 类操作系统带来了灵活、高效的文本处理功能。

5.1.6　文本格式化

制作文档一直都是现代计算机的重要应用之一。人们使用计算机将输入整理为报告、电子表格、论文等各类文档。在当今的非 UNIX 类操作系统中，"所见即所得"风格完全占据了统治地位。

　　UNIX 的文本格式化做法与此迥然不同，它一直都是以标记为中心的。UNIX 的第一个应用，就是作为文档处理的平台，专门帮助贝尔实验室编写专利申请文档。UNIX 中文本格式化的做法是：使用开放的文本（而不是专有的二进制数据）保存用户的输入，然后开发工具基于文本中的标记进行格式化与排版，生成文本或二进制格式的文档，还可采用不同的文本处理工具将文档加工为不同格式的输出。例如，即使采用非常简单的 Markdown 标记语言编写的文档，也可以通过 Pandoc 这类工具使用 TXT、TEX、HTML 或 PDF 等多种格式输出。

　　（1）LaTeX

　　LaTeX 是基于 TeX 开发的一种高效率、高质量的排版系统，支持多种排版选项和样式，可方便地生成各种类型的文档，例如报告、幻灯片等。

> 　　TeX 是唐纳德·克努特（Donald Knuth）在排版他的著作《计算机程序设计艺术》（*The Art of Computer Programming*）时因不满意任何已有排版软件的效果而设计开发的，后来他将其开源供人们无偿使用。

　　LaTeX 使用一种特有的文本标记语言，可生成精确、精美的排版格式，具有非常强大的数学公式排版能力，特别适合排版论文或与数学相关的各类文档。

　　LaTeX 的强大之处在于，即使使用者不具备排版和程序设计的知识，也可以充分利用由 TeX 所提供的强大功能。它可以在几天甚至几小时内生成很多具有出版质量的文档，擅长生成复杂表格和数学公式。

　　此外，如 2.1.3 小节给出的示例，LaTeX 通过 TikZ 等第三方软件包，可使用文本标记语言直接在 LaTeX 文档中绘制图形和表格。

　　（2）Pandoc

　　Pandoc 是一款功能强大的文档格式转换工具，支持将文档从一种格式转换为另一种格式，如从 Markdown 格式转换为 HTML、Word 或 PDF 格式等。它支持多种标记语言，如 Markdown、XML、HTML 等，并提供了丰富的选项和自定义设置，用户可以根据需要进行灵活的格式调整和样式定制。

　　Pandoc 的使用非常简单，只需指定输入和输出格式，并使用命令行工具进行操作。它还支持批处理模式，可以一次性转换多个文档。此外，Pandoc 具有跨平台性，可以在 Windows、macOS 和 Linux 等操作系统上使用。

　　除了基本的格式转换功能外，Pandoc 还支持许多高级功能，如表格处理、脚注处理、引用处理等。它可以与许多其他工具和库集成，如 Git、Jekyll 等，方便进行版本管理和静态网页生成等操作。

　　本书的初稿，就是采用 Markdown 和 Pandoc 以纯文本格式编写的，可使用 DOC 或 PDF 等多种格式输出，用于生成预览 PDF 文件的命令如下。

```
[ict@openEuler22 ~]$ pandoc chap*.md -o eulerbook.pdf --pdf-engine=xelatex \
> --number-sections -H style.tex --filter=pandoc-crossref
```

（3）groff

groff 是 troff 的 GNU 版本，可生成各种格式的高质量输出，包括文本、数学公式、图表等，功能强大、使用灵活。

> troff 是 1971 年发布的 UNIX 工具，用于格式化文档，它使用自己的命令语法，可以生成高质量的输出。它在相当长一段时间内都是 UNIX 文档处理系统的主要组件，在 UNIX 的发展史上扮演着重要的角色。它可能是当今仍在广泛使用的软件中最"古老"的一个。

groff 使用一种类似于宏的语法，可以定义自己的文本格式和样式，并且支持各种字体和排版选项。此外，它还支持表格、图表和数学公式等复杂的排版元素，使文档编写变得更加简单和高效。

除了 groff 本身的功能之外，还有许多扩展和工具可以与其一起使用，例如 Man 手册文档和各种文档生成工具。groff 还可以与其他系统（例如 LaTeX）集成，使得它成了一个非常灵活和强大的文档格式化工具。

5.1.7　使用 Git 管理版本

使用文本的另外一大优势是可以使用 Git 等工具进行有效的版本管理。

版本管理是一种管理和控制软件、文档或项目不同版本的过程和方法。它旨在跟踪和记录文件或代码的变更历史，并提供对先前版本的访问和恢复能力。通过版本管理，团队成员可以协同工作，共享和管理项目中的各个版本，确保文件的一致性、可追溯性。

文本文件可以充分利用版本管理系统带来的巨大优势，如跟踪所有文件的具体修改，并以文本的方式显示不同版本之间的差异。虽然二进制文件也可以纳入版本管理，但不同版本之间的差异以二进制形式显示，难以理解，失去了追踪修改的意义。

Git 是 Linux 之父莱纳斯·托瓦尔兹为了帮助管理 Linux 内核而开发的分布式版本管理软件。与传统的集中式版本管理软件不同，使用 Git 的每个开发者都可以在自己的本地仓库中自由地提交变更，而无须实时同步到中央仓库。这使得开发者在没有网络连接的情况下也能够正常进行开发和提交，并在需要时与中央仓库进行同步。这种工作方式提高了灵活性和效率，使团队协作更加顺畅。

此外，Git 还具有以下主要优势。

- 强大的分支管理：Git 的分支管理功能非常强大，可以轻松创建、切换和合并分支。分支的创建和切换非常快速，这使得并行开发和测试变得容易。通过分支管理，团队可以轻松地探索新的功能和方向，而不会干扰主分支的开发。

- 高效的性能：Git 在性能方面表现出色，无论是本地操作还是远程操作都很快。它采用了高效的算法和数据结构来处理变更和历史记录，使得推送、拉取和合并等操作都变得迅速而可靠。

- 强大的社区支持：Git 在开源社区中广泛使用，许多知名的开源项目都在 Git 上托管和协作。这意味着当遇到问题时，可以轻松获取社区的支持和帮助。同时，Git 也是许多企业的代码托管平台，因为它具有良好的可扩展性和可靠性。

不只是软件源码，Markdown 文档、LaTeX 文档等所有使用文本方式存储的文件，都可以享受 Git 等优秀版本管理工具带来的便利。

5.2 Shell 脚本编程

Shell 脚本编程是 CLI 工作效率高的另一个重要原因。Shell 作为 UNIX 类操作系统的用户界面，实际上是一个命令解释器。用户提交一条命令，Shell 就解释、执行一条命令，这种方式称为交互式。不仅如此，Shell 还有自己的编程语言，它允许用户快速编写解释型脚本，以扩展现有命令、创建系统服务或实现批量任务的自动化，使得 CLI 的功能更强大、工作效率更高。

简单地说，Shell 脚本（script）是包含一系列命令的文本文件。Shell 读取脚本文件，逐行解释并执行其中的所有命令，如同在 CLI 中依次输入这些命令并执行。所有能够在命令行中交互式完成的任务，都可用脚本自动完成。

Shell 脚本的优势主要在于易用，具有强大的处理能力、可扩展性和跨平台性等，具体说明如下。

- 易用：语言元素精练，语法简洁，具有常见高级语言的基本特点，并且与命令行语句相融合，易于理解，易于编写，无须编译即可使用。
- 强大的处理能力：可直接使用 find、grep、sed、gawk 等所有命令行工具及管道、重定向等 Shell 功能，并可无缝组合这些工具快速构成功能更为强大的程序，自动完成系统管理或文本处理等更为复杂的任务。
- 可扩展性：以命令行的方式调用 C、Python、Ruby 等其他程序即可直接使用第三方的扩展功能，简单、高效。
- 跨平台性：Shell 是大多数 UNIX 类操作系统的标准部件，因此 Shell 脚本可在多个平台上直接运行。
- 可调试性：可使用任何文本编辑器进行编辑，通过 echo、set 等内部命令可设置断点、输出变量等，无须专用工具，调试简便。

正是由于这些优势，Shell 脚本成为系统管理员和开发人员的有力工具，广泛应用于命令扩展、系统管理和各种数据处理自动化任务。事实上，openEuler 的系统工具中，很多都是 Shell 脚本，它们都是学习 Shell 编程的优秀范本。

例如，openEuler 在/bin 目录里提供的命令中，有 222 个是用脚本文件实现的。以下命令可以得到这个结果。

```
[ict@openEuler22~]$ file /bin/* |grep 'shell script' | wc -l
222
```

使用 Shell 脚本，可将安装 Man 文档包的复杂命令扩展为简单的命令——install-help，它用于为指定命令安装 Man 文档包，支持 3 个选项和多个参数，帮助信息如下。

```
[ict@openEuler22~]$ install-help --help
Usage: install-help [OPTION]... [CMD-NAME]...
```

```
Install manual documents for commands.

Options:

  -h|--help    Display this help and exit
  -y|--yes     Set -y for dnf install
  -v|--verbose Display some errors during processing
     --version    Output version information and exit
```

下面以猜数字小游戏为例，介绍 Shell 脚本编程的基础语法和编程结构等，并使用 3 个迭代版本逐步创建 install-help 脚本命令，建议读者跟随这些示例学习，在实践中掌握相关知识和技能。

5.2.1 猜数字小游戏

为了让读者对 Shell 脚本有快速的直观认识，本小节先从一个简单的猜数字小游戏脚本开始。以下是完整的 Shell 脚本，请暂时忽略语法细节。读者如果了解这个小游戏，即使从未编写过程序也可轻松读懂。

```
1  #!/bin/sh
2  echo "****欢迎来到猜数字小游戏！【`date`】****"
3  target=$(( RANDOM % 100 + 1 ))
4  attemps=0
5  while [[ $guess -ne $target ]]
6  do
7      read -p " 请猜一个数字（1~100）:"guess
8      if [[ $guess -lt $target ]]; then
9          echo  "太小了!"
10     elif [[ $guess -gt $target ]]; then
11         echo "太大了!"
12     fi
13     attemps=$((attemps+ 1))
14 done
15 echo "恭喜猜对了! 你只用了 $attemps 次。"
```

接下来，可先尝试运行猜数字小游戏，再逐步深入分析。

（1）快速体验

先去掉以上 Shell 脚本每行开头的数字编号，再用 Vi 或 nano 编辑器编辑并保存为 ~/bin/guess.sh 文件。需要注意的是，应严格保留上面输入的格式，特别是代码中"="的两边都不可出现空格。

运行这个脚本的快捷方法如下。

```
[ict@openEuler22~]$ bash~/bin/guess.sh
***欢迎来到猜数字小游戏！【2024 年 01 月 09 日星期二 19:41:26 CST】***
请猜一个数字（1~100）:
```

输入猜测的数字并按"Enter"键即可，读者不妨看看最少几次可猜中。

（2）注释与 Shebang 行

Shell 的注释符是"#"，从注释符之后第一个字符开始一直到行尾都是注释内容，Shell 将不做解释。注释可以从一行中的任意位置开始。

第一行通常是特殊的注释，它以"#!"顶格开头，这两个字符组合称为"Shebang"，这一行被称为 Shebang 行，用于指定解释并执行该脚本的 Shell 程序。guess.sh 指定的 Shell 是/bin/sh。Shebang 行最先出现在 sh 的脚本中，如今也应用于 Python 等多种脚本语言中。

编写 Shebang 行是规范的做法。脚本在用户的 Shell 中启动时，当前的 Shell 程序将读取该脚本的 Shebang 行，启动它所指定的 Shell 程序来解释并执行该脚本。不同 Shell 的脚本语言可能并不兼容，开发者应明确指定以确保脚本正确运行。例如，用 csh 编写的脚本就无法在 Bash 中解释运行。

另外，Shell 允许用户在命令行中强制指定其他 Shell 程序来运行脚本。当以"bash ~/bin/guess.sh"运行该脚本时，将忽略脚本的 Shebang 行，直接以 Bash 运行该脚本。

（3）执行权限和搜索路径

为了将脚本当作命令直接执行，还需要修改执行权限和搜索路径。Shell 脚本要成为一个新命令，它必须具有可执行权限；Shell 要直接执行 Shell 脚本，必须将 Shell 脚本放在 Shell 的搜索路径中。

由于"~/bin"目录已在 Bash 的搜索路径中，因此只需要使用 chmod 为脚本添加所有用户的执行权限即可直接执行。

```
[ict@openEuler22 ~]$ chmod +x ~/bin/guess.sh
[ict@openEuler22 ~]$ guess.sh
```
欢迎来到猜数字小游戏!【2024 年 01 月 09 日星期二 19:52:33 CST】
请猜一个数字（1~100）:

以上述方式运行 guess.sh 时，当前的 Bash 将启动 Shebang 行指定的 sh 来实际运行该脚本，即脚本在一个新的 Shell 实例中运行。

将脚本文件添加到系统目录/usr/bin/或/usr/local/bin/中，则可供所有用户直接使用。另外，扩展名不是必需的，使用某种扩展名大多是为保持历史兼容性。

运行 Bash 脚本还可使用 source 命令，该命令通常用于加载配置脚本，只是简单读取脚本里的语句，依次在当前 Shell 里执行，没有建立新的子 Shell。第 3 章中实现扩展命令的示例就使用了这种方式加载脚本。source 是内部命令，也可以使用点"."作为命令名。

5.2.2　变量

Shell 变量的命名规范和大部分编程语言的相似：由数字、字母、下画线组成；必须以字母或下画线开头；不能使用 Shell 关键字。

初始化变量或修改变量时，都需要为变量赋值。

```
attemps=0
```
左边的"attemps"为变量名，右边的"0"为赋给变量的值，初始化变量不需要指定变量类型。需要注意的是，"="两边不能有空格。

读取变量时，只要在变量名前面加$符号即可，与 Shell 环境变量的读取方式相同。

```
echo "恭喜猜对了! 你只用了$attemps 次。"
```
变量赋值时，如果右边的值中包含任何空白符（空格或制表符）则必须使用引号标识。使用单引号和使用双引号的区别如下。

- 单引号是全引用,单引号标识的内容(不管是常量还是变量)不会发生替换。也就是说,单引号定义字符串所见即所得,即不对变量做任何解析,将单引号内的内容直接输出。
- 双引号是部分引用,所见非所得,即先把变量解析为实际表示的值,再输出。如果双引号标识的内容中有命令、变量等,会先将命令、变量解析出结果,再输出最终内容。

```
[ict@openEuler22 ~]$ echo '$SHELL' && echo "
$SHELL" $SHELL
/bin/bash
```

另外一种为变量赋值的方式是从键盘获取用户输入,使用read命令可从标准输入读取数据。

```
read -p "请猜一个数字(1~100): " guess
```

guess 为用来存储数据的变量,数据可以为一个或多个,输入时以空格分隔。选项"-p"用来输出提示信息。

此外,Shell 有一些默认变量,常用的如表 5.18 所示。

表 5.18　　　　　　　　　　　　常用的 Shell 默认变量

变量	含义	变量	含义
$0	当前执行文件的文件名	$@	以列表的方式列出所有参数
$1~$9	当前脚本的参数 1~参数 9 的值	$*	以单个字符串的方式列出所有参数
$#	当前脚本的参数个数	$?	上一条命令的返回值,0 表示执行成功,非 0 表示执行失败

基于本小节介绍的变量相关知识,可将安装 Man 文档包的命令改造为 install-help-v1 脚本。

```
1  #!/bin/sh
2  #获取参数指定的命令对应的执行文件路径
3  bin_file=`which $1`
4  #根据执行文件路径获取对应软件包的名称
5  help_name=`rpm -qf $bin_file | sed 's/-[0-9].*//'`-help
6  #执行 dnf 安装软件包
7  echo "Installing with ``dnf'' for $help_name ..."
8  dnf install -y $help_name
```

这个脚本将原本一条比较复杂的命令拆分为 3 条命令,并添加提示信息。将它存储为文件"/usr/local/bin/install-help-v1"并添加可执行权限,即可使其成为系统命令。

```
[ict@openEuler22 ~]$ sudo install-help-v1 dnf
Installing with dnf'' for dnf-help ...
Last metadata expiration check: 0:00:19 ago on Tue 09 Jan 2024 10:41:26 PM CST.
Package dnf-help-4.14.0-18.oe2203sp2.noarch is already installed.
Dependencies resolved.
Nothing to do.
Complete!
```

这个脚本非常简单,两次为变量赋值,3 次读取变量内容,并与命令替换相结合,但它有着重要的价值。一方面,它表明在 Shell 脚本中可直接调用命令行中的命令;另一方面,表明

Shell 脚本可将原来交互多次执行的命令变成交互一次执行的新命令。

但这个脚本还有很多不足，例如未给参数将导致 dnf 报错，不支持为多条命令一次性安装 Man 文档包等。要改进这些问题，还需要更多的 Shell 语法元素。

5.2.3　表达式

表达式用于进行各种计算和条件测试，通常由变量、运算符和常量等组成。常用的 Shell 表达式有算术表达式、关系表达式、逻辑表达式和文件测试表达式等。

（1）算术表达式

算术表达式用于执行基本的算术运算，+、−、*、/、%分别表示加法、减法、乘法、除法和求余运算。

双圆括号"（（ ）） "用于整数扩展，整数扩展是指使用特殊的语法来简化整数运算的过程。使用整数扩展时，变量会被自动解析且无须加上$前缀，格式较为自由，运算符的前后可以有空格。

```
target=$(( RANDOM % 100 + 1 ))
```

（2）关系表达式

关系表达式用于比较两个值之间的关系，并根据比较的结果返回 true 或 false。关系表达式涉及的主要运算符有整数运算符和字符串运算符。

整数运算符有-gt、-ge、-lt、-le、-eq、-ne，用于比较两个变量或常量，分别表示大于、大于或等于、小于、小于或等于、等于、不等于。

字符串运算符有=、!=、-z、-n，前两个分别用于检测前后两个字符串是否相等，后两个分别用于检测某个字符串是否为空。

（3）逻辑表达式

逻辑表达式使用逻辑运算符执行与、或、非等逻辑运算。逻辑运算符包括&&、||、!，分别表示逻辑与、逻辑或、逻辑非 3 种运算，用于连接多个关系表达式，逻辑与和逻辑或也可分别用-a、-o 来表示。

（4）文件测试表达式

文件测试表达式是 Shell 特有的一种关系表达式，用于测试文件或目录的属性，例如，测试文件是否存在、是否可读、是否可写、是否可执行等，符合则结果为 true，否则结果为 false。常用的文件测试运算符如表 5.19 所示。

表 5.19　　　　　　　　　　　　　常用的文件测试运算符

运算符	含义	运算符	含义
-e 文件名	检查文件或目录是否存在	-r 文件名	检查文件是否存在且可读
-f 文件名	检查文件是否存在且是否为常规文件	-w 文件名	检查文件是否存在且可写
-d 文件名	检查目录是否存在	-x 文件名	检查文件是否存在且可执行
-L 文件名	检查文件是否存在且是否为软链接文件	-s 文件名	检查文件是否存在且大小不为 0

（5）条件测试

条件测试一般由测试表达式与方括号共同组成，是 Shell 特有的表达式。用于条件测试的方括号有两种形式：单方括号"[]"和双方括号"[[ ]]"。

单方括号主要用于简单的条件测试，支持字符串和数字的比较运算符，以及文件测试运算符。它的语法相对简单，但功能相对有限。单方括号中的表达式遵循特定的格式和规则，需要使用空格进行分隔，并且在某些情况下需要转义特殊字符。

双方括号提供了更丰富的比较运算符和逻辑运算符，支持字符串长度、正则表达式匹配等操作。它的语法更加灵活，能够处理更复杂的条件表达式。双方括号还支持变量扩展和模式匹配等功能，这在处理字符串和文本时非常有用。

选择使用单方括号还是双方括号取决于具体的需求和场景。如果只进行简单的条件测试，单方括号是一个不错的选择。如果需要处理更复杂的条件表达式或进行字符串和正则表达式相关的操作，则双方括号更加适合。

需要注意的是，方括号与表达式之间必须保留有空格。

5.2.4 分支结构

分支结构根据对表达式进行条件测试的结果，选择执行不同的语句块。条件测试中的测试表达式可能是关系表达式、逻辑表达式或文件测试表达式等。

常见的分支结构有 if-else 分支和 case 分支，它们都可嵌套使用。

（1）if-else 分支

Shell 的 if-else 分支结构是一种条件控制结构，它允许根据不同的条件执行不同的代码块。与其他大多数编程语言类似，也可分为单分支、双分支和多分支 3 种形式，只是语法形式有所不同。例如 guess.sh 中使用的双分支形式。

```
7    if [[ $guess -lt $target ]]; then
8      echo "太小了!"
9    elif [[ $guess -gt $target ]]; then
10      echo "太大了!"
11    fi
```

在 if-else 分支结构中，Shell 根据 if 后面的条件测试结果选择执行不同的语句块。如果条件测试结果为 true，则执行 if 后面的语句块；否则跳过该语句块。如果需要判断多个条件，可以使用 elif 来添加额外的条件测试。如果所有的条件都不满足，则执行 else 后面的执行语句。

需要注意的是，条件测试中的方括号与前后的关键字或变量之间必须有空格。此外，语句块可以包含多条语句，使用分号或换行符分隔即可。

使用分支结构，可将 install-help-v1 进行改造，增加参数检查功能，如下列代码中的 2~4 行和 7~9 行（为节省篇幅，省略了空行）。

```
1 #!/bin/sh
+ 2 if [ $#-eq0]; then          #检查参数
+ 3 echo -e "\nUsage: sudo install-help cmd\n" && exit 1;
+ 4 fi
  5 # 获取参数指定的命令对应的执行文件路径
```

```
  6 bin_file=`which $1 2>/dev/null`
+ 7 if [ ! -x "$bin_file" ]; then # 判断文件是否存在且可执行
+ 8 echo "Binfile not found for $1" && exit 2;
+ 9 fi
 10 # 根据执行文件路径获取对应软件包的名称
 11 help_name=`rpm -qf $bin_file | sed 's/-[0-9].*//'`-help
 12 # 执行 dnf 安装软件包
 13 echo "Installing with ``dnf'' for $help_name ..."
 14 dnf install -y $help_name
```

这个脚本引入了新功能，一是参数缺失性检查，$#表示参数个数，如果未提供参数会给出帮助提示并退出；二是参数有效性检查，$1 表示参数 1 的值，如果命令无效则给出错误提示并退出。这两个功能避免了将错误一直延续到 dnf 命令中。

但这个脚本还有一些不足，例如既不支持选项，也不支持多个参数，不便为多条命令一次性安装 Man 文档包，等等。要改进这些问题，还需要使用 case 分支和循环结构。

（2）case 分支

Shell 的 case 分支结构是一种多分支选择结构，它可以根据变量的值选择不同的执行路径，语法格式如下。

```
case $variable in
    pattern1)
        #执行语句 1
        ;;
    pattern2)
        #执行语句 2
        ;;
    ...
esac
```

在 case 分支结构中，Shell 首先将变量的值与每个模式（pattern）进行匹配，如果匹配成功，则执行相应的执行语句。模式可以使用字符串、数字、正则表达式等表示。每个模式后面都有一个右圆括号和两个连在一起的分号（;;）。

每个模式和执行语句都是成对出现的，以右圆括号结束。如果某个模式没有对应的执行语句，可以在该模式后面加上一个分号来跳过该模式。

在执行完某个模式的执行语句后，使用两个连在一起的分号来表示该模式的结束。如果所有的模式都没有匹配成功，可以使用特殊模式"*"来指定默认的执行语句。

5.2.5 循环结构

循环结构是一种控制结构，用于重复执行一段语句块，直到满足结束条件为止。常见的循环结构有 for 循环和 while 循环，可根据实际问题选用。

（1）for 循环

for 循环通常用于遍历整个对象或者数字列表，循环次数一般是确定的，基本语法格式如下。

```
for variable in list
do
```

```
        #执行语句块
done
```

在 for 循环中，variable 称为循环变量，list 表示列表，可以是一系列的数字或者字符串，元素之间使用空格隔开。do 和 done 之间的语句块也称为循环体，即循环结构中重复执行的语句。

当 Shell 遇到 for 循环时，会将 in 关键字后面的 list 中的第 1 个元素的值赋给变量 variable，然后执行循环体；当循环体中的语句执行完毕之后，会将 list 中的第 2 个元素的值赋给变量 variable，再次执行循环体。以此类推，当 list 中的所有元素都被访问后，for 循环终止，Shell 将继续执行 done 后面的其他语句。

（2）while 循环

while 循环会在条件为 true 的情况下重复执行一段代码，循环次数一般是无限或不确定的。例如 guess.sh 中使用的循环结构。

```
5  while [[ $guess -ne $target ]]
6  do
7      read -p "请猜一个数字（1~100）: " guess
8      if [[ $guess -lt $target ]]; then
       ... ...
14  done
```

在 while 循环中，每次都检查条件表达式的值。如果值为 true，则执行 do 和 done 之间的语句；如果值为 false，则跳过该语句块。当 while 循环中的条件表达式的值一直为 true 时，循环体会一直执行下去，直到条件表达式的值变为 false 为止。

在使用 while 循环时，需要特别注意条件表达式的值，以避免无限循环情况的发生。为了避免这种情况，可以在循环体内加入一些条件判断和跳转语句来控制循环的执行。

使用 case 分支和循环结构，可将 install-help-v2 再次改造，新增多选项和多参数支持，使用方式与其他命令基本一致，install-help-v3 脚本如下（为节省篇幅，有些命令被集中到同一行）。

```
1  #!/bin/sh
2  usage="\nUsage: sudo install-help [-y] cmd ...\n"
3  #检查参数
4  if [ $# -eq 0 ]; then echo -e $usage; exit 1; fi
5  #初始化变量
6  cmd_list=""; help_list=""; yes=""
7  #解析选项和参数
8  while [ -n "$1" ]; do
9    case "$1" in
10     -y|--yes)  yes="-y" ;;
11     -h|--help) echo -e $usage; exit 0 ;;
12     -*)  shift; break ;;
13     *) cmd_list="$cmd_list $1" ;;
14   esac
15   shift
16 done
17 #根据参数列表分别查询软件包
18 for cmd in $cmd_list; do
```

```
19  #获取参数指定的命令对应的执行文件路径
20  bin_file=`which $cmd 2>/dev/null`
21  #判断文件是否存在
22  if [ -z "$bin_file" ]; then echo "''$cmd'' not found"; continue; fi
23  #根据执行文件路径获取对应软件包的名称
24  help_name=`rpm -qf $bin_file | sed 's/-[0-9].*//'`-help
25  help_list="$help_list $help_name"
26 done
27 #检查包名是否为空
28 if [ -z "$help_list" ]; then echo -e $usage; exit 2; fi
29 #执行 dnf 安装软件包
30 echo "Installing with dnf for $help_list ..."
31 echo dnf install $yes $help_list
```

这个脚本的第 8～16 行实现选项和参数解析，分别存入 yes 变量和 cmd_list 变量，shift 的作用是左移一次参数列表，即将原来的$2 移动为$1，以此类推。第 18～26 行实现多参数支持，从 cmd_list 变量中逐个取出命令名称进行有效性检查，并将 Man 文档包名存入 help_list 变量。

至此，一个"简陋"的复杂命令已被改造为一个支持多选项、多参数并带有帮助信息的脚本命令，但还存在一些问题。例如，随着代码的增多，可读性在降低，还有明显的代码重复等现象，可使用 Shell 函数进一步优化。

5.2.6　函数

在 Shell 脚本中，函数是一种可重复使用的代码块，可以接收参数并返回值。通过使用函数，可将复杂的操作封装在一起，避免多次重复使用相同代码，以提高代码的可读性和可维护性。

函数定义格式如下。

```
function func_name( )
{
    #函数体
}
```

函数通过$n 形式来获取参数的值，例如，$1 表示第一个参数，$2 表示第二个参数，以此类推。函数中使用的变量默认均为全局变量，返回值在调用该函数后通过$?获取。

例如，如下代码可为 install-help 定义一个帮助函数。

```
function print_help()
{
  printf "\n%s\n" "Usage: sudo install-help [-y] cmd ..."
}
```

可用 print_help 替换上文 install-help-v3 脚本的第 4、11 和 28 行中的 echo -e $usage，以减少代码重复，并便于应对将来的升级和维护。

5.2.7　项目 5-1: install-help 命令

在 install-help-v3 的基础上进一步完善脚本，将其扩展为功能可靠、使用友好的命令。

除了 print_help 函数外，还可将选项解析部分使用 getopts 命令改写，并将多参数支持部分的 18~26 行得到 help_list 的这部分语句定义为一个新的函数，以提高可读性和可维护性。

为脚本设置适当的权限，将其复制到系统的搜索路径/usr/local/bin/中，并进行测试。

5.3 C/C++应用开发

除了需求分析、软件设计等前期工作外，C/C++应用开发的主要工作包括编写源码、编译、构建、调试和优化等内容。Linux 是开发者友好的操作系统，更是 C/C++应用开发者友好的操作系统。

在 Windows 上，一般采用 Visual Studio 等集成开发环境进行 C/C++应用开发，这些集成开发环境集成了源码编辑器、编译器、调试器，在 GUI 中完成全流程的开发工作。Linux 中也有一些集成开发环境，例如 Eclipse、Code::Blocks、CodeLite 和 NetBeans 等，但开发者通常仍在 CLI 下开发各种 C/C++应用。

自 UNIX 用 C 语言改写以来，C 语言就一直是 UNIX 及其应用工具的主要开发语言。UNIX 的 CLI 和小工具，影响了 C 语言应用开发的模式。开发者可根据个人偏好和应用特点灵活地组合编辑器、编译器、调试器及各种命令行工具，通过它们提供的丰富选项充分发挥各自的功能，并利用脚本工具、构建工具等实现自动化的编译和构建。此外，还可通过多种性能分析和优化工具，对软件进行进一步的优化，发布高质量的应用。

Linux 的开发工具和软件库都兼容 UNIX 的开源实现，并且大多遵循 POSIX 规范，具有极好的可移植性。在一个版本的 Linux 上熟悉了开发方法，即可迁移到其他 UNIX 类操作系统上进行开发；在一个版本的 Linux 上开发出来的 C/C++应用，不经修改或经极少量修改即可在任意 UNIX 类操作系统上编译运行。Linux 和各种应用都是开源的，是初级开发者的学习宝库。

本节以经典小工具 nl、wc 的极简实现为例，主要介绍 Linux CLI 中 C/C++应用的编译与调试、自动化测试和性能优化等的方法，建议读者跟随内容动手实践。

5.3.1 my-nl 小工具

my-nl 是 nl 命令的一个极简实现，它从标准输入读取文本行，在行首添加编号后与文本行一起输出到标准输出，不支持任何选项。因此，my-nl 也是一个文本流的过滤器。

```
 1 #include <stdio.h>
 2 int main(void)
 3 {
 4    char *line = NULL;
 5    size_t cap = 0;
 6    ssize_t len = 0;
 7    int no = 0;
 8    while ((len = getline(&line,&cap, stdin)) != -1){
 9        if (len > 1)
10            printf("\x1b[32m%6d \x1b[39m",  ++no);
11        printf("%s",  line);
12    }
13    return 0;
14 }
```

上述源码非常简单，即使读者可能不太理解 getline 函数，也不影响接下来的编译和构建过程。为了让输出结果看起来稍有不同，my-nl 将行号用浅绿色表示。

建议读者使用 Vim 编辑器输入这些源码（忽略其中的行号），保存为文件~/my-utils/my-nl.c。接下来，将进行编译、构建和测试。

5.3.2 编译与调试

在 Linux 操作系统中，常用的 C 编译器有 GCC、Clang、C++ Compiler 和 LLVM 等。这些编译器支持多种编程语言，包括 C、C++、Objective-C、Fortran 等，具有强大的优化能力和广泛的平台支持。

Clang 是一个基于 LLVM 的 C、C++、Objective-C 编译器，具有高可扩展性和模块化的结构，提供了更好的错误报告和诊断功能。C++ Compiler 是英特尔公司开发的优化编译器，针对英特尔处理器进行了优化。LLVM 是一个可重用的编译器基础设施，支持多种编程语言，如 C、C++、Objective-C、Rust 等。openEuler 针对鲲鹏等国产处理器进行优化，发布了 GCC for openEuler。

本小节采用 GCC 编译器进行编译，并简要介绍 GDB（GNU symbolic Debugger）。

1. GCC 编译器

GCC 是由 GNU 开发的编程语言编译器。它最初是为 GNU 操作系统专门编写的一款编译器，现已成为 Linux 最常用的 C/C++编译器之一，大部分 Linux 发行版都会默认安装。

GCC 编译器支持多种编程语言，包括 C、C++、Objective-C、Fortran、Java、Ada 和 Go 等，并提供了这些语言的库函数。GCC 编译器采用交叉平台的设计，可以在几乎所有主流 CPU 硬件平台上运行，并能够完成从源文件到特定 CPU 硬件平台上的目标代码的转换，生成高效的目标代码。此外，GCC 编译器还提供了可扩展的架构和插件机制，使得开发者可以根据自己的需求进行定制和扩展。

GCC 编译器的可用选项可能是所有软件中最多的，超过 2000 个（可用命令"gcc --help -v | grep "^ -" | wc"查看），这些选项可分为 12 类：总体选项、语言选项、预处理选项、汇编器选项、链接器选项、目录选项、警告选项、调试选项、优化选项、目标选项、机器相关选项和代码生成选项。

在命令行中使用 GCC 编译器时，开发者可以通过指定不同的命令行参数来控制编译器的行为，例如指定要编译的源文件、指定编译器输出的目标代码格式、指定优化选项等。GCC 编译器还提供了丰富的文档和社区支持，使开发者可以深入地学习和使用它。

2. 编译 my-nl

进入 my-utils 目录，编译 my-nl.c 得到可执行文件 my-nl，并用 ls 和 file 命令分别查看，显示如下。

```
[ict@openEuler22 ~]$ cd my-utils && gcc -o my-nl my-nl.c && ls -l my-nl && file my-nl
-rwxr-xr-x. 1 ict ict 71040 1月 10 23:33 my-nl
my-nl: ELF 64-bit LSB executable, ARM aarch64, version 1 (SYSV), dynamically linked,
interpreter /lib/ld-linux-aarch64.so.1, BuildID[sha1]=
af13528bf572b785091d248d3af22b019
c9cc197, for GNU/Linux 3.7.0, not stripped
```

这表明 my-nl 已顺利生成，运行方法如下。

```
[ict@openEuler22 my-utils]$ cat /etc/passwd | ./my-nl | head -3
    1 root:x:0:0:root:/root:/bin/bash
    2 bin:x:1:1:bin:/bin:/sbin/nologin
    3 daemon:x:2:2:daemon:/sbin:/sbin/nologin
```

可以看到，GCC 编译生成的这个小工具，已经可以结合管道在文本流中工作了。

另外，细心的读者可能已经注意到了：在执行 my-nl 时，使用"./my-nl"；而在执行 cd、pwd 等系统命令时没有指定路径。这是因为在执行系统命令时，Shell 会在系统默认路径下查找这些命令。为了系统安全，没有把当前工作目录添加到系统默认路径中。

> 执行 echo $PATH 可查看系统默认路径。

3. GCC 编译流程

编译 my-nl 的命令"gcc -o my-nl my-nl.c"看起来非常简单。但实际上，生成 my-nl 的流程包括预处理、汇编、编译和链接 4 个步骤，如表 5.20 所示。

表 5.20   生成 my-nl 的流程步骤

步骤	gcc 指令	功能	生成文件
预处理	$ gcc -E my-nl.c -o my-nl.i	预处理源程序	my-nl.i
汇编	$ gcc -S my-nl.i -o my-nl.s	编译成汇编语言代码文件	my-nl.s
编译	$ gcc -c my-nl.s -o my-nl	汇编成目标文件	my-nl.o
链接	$ gcc my-nl.o -o my-nl	生成可执行文件	my-nl

> 其中以.i、.s 和.o 为扩展名的文件是编译过程中生成的临时文件，使用 GCC 一次性完成的编译会自动删除这些文件。

这 4 个步骤可以分别执行，以便查看中间阶段的生成结果。

- 预处理（preprocessing）：预处理源程序，包括读入#include 指定的头文件、扩展#define 定义的宏、处理其他伪指令等，完成这些工作的程序是 CPP（C Preprocessor，C 语言预处理器）。最后生成一个完整的 C 语言源文件，my-nl.i 文件的行数达到 3000 多行。
- 汇编（assembling）：将 CPP 生成的源文件汇编为目标机器的汇编语言代码文件，完成这个工作的程序是 as，称为汇编器（assembler）。

在 x86 平台上，可执行命令"gcc -S -masm=intel my-nl.i -o my-nl.s"指定输出 Intel 语法格式的汇编代码，其中 main 函数结尾的片段如下。

```
call    getline
mov     QWORD PTR [rbp-16], rax
cmp     QWORD PTR [rbp-16], -1
jne     .L4
mov     eax, 0
leave
```

从中可以看出，main 函数的返回值是存放在 eax 寄存器中的，其他函数或程序读取这个寄存器即可获得最近一次调用的返回值。例如，Shell 获取最近一次命令的执行状态，实际上就是通过读取 eax 寄存器实现的。

- 编译（compiling）：将汇编器语言代码翻译为机器的目标代码，生成目标文件，完成这项工作的程序是 cc，这是狭义的 C 语言编译器。称 GCC 为编译器是一种通俗的叫法，实际上指的是一种广义的编译器，即包括预处理、汇编、编译和链接这 4 个阶段的全部工具。

- 链接（linking）：将所有的目标文件与库文件进行链接，生成一个完整的可执行文件，完成这个工作的程序是 ld，称为链接器（linker）。在模块化的程序设计模式下，一个目标程序可能由几个不同的 C 源文件编译并链接而成。另外，几乎所有的 C/C++应用程序都会至少与 libc 库链接，使用 ldd 命令可查看一个程序所使用的共享库文件。

```
[ict@openEuler22 my-utils]$ ldd my-nl
    linux-vdso.so.1 (0x0000ffff8e084000)
    libc.so.6 => /usr/lib64/libc.so.6 (0x0000ffff8de98000)
    /lib/ld-linux-aarch64.so.1 (0x0000ffff8e047000)
```

> C 语言将函数返回值存放在 eax 通用寄存器的这种简单机制，是函数只能有一个返回值的原因。

一般用"构建"来表示生成 C/C++可执行文件的整个流程，以与用来生成目标文件的编译步骤相区分。

4. GDB

GDB 是 GNU 项目提供的一个强大的命令□调试器，支持多种编程语言，包括 C、C++、Objective-C 等。它具有丰富的调试功能，包括设置断点、单步执行、查看变量值等，可帮助开发者快速分析、定位软件错误，提升开发效率和软件质量。

GDB 的主要特性如下。

- 多语言支持：GDB 支持多种编程语言，使其成为一个通用的调试工具。

- 交互式调试：GDB 提供一个交互式的 CLI，允许用户暂停程序执行，检查变量的值、执行单步操作等。

- 断点和观察点：GDB 可在程序中设置断点，以便在特定位置停止执行；也可设置观察点来监视变量值的变化。

- 设置断点，单步执行：GDB 可设置多种形式的断点，并在断点处暂停程序的执行，以便进行逐步跟踪。

- 查看变量的值：用户可以在 GDB 中查看当前暂停的程序中变量的值，以便更好地理解程序状态。

- 多线程程序调试：GDB 支持多线程程序的调试，允许用户查看和控制不同线程的状态。

- 远程调试：GDB 支持远程调试，可以在不同计算机上调试程序。

调试程序常用的方法是设置断点并单步执行，执行期间通过查看变量、表达式或内存区的值，判断当前程序的执行过程是否正确，不断缩小异常或缺陷在代码中的范围，最终找到并修复。

需要注意的是，编译时应使用"-g"选项为可执行文件添加调试信息，以便在 GDB 中基于源码进行调试。

5. 调试 my-nl

添加选项"-g"重新编译 my-nl，将其加载到 GDB 后，使用"list"命令可查看源码，执行"break 12"命令在第 12 行设置断点，再次执行命令"run < /etc/os-release"运行"my-nl"。进入"main"函数后，一直运行到被设置为断点的 12 行处暂停。执行"n"(next)跳转到下一行，再次处于暂停状态。可用"print"查看变量值，或者进行其他更多操作。

```
[ict@openEuler22 my-utils]$ gcc -g -o my-nl my-nl.c
[ict@openEuler22 my-utils]$ gdb my-nl
GNU gdb (GDB) openEuler 11.1-6.oe2203sp2
......
For help, type "help".
Type "apropos word" to search for commands related to "word"...
Reading symbols from my-nl...
(gdb) list
1  /* my-nl: A very simple ``nl'' for learning openEuler */
2  #include <stdio.h>
3  #include <unistd.h>
......
10     int     no=0;
(gdb) break 12
Breakpoint 1 at 0x40079c: file my-nl.c, line 12.
(gdb) run < /etc/os-release
Starting program: /home/ict/my-utils/my-nl < /etc/os-release
[Thread debugging using libthread_db enabled]
Using host libthread_db library "/usr/lib64/libthread_db.so.1".

Breakpoint 1, main () at my-nl.c:12
12     while ((len = getline(&line, &cap, stdin)) != -1){
(gdb) n
13         if (len > 1) fprintf(stdout, "\x1b[32m%6d \x1b[39m", ++no);
(gdb) print len
$3 = 17
```

简单来说，GDB 的作用是帮助开发者定位软件错误。它的具体功能包括启动程序，按照自定义的要求运行程序；让被调试程序在所设置的指定断点处暂停运行；当程序暂停运行时，检查程序此时所发生的事件，以及堆栈数据、变量和内存的值，或者动态地修改变量的值等。

GDB 的调试功能非常强大，提供了丰富的控制指令，在调试界面中输入"help"命令即可查看。

5.3.3 Makefile 构建

从模块化编程的角度出发，往往需要把一个大型的软件项目分解成多个模块，因此项目包含的源文件可能成百上千，甚至更多。但如果针对每个文件都采用类似 my-nl 的方式单独进行编译，那将是极其低效和枯燥的，UNIX 的开发者也不会接受。

Makefile 主要用于自动化构建和管理大型软件项目。通过 Makefile，开发者可以一次性定义整个项目的编译规则，然后通过简单的命令（通常是 make 命令）来自动完成整个项目中所有源文件的编译，这极大简化了编译过程。此外，Makefile 只会针对发生变化的源文件或依赖目标进行重新编译，而其他的文件不做任何改变，显著提高了编译效率。

Makefile 的工作原理基于文件的时间戳，通过比较源文件和目标文件的时间戳来决定是否需要重新编译某个文件。一个源文件被修改后，Linux 会改变其时间戳。在下次执行 make 命令时，make 命令会查看源文件和目标文件的时间戳，如果源文件的时间戳比目标文件的时间戳新，就认为源文件已经发生了变化，需要重新编译这个文件。此外，make 还会跟踪依赖关系，如果一个目标文件依赖于其他文件，那么当这个目标文件被重新编译时，所有依赖它的文件也需要被重新编译。make 命令只重新编译真正发生变化的文件，提高了编译的效率。

Makefile 的历史可以追溯到 20 世纪 70 年代，当时一位名叫斯图尔特·费尔德曼（Stuart Feldman）的程序员在贝尔实验室开发了一个名为 Makefile 的工具，用于自动化构建程序。在此之前，手动构建程序是一项烦琐且容易出错的任务，而 Makefile 的出现使得构建过程变得自动化和可重复。随着时间的推移，Makefile 逐渐成为 UNIX 和 Linux 上软件开发的标准工具之一。

1. 使用 Makefile 构建 my-nl

Makefile 的基本语法包括规则、目标和命令。规则描述了一个目标文件所依赖的文件或模块，以及生成和更新目标文件的命令。

在 Makefile 中，规则的基本格式如下。

目标 [属性]分隔符 [依赖文件]
    命令列

目标是指要生成的文件或模块；属性表示该文件的属性；分隔符用于分割目标和依赖文件；依赖文件是指目标文件所依赖的文件列表；命令列则指明了如何生成和更新目标文件。

命令列使用制表符开头，并且必须以命令结束。命令可以使用系统 Shell 来执行，因此可以使用系统变量和命令行参数。需要特别注意的是，目标和依赖文件之间要使用 ":" 分隔；在输入命令时，一定要先按 "Tab" 键（不能使用空格）。

将以下内容保存为~/my-utils/Makefile，用于自动化构建 my-nl。

```
CC=gcc
CFLAGS=-Wall

my-nl: my-nl.o
    $(CC) $(CFLAGS) -o my-nl my-nl.o

my-nl.o: my-nl.c
    $(CC) $(CFLAGS) -c my-nl.c

clean:
    rm -f *.o my-nl
```

以上 Makefile 文件定义了 CC 编译器和 3 个目标：my-nl、my-nl.o 和 clean。

- my-nl 目标表示最终的可执行文件。它依赖于 my-nl.o 目标，并且通过调用 GCC 编译器和相应的编译选项来编译和链接 my-nl.o 目标文件，生成最终的可执行文件。

- my-nl.o 目标表示一个名为 my-nl.o 的中间目标文件。它依赖于 my-nl.c 源文件，并且通过调用 GCC 编译器和相应的编译选项来编译 my-nl.c 源文件，生成.o 文件。
- clean 目标表示清理生成的目标文件和可执行文件。它通过调用 rm 命令来删除所有的.o 文件和可执行文件。

在源码所在目录中，执行 make 命令即可完成自动构建，不再需要重复地手动输入 gcc 及选项、参数。

```
[ict@openEuler22 my-utils]$ rm my-nl && make && ls -l my-nl
gcc -Wall -o my-nl my-nl.o
-rwxr-xr-x. 1 ict ict 71040 1月 11 01:10 my-nl
```

实际上，不仅编译器可以自定义，预处理器、汇编器和链接器也可在 Makefiile 中指定。另外，Makefile 的目标可以是可执行程序、目标文件和其他更多的目标。例如，参照 clean 目标的规则，还可增加对可执行文件进行打包、安装等其他任务目标。

使用 Makefile 进行自动化构建的好处包括 Makefiile 提供了丰富的功能和规则，可以根据项目的具体需求进行定制，使得构建过程更加灵活和可配置；Makefile 使用文本文件，代码易于阅读和维护，使得构建过程更加清晰和易于理解；Makefile 可在不同的操作系统上使用，便于构建过程的移植。

Makefile 广泛用于编译和链接程序，以及管理项目的构建过程。在 Linux 5.10 内核中，Makefiile 出现次数达数千次。Linux 流行的定制工具 Yocto 也采用了类似做法，基于 Makefile 和补丁文件来构建各种定制的软件包。

```
[ict@openEuler22 my-utils]$ find /usr/src/kernels/ -name Makefile|wc -l
2702
```

2. Makefile 的缺陷

虽然使用 Makefile 自动构建 C/C++应用非常高效，但为复杂的软件项目编写 Makefile 并不简单。事实上，Makefile 的缺陷也比较明显，主要缺陷如下。

- 语法比较复杂，可读性较差，学习曲线较陡峭，对于初级开发者不够友好。
- 在不同的操作系统和平台上可能存在兼容性问题，需要进行适当的调整和适配。
- 规则配置出错时调试过程烦琐，需要借助其他工具进行调试。

Automake 开源项目试图弥补这些缺陷，旨在自动生成各种复杂的 Makefile 文件，帮助开发者更专注于编写代码而非管理构建过程。开发者只需要写一些预先定义好的宏（macro），提交给 Automake 处理后会产生 Makefile.in 文件，再使用 Autoconf 生成名为"configure"的 Shell 脚本文件。用户在最终平台上，运行 congfigure 脚本即可自动生成适合当前环境的 Makefile 文件。

Automake 工具在一定程度上解决了人工编写 Makefile 的问题，但使用依然比较复杂，因而正在逐步被 CMake 取代。

5.3.4 CMake 构建

CMake 是一个跨平台的自动构建系统，它允许开发者使用统一的构建方式快速为多种平台和工具创建项目。简单地说，CMake 通过简洁的描述文件（通常是 CMakeLists.txt 文件）来定义构建过程，并自动生成符合实际平台的各种 Makefile 文件。

CMake 的主要优势如下。

- 自动化构建全流程：CMake 可自动化源码编译、测试、打包等过程，使开发者能够更集中于编写代码和解决问题，而不是手动管理构建过程。
- 易于学习和使用：CMake 语法清晰、简单，使开发者能够快速上手，并能够轻松地管理复杂的项目。
- 跨平台兼容性：CMake 可生成适用于不同平台的构建文件，使软件项目可在 Linux、Windows、macOS 等操作系统上直接构建。
- 集成第三方库和工具：CMake 可自动检测并匹配第三方库和相关构建工具，无论这些库是用静态还是动态方式链接的。

CMake 对应的命令是 cmake，在 openEuler 上执行 sudo dnf install -y cmake 后即可使用。

1. 使用 CMake 构建 my-nl

先为 my-nl 编写描述文件，将以下内容保存为 "~/my-utils/CMakeLists.txt"：

```
cmake_minimum_required(VERSION 2.9)
project(my-utils)

add_executable(my-nl my-nl.c)
INSTALL(TARGETS "my-nl" RUNTIME DESTINATION bin)
```

cmake 命令默认使用名为 "CMakeLists.txt" 的描述文件来自动生成 Makefile。一般会在描述文件所在的目录中，新建一个 "build" 子目录用于保存 CMake 在构建过程中生成的中间文件，命令如下。

```
[ict@openEuler22 ~]$ cd ~/my-utils/ && mkdir -p build && cd build
[ict@openEuler22 build]$ cmake .. && ls
CMakeCache.txt CMakeFiles cmake_install.cmake Makefile
```

在生成以上文件的过程中，CMake 会自动检测 C/C++编译器，生成更为完善的 Makefile。这个 Makefile 的代码有数百行之多，包括 all、install 等多个构建目标。all 为默认的构建目标，一般为生成的所有目标文件；install 为安装目标，即将生成的目标文件安装到系统的相应路径。执行 make help 可显示当前 Makefile 支持的所有目标。

接下来，即可完成 my-nl 的自动构建和安装。

```
[ict@openEuler22 build]$ make && sudo make install
[100%] Built target my-nl
[100%] Built target my-nl
Install the project...
--Install configuration: ""
--Installing: /usr/local/bin/my-nl
```

至此，my-nl 已经作为系统中的命令，不再需要指定当前路径 "./"，就可以直接运行了。

```
[ict@openEuler22 build]$ cat /etc/passwd | my-nl | head -3
    1 root:x:0:0:root:/root:/bin/bash
    2 bin:x:1:1:bin:/bin:/sbin/nologin
    3 daemon:x:2:2:daemon:/sbin:/sbin/nologin
```

从 CMakeLists.txt 文件的内容中可见，CMake 的描述文件非常简洁，极大地减轻了开发者的编译和构建工作。不仅如此，使用 CMake 的描述文件，还可在不同的操作系统自动生成相应的 Makefile 文件，支持跨平台的自动编译和构建，不再需要针对不同的平台进行复杂的构建配置。

2. 使用 CMake 构建 my-libc 共享库

不同于大多数集成开发工具，使用 CMake 构建共享库同样非常简单。

共享库是可为多个可执行文件提供共享代码的可执行模块，在模块化软件项目中极为常用。共享库的主要作用是避免代码重复，并提升项目可维护性。例如，glibc 就是最为常用的运行库之一，为所有的 C/C++ 应用提供"printf"等各种共享的库函数。

以下示例构建一个极为简单的共享库，其中只有 my-strlen 一个函数，用于获取输入字符串的长度。这个函数的实现非常简单，即逐个检查一行中的每个字符，直到遇上"\0"为止，两个指针的位置相减，即可得出包含"\0"的字符个数。

将以下代码保存为"~/my-utils/my-libc.c"文件。

```
/* my-strlen: A very simple ``strlen'' for learning openEuler */
#include <stdio.h>
int my_strlen(const char *s)
{
    const char *p = s;
    while (*p++) ;
    return (p-s-1);
}
```

为了测试这个共享库，可编写 my-wc 工具，它是另一个经典命令 wc 的极简实现。将以下代码写入"~/my-utils/my-wc.c"。

```
/* my-wc: A very simple ``wc'' for learning openEuler */
 1 #include <stdio.h>
 2 #include <string.h>
 3 int my_strlen(const char *s);
 4 int main(void)
 5 {
 6   char *line = NULL;
 7   size_t cap = 0;
 8   ssize_t len = 0;
 9   int lines = 0, words = 0, chars = 0;
10   while ((len = getline(&line,&cap, stdin)) != -1){
11       chars += my_strlen(line);
12       lines++;
13   }
14   printf("%8d%8d\n", lines, chars);
15   return 0;
16 }
```

my-wc 工具从标准输入读取文本行，调用"my_strlen"库函数来统计字符数，与行数一起输出到标准输出。

修改 CMakeLists.txt，将 my-libc.c 和 my-wc.c 一起加入 my-utils 项目。

```
cmake_minimum_required(VERSION 2.9)
project(my-utils)

add_executable(my-nl my-nl.c)
add_executable(my-wc my-wc.c)
add_library(my-libc SHARED "my-libc.c")
target_link_libraries(my-wc my-libc)

INSTALL(TARGETS "my-nl" RUNTIME DESTINATION bin)
INSTALL(TARGETS "my-libc" LIBRARY DESTINATION lib)
```

以上内容仍然非常简洁，也非常容易理解，即添加了 my-libc 共享库目标和它的源文件，并添加了目标 my-wc 链接到 my-libc 库的规则。依次执行 cmake、make、cat 和 my-wc 命令后即可输出结果。

```
[ict@openEuler22 build]$ cmake .. && make && cat /etc/os-release | ./my-wc
--Configuring done
--Generating done
--Build files have been written to: /home/ict/my-utils/build
... ...
[ 66%] Built target my-libc
... ...
[100%] Built target my-wc
        7       136
```

除了缺少单词数量，my-wc 的统计结果与 wc 命令的输出结果相似。有兴趣的读者可增加统计单词数量的功能。

使用 ldd 命令查看 my-wc 的依赖共享库信息，可见 my-libc 确在其中。需要注意的是，Linux 对共享库的命名惯例是使用 "lib" 作为前缀，".so"（shared object）作为后缀。

```
[ict@openEuler22 build]$ ldd my-wc
    linux-vdso.so.1 (0x0000ffff979d5000)
    libmy-libc.so => /home/ict/my-utils/build/libmy-libc.so (0x0000ffff97977000)
    libc.so.6 => /usr/lib64/libc.so.6 (0x0000ffff977c8000)
    /lib/ld-linux-aarch64.so.1 (0x0000ffff97998000)
```

5.3.5　自动化测试

CMake 支持两种自动化测试方式，以帮助开发者自动地构建和运行测试用例，以便验证软件的功能，确保软件高质量交付。

一种方式是在 CMakeLists.txt 文件中添加 add_test 命令，用于向测试系统添加一个简单的测试。add_test 指定了测试的名称和要运行的命令，测试的名称通常是先前通过 add_executable 或 add_library 定义的测试可执行文件。add_test 命令使得测试在执行 make test 或 ctest 时被运行。

另一种方式是使用独立的命令行工具 ctest 来执行广泛的测试，包括单元测试、性能测试和集成测试等。这种方式提供更多的选项和功能，允许用户指定要运行的测试、设置测试环境等。ctest 是 CMake 测试系统的主要接口，可以与 CI/CD 系统集成，以自动化测试流程。

第一种自动化测试方式的流程较为简单，适合一般性的功能测试，本小节以 my-wc 为例进行自动化测试。

在 CMakeLists.txt 文件的末尾添加以下 3 行代码，启用 CMake 的自动化测试功能，并添加一个测试用例。

```
enable_testing()
add_test(test_my-wc sh -c "./my-wc < /etc/os-release" )
set_tests_properties(test_my-wc PROPERTIES PASS_REGULAR_EXPRESSION " 7 136")
```

第二行用于添加测试命令，通过 sh 启动带有重定向的 my-wc 运行命令；第三行为测试用例，以指定的输入文件作为输入，在终端输出测试结果。

重新生成 Makefile 后，即可自动编译、构建 my-wc 并运行测试。

```
[ict@openEuler22 build]$ cmake .. && make && make test
--Configuring done
--Generating done
--Build files have been written to: /home/ict/my-utils/build
[ 66%] Built target my-libc
Consolidate compiler generated dependencies of target my-wc
[100%] Built target my-wc
Running tests...
Test project /home/ict/my-utils/build
    Start 1: test_my-wc
1/1 Test #1: test_my-wc ....................... Passed 0.00 sec
100% tests passed, 0 tests failed out of 1
Total Test time (real) = 0.00 sec
```

有兴趣的读者，可进一步查询相关资料，学习实践 CMake 自动化测试功能。

5.3.6 性能优化

1. GCC 性能优化

GCC 提供了一系列性能优化功能，开发者可通过优化选项直接控制 GCC 的优化行为，从而改善目标文件的执行性能。

常用的优化选项为 4 个级别，从 "-O0"（无优化）到 "-O3"（包含所有优化），每个级别都有不同的优化目标和效果。

- "-O1" 级别。GCC 会尝试在不增加编译时间的前提下生成优化后的程序。它执行一些基本的优化，如常量折叠和死代码消除。这些优化可以减小目标文件的大小，缩短生成目标文件的时间。
- "-O2" 级别。该级别是推荐的优化级别，它包含 "-O1" 级别的所有优化。除此之外，GCC 还会执行更多的优化工作，如常量传播、基本块重排和循环展开等。这些优化有助于提高程序的执行性能。
- "-O3" 级别。该级别包含 "-O2" 级别的所有优化，并进一步启用了更多的优化选项，如内联、循环优化、自动向量化等。这些高级优化可以使程序在执行时更加高效，特别是在进行大量数学运算或循环操作时。

除了这些优化级别，GCC 还提供了大量的优化选项，如使用 "-fPIC" 生成位置无关代码，使用 "-fPIE" 生成位置无关可执行文件，使用 "-fno-inline" 禁止内联函数等。这些优化选项可以根据特定的需求进行组合，以达到更好的性能优化效果。

GCC 的性能优化功能非常强大，开发者可根据不同的需求和目标架构进行灵活的配置。通过合理地使用这些优化选项，可以显著提高应用程序的性能。

2. Valgrind 错误检测

Valgrind 是一个非常有用的工具，用于调试和性能分析。它提供了一组强大的工具，可分析内存、缓存、堆栈和多线程等多方面的性能问题，从而帮助开发者提升程序的稳定性和可靠性。

目前 Valgrind 包括 7 个高质量工具：一个内存错误检测器，两个线程错误检测器，一个缓存和分支预测分析器，一个生成调用图的缓存和分支预测分析器，以及两个不同的堆分析器。Valgrind 的主要功能包括检测内存泄露、使用未初始化的内存、对已释放的内存进行操作等常见错误；分析程序的执行流程、给出程序中函数调用的开销和找出性能瓶颈；分析程序中的缓存使用情况，给出缓存命中率和缓存未命中率等性能指标；检测多线程程序中的竞争条件和死锁问题，以及测量程序中堆栈分配的大小，等等。

以 my-nl 程序为例，使用 valgrind 进行内存错误检测。

```
[ict@openEuler22 build]$ valgrind --leak-check=summary ./my-nl < /etc/os-release
==45950== Memcheck, a memory error detector
==45950== Copyright (C) 2002-2017, and GNU GPL'd, by Julian Seward et al.
==45950== Using Valgrind-3.16.0 and LibVEX; rerun with -h for copyright info
==45950== Command: ./my-nl
... ...
==46032== LEAK SUMMARY:
==46032== definitely lost: 120 bytes in 1 blocks
==46032== indirectly lost: 0 bytes in 0 blocks
==46032== possibly lost: 0 bytes in 0 blocks
==46032== still reachable: 0 bytes in 0 blocks
==46032== suppressed: 0 bytes in 0 blocks
==46032== Rerun with --leak-check=full to see details of leaked memory
... ...
```

可以看出，my-nl 存在内存泄露问题。读者通过细致学习 getline 函数的使用要求，即可定位问题所在。在 while 循环后面，添加以下代码，编译后再次检测，则不存在内存泄露问题。

```
if (line) free(line);
```

需要注意的是，在默认安装的 openEuler 上，需要使用 dnf 安装 glibc-debuginfo 软件包后，才可执行以上命令。

3. gprof 性能分析

gprof 是 GNU 中一个强大的性能分析工具，主要用于对 C、C++、Pascal 和 Fortran 等程序进行性能分析，对于优化程序、提高程序运行效率，以及查找和解决程序瓶颈问题具有重要的意义。

gprof 通过采样程序的程序计数器值来找到程序运行时 CPU 花费时间最多的部分。gprof 可以获取程序中各个函数的调用信息，包括调用次数、执行时间等。此外，gprof 还可以生成 flat profile（即各个函数的调用次数和消耗的处理器时间）及调用关系图（展示函数之间的调用关系和每次调用的耗时）。

在使用 gprof 进行性能分析时，基本步骤如下：在编译程序时使用特定的编译器参数（如 -pg），以便在目标代码中插入性能测试的代码片段；运行程序，将生成一个包含程序运行性能信息的数据文件（通常是 gmon.out）；使用 gprof 命令来分析生成的数据文件，从而得到函数调用相关的统计和分析信息。

需要注意的是，gprof 主要统计的是 CPU 的占用时间，对于 I/O 瓶颈等问题可能无法提供准确的分析。此外，在多线程环境下，gprof 可能只能采集主线程的性能数据。因此，在使用 gprof 进行性能分析时，需要充分了解其局限性和适用范围。

5.3.7　项目 5-2：my-utils 工具箱

请读者在本节介绍的 my-nl、my-wc 这两个小工具的基础上，再开发一个 my-tee 工具。可参照/usr/bin/tee 命令完成最基本的功能，即从标准输入读取数据，并在将其写入指定文件的同时，复制到标准输出。

另外，可调用 getopt 函数为其中的某些小工具添加一定的选项支持，丰富这些小工具的功能。

采用 CMake 工具完成全部小工具的自动构建，并开展一定的自动化测试。

5.4　可移植性开发与 Docker 容器部署

软件的可移植性指软件从一种环境转移到另一种环境的能力，其子特性包括适应性、共存性、易替换性、易安装性。一个具有良好可移植性的软件可以在多个平台上运行，可适应不同的硬件架构和不同的操作系统。这能够降低软件开发成本，提高用户体验，并促进软件在不同平台间的交叉使用。

Linux 为可移植性开发提供了极为友好的环境。Linux 自身具有良好的可移植性，可运行于几乎所有的常见硬件平台，提升了用户应用程序的硬件环境适应性。Linux 遵循 POSIX 规范，这为跨平台的软件应用开发提供了基础。Linux 提供遵循 POSIX 规范的内核、系统调用和系统库函数，使 Shell 等基本工具和 GCC 等开发工具在不同系统上都具有高度的一致性，提升了开发工具和用户应用的可移植性。另外，Linux 提供了 Docker 容器等原生应用，支持高性能、高度可移植的开发和部署工具，进一步提升了开发和部署环境的可移植性。

值得指出的是，可移植性并非意味着程序在任何计算机上都不做任何修改即可直接运行，而是指当环境发生变化时，程序只需要做很少的修改就可运行，即良好的可移植性使得现有程序适应新的软硬件环境变得很容易。

5.4.1　POSIX 可移植性

POSIX 是由 IEEE 制定的一组 UNIX 操作系统接口标准，在实际工程应用中也常称为 POSIX 规范。

POSIX 规范的标准号是 IEEE Std 1003 或 ISO/IEC/IEEE 9945。常见的是 POSIX.1（IEEE Std 1003.1）标准，也称为核心标准，它规定了基本的操作系统接口。具体地说，POSIX 规范定义了一组操作系统必须提供的标准接口，包括系统调用、库函数、Shell 和命令行工具等。这些标准接口被设计为在 UNIX 类操作系统上具有一致的行为，使开发人员能够使用行为一致的工具和库函数并开发可移植的应用程序。这有助于降低开发成本和维护成本，提高软件的可重用性和可靠性。

POSIX 规范的目标原本是消除不同 UNIX 类操作系统之间的差异，使不同版本的 UNIX 具有互操作性。随着 GNU 项目和 Linux 的加入，POSIX 获得了更为广泛的应用。

Linux 遵循 POSIX 规范，这意味着 Linux 自身有良好的可移植性和兼容性，为跨平台的软件应用开发提供了基础；并且由于 Linux 提供了符合 POSIX 规范的开发工具和库函数，使得在 Linux 上开发的应用程序与其他支持 POSIX 规范的操作系统兼容。

（1）Shell 可移植性

Shell 作为用户界面，是 UNIX 类操作系统的重要组成之一，是 POSIX 规范的重要内容之一。它的可移植性体现在交互使用和脚本编程两个方面。

sh 是 UNIX 上最早的 Shell，也是一种常用 Shell，具有简单的语法和强大的编程能力，后来成为 POSIX 规范的基础，因此在所有支持 POSIX 规范的系统上 sh 都是可用的，并且行为一致。这意味着，用户可以用完全相同的方式与 sh 交互，所有使用 sh 编写的脚本都可几乎不加修改地直接运行并且具有相同的行为。

虽然 sh 也有一些局限，例如不支持命令行历史、命令别名和数学运算等，但作为 POSIX 规范工具，它是所有 UNIX 类操作系统的标准配置，至今仍广泛应用于各类系统的管理员命令行交互和系统脚本开发。在 openEuler 中，/bin/目录下的"POSIX Shell script"（即 sh 脚本）共有上百个。

Bash 是支持 POSIX 规范的另一种常用 Shell，提供了许多与 POSIX 规范一致的特性和功能。例如，Bash 支持 POSIX 规范的命令语法和语义，包括文件名通配符、命令替换、管道等。此外，Bash 还提供了许多与 POSIX 规范兼容的内置命令和工具，例如 echo、test、expr 等。Bash 对 POSIX 规范的支持是其成为可移植、可靠和强大的 Shell 的原因之一，使用 Bash 编写的脚本和应用也可以在不同的操作系统上顺利运行。

因此，用户掌握了符合 POSIX 规范的 Shell，即可在多种系统上无差异地使用 Shell，所开发的 Shell 脚本也可在多种操作系统上运行，这就是可移植性的直接体现。

（2）基本命令可移植性

POSIX 规范还定义了其他基本命令和它们的行为，甚至包括各种选项、参数的详细标准。这些命令能够在兼容 POSIX 的各类操作系统上都具有可用性和一致性。

Linux 的常用基本命令都在 POSIX 规范之内，例如 ls、cd、pwd、cp、mv、rm、cat 等文件操作命令，top、ps、kill 等进程管理命令，cut、sort、find、grep、tr、sed、awk 等文本处理命令。这些命令或工具在 POSIX 规范中都有明确的定义，以确保用户在各种 UNIX 类操作系统中都能够正确地使用。

这些常用基本命令具有一致的行为，开发者不必重复学习新的命令，即可高效地使用不同的 POSIX 操作系统，有助于构建一致的开发环境。

（3）编程接口可移植性

POSIX 规范定义了一组通用的编程接口，将底层操作系统的实现细节封装起来，从而提供了与具体操作系统无关的一致行为和统一接口。

POSIX 编程接口主要包括系统接口、C 库函数，以及基本数据类型、常量等内容。系统接口是操作系统提供的底层接口，用于调用操作系统内核功能，如进程管理、文件管理、网络通信、线程和同步等。C 库函数建立在系统调用的基础上，提供更高级的功能，如字符串处理、数学计算等。

常用编程接口如下。

- 系统接口函数：如 open、close、read、write、fork、exec、wait、exit、socket 等。
- C 库函数：如 printf、scanf、strlen、strcpy、strcmp、rand、srand 等。

这些编程接口提供了基本的文件读写、I/O、进程控制、文件操作、网络编程等功能，它们都是使用 C 语言进行定义的。

> 有一些开源工具可为 Windows 提供一定的 POSIX 兼容性，例如 Cygwin 和 MSYS2 等，以支持将 Linux 应用移植到 Windows 中。

5.4.2 C/C++可移植性

C/C++语言本身具有良好的可移植性，Linux 的 C 运行库为应用开发提供了更好的可移植性。

glibc 是一个用于 Linux 的 C 运行库，实现了 POSIX 规范所定义的接口。POSIX 规范定义了操作系统应该为应用程序提供的接口，包括文件操作、进程控制、进程间通信等系统调用接口。glibc 实现了这些接口，使得使用 C 语言编写的应用程序可以在各种兼容 POSIX 的系统上运行。

除了实现 POSIX 规范定义的接口外，glibc 还提供了一些额外的功能和工具，如动态链接器、线程库、数学库等。这些功能和工具为应用程序提供了更多的便利和更高的性能。

glibc 是 GNU 项目的一部分，遵循 LGPL，允许自由使用和修改。它是许多 Linux 发行版默认的 C 运行库，也是许多其他开源软件的基础。由于 glibc 的广泛使用和持续维护，它成为 Linux 操作系统中最重要的软件库之一。

以下示例是直接使用系统调用接口实现 cat 小工具的极简版本，它默认从标准输入读取数据，也可从参数指定的文件中读取数据，并将数据写入标准输出。

```
/* my-cat: A very simple ``cat'' for learning openEuler */
1 #include <stdio.h>
2 #include <unistd.h>
3 #include <fcntl.h>
4 int main(int argc, char * argv[])
5 {
6     char buf[1024];
7     int fd, nbytes;
```

```
 8     int rc = 0;
 9     fd=(argc < 2) ? STDIN_FILENO : open(argv[1], O_RDONLY);
10     do {
11       nbytes=read(fd, buf, sizeof(buf)); //读取源文件
12       if (nbytes < 0) {
13           perror("read"); rc = -1; break;
14       }
15       write(STDOUT_FILENO, buf, nbytes); //将读取的数据写入标准输出
16     } while (nbytes);
17     close(fd);
18     return rc;
19 }
```

以上 C 语言程序直接使用了 read、write 这两个系统接口函数进行文件读写,可在符合 POSIX 规范的操作系统上直接编译运行,但在 Windows 操作系统上无法编译运行。

使用 ANSI/ISO C 语言标准库函数可提升可移植性,如使用 fread、printf() 等函数进行文件读写,则可在任何支持 C 标准库的系统上编译运行,具体可参照 my-nl 的实现。

5.4.3　Docker 容器可移植性

Docker 容器不仅提供可移植的开发环境,还提供跨平台的部署环境。

Docker 容器是一种开源的 Linux 应用容器引擎,让开发者可以将应用及依赖包打包到一个可移植的容器中,然后发布到任何流行的 Linux 或 Windows 的机器上。它基于 LXC(Linux Container,Linux 容器)等技术,将应用运行在 Docker 容器中,而 Docker 容器在任何操作系统上都是一致的,这就为用户开发的应用程序提供了可移植性。

基于 Docker 容器的开发与部署环境具有众多优势,Docker 容器的可移植性主要表现为可快速建立一致的开发环境;可将运行时环境打包至容器,使用时直接启动即可,部署效率高;采用内核级的虚拟化,效率更高,性能更接近原生安装的相同系统,单机即可支持上千个容器;可在任何支持 Docker 的平台上运行,无论是物理机、虚拟机,还是云环境。

在本小节将探讨如何创建基于 Docker 容器的开发环境,并为开发者提供一种一致、可移植的开发和部署方法

(1)Docker 基础概念

Docker 的基础概念包括镜像、容器和仓库。

镜像是 Docker 运行的基础,它是一个只读模板,可以用来创建 Docker 容器。镜像通常包含一个或多个文件系统层、应用程序代码、运行时环境等。Dockerfile 是用于构建 Docker 镜像的脚本文件,其中定义了应用程序的环境、依赖项、配置等信息。

容器是从镜像创建的运行实例,它可以被启动、停止、删除。每个容器都是相互隔离的、保证安全的平台。可以把容器看作简易版的 Linux 环境(包括 root 用户权限、进程空间、用户空间和网络空间等)和运行在其中的应用程序。

仓库是集中存放镜像的场所,可以是私有的或公用的。用户可以将镜像推送到仓库中,也可以从仓库中拉取镜像。

（2）构建开发环境

构建基于 Docker 容器的开发环境的主要步骤包括安装 Docker、创建新镜像和运行容器。下面以 my-utils 工具箱的开发为例，创建一个基本的容器开发环境。关于 Docker 的详细使用，可参阅帮助文档或网络资源。

在 openEuler 中，执行以下命令即可完成 Docker 的安装和运行。

```
[ict@openEuler22 ~]$ sudo dnf install -y docker
[ict@openEuler22 ~]$ sudo systemctl enable --now docker
[ict@openEuler22 ~]$ sudo docker run hello-world
Unable to find image 'hello-world:latest' locally
latest: Pulling from library/hello-world 478afc919002: Pull complete
Digest: sha256:4bd78111b6914a99dbc560e6a20eab57ff6655aea4a80c50b0c5491968cbc2e6
Status: Downloaded newer image for hello-world:latest

Hello from Docker!
This message shows that your installation appears to be working correctly.
```

第 1 行的命令为安装 Docker 软件。第 2 行的命令用于启动 Docker 系统服务，系统服务的管理将在第 8 章详细探讨。第 3 行的命令用于运行一个极小的测试容器，第 1 次运行时，Docker 将自动从网络仓库下载镜像，并启动容器、运行程序后退出，以上信息表明 Docker 已正确运行。

仓库上已有的镜像主要用于试用和体验，用于开发环境时，大都需要根据实际开发需求在已有镜像的基础上进行定制化创建。

Docker 提供了一种基于脚本文件的方式来创建镜像，非常便于开发者根据实际需要定制开发环境或修改开发环境。

由于 my-utils 开发只需要 gcc 和 cmake 等工具，因此下列代码第 2 行只安装 gcc 和 cmake 工具，将以下内容保存为~/docker/Dockerfile.dev。

```
FROM openeuler/openeuler:22.03-lts-sp2
RUN dnf update -y && dnf install -y gcc gcc-c++ make cmake
```

在~/docker/目录中执行以下命令，即可基于网络仓库中的现有镜像 openeuler:22.03-lts-sp2 定制化创建新的开发镜像。

```
[ict@openEuler22 docker]$ sudo docker build -t ict/oe-dev -f Dockerfile.dev .
SSending build context to Docker daemon 2.048kB
Step 1/2 : FROM openeuler/openeuler:22.03-lts-sp2
22.03-lts-sp2: Pulling from openeuler/openeuler
... ...
Step 2/2 : RUN dnf update -y && dnf install -y gcc make cmake
---> Running in 5cc3a0770512
... ...
Successfully built 0300598f1428
Successfully tagged ict/oe-dev:latest
```

以上信息表明名为 ict/openeuler22 的镜像已创建完成，使用命令 sudo docker images 可查看镜像的信息。基于此镜像可创建多个新容器。执行以下命令创建并运行一个名为 oe-dev 的容器。

```
[ict@openEuler22 docker]$ sudo docker run -tid --name=oe-dev -hostname=oe-dev \
> -v /home/ict/my-utils:/my-utils ict/oe-dev
a4d881bf004b3225a6795fdc269753911d5ca52d7652c23327b64bf7f3512835
```

至此，容器已成功创建并启动。将运行 Docker 的系统称为宿主机，以上命令还将宿主机的目录/home/ict/my-utils 映射为容器的/my-utils 目录，可在容器中直接访问宿主机的目录和文件。使用命令 sudo docker ps 可查看运行的容器信息。

团队中的所有开发者均可基于同一个 Dockerfile 在各自的系统上创建镜像（或通过镜像仓库中进行分享），并启动容器，即可完成容器开发环境构建。

（3）在容器中开发

登录容器即可在容器中进行开发工作，登录容器的命令如下。

```
[ict@openEuler22 ~]$ sudo docker exec -it oe-dev bash
... ...
[root@oe-dev /]#
```

以上信息表明，以 root 身份成功登录容器。再次运行 cmake 进行重新构建和测试。

```
[root@oe-dev ~]# cd /my-utils/build/ && rm -rf && cmake ..
--Configuring done
--Generating done
--Build files have been written to: /my-utils/build
[root@oedev build]# make && make test
... ...
Test project /my-utils/build
    Start 1: test_my-wc
1/1 Test #1: test_my-wc ...................... Passed 0.00 sec

100% tests passed, 0 tests failed out of 1

Total Test time (real) = 0.00 sec
```

使用同一个 Dockerfile，即可快速在运行 Docker 的 Linux、macOS 或 Windows 等操作系统上构建完全一致的开发环境。

在开发过程中，如果开发环境必须发生改变，可基于当前镜像设计新的 Dockerfile，并再次创建新的镜像和容器。

（4）使用容器部署应用

使用容器部署应用是一种非常高效和安全的方式，尤其适用于基于 Linux 开发的各种网络服务。容器可将应用及其所依赖的所有软件打包在一起，并以独立的虚拟环境将其运行在目标主机的操作系统上，与其他所有的应用相隔离，不受其他应用的影响，这样应用的运行稳定性和安全性更好。此外，启动容器即可运行应用，部署简单、效率高。

使用容器部署应用的方法与构建容器开发环境类似。以下以 my-nl 为例，创建可移植的容器部署环境。

my-nl 的部署非常简单，它只有一个可执行文件，将它复制到容器中即可，编写~/docker/Dockerfile.run 脚本文件如下：

```
FROM openeuler/openeuler:22.03-lts-sp2
COPY my-nl /usr/bin/
ENTRYPOINT ["/usr/bin/my-nl"]
```

该容器的功能很简单，启动后自动运行 my-nl 命令。对于其他更复杂的软件，参照开发环境中容器的脚本文件，安装相应的依赖软件，并复制、部署软件的全部文件到相应位置即可。

153

在目标系统上，执行以下命令即可创建部署镜像：

```
[ict@openEuler22 docker]$ sudo docker build -t ict/oe-run -f Dockerfile.run .
Sending build context to Docker daemon 217.1kB
Step 1/3 : FROM openeuler/openeuler:22.03-lts-sp2
---> 52c91d8dab6f
Step 2/3 : COPY my-nl /usr/bin/
---> 2b19ef5fa93f
Step 3/3 : ENTRYPOINT ["/usr/bin/my-nl"]
... ...
Successfully built e7ed9dd9a256
Successfully tagged ict/oe-run:latest
```

基于新创建的部署镜像，创建并运行容器即可完成部署。测试该容器中的 my-nl 的方法如下。

```
[ict@openEuler22 ~]$ cat /etc/os-release | sudo docker run -i --rm oe-run
    1 NAME="openEuler"
    2 VERSION="22.03 (LTS-SP2)"
    3 ID="openEuler"
    4 VERSION_ID="22.03"
    5 PRETTY_NAME="openEuler 22.03 (LTS-SP2)"
    6 ANSI_COLOR="0;31"
```

以上命令在宿主机上读取文件，并将标准输出通过管道连接到容器的标准输入，容器启动后自动运行 my-nl 读取该输入，添加行号后输出到标准输出。

执行命令 sudo docker images | grep ict/oe-run 可查看部署镜像的相关信息，大小只有 200 多 MB。实际上，还可以基于更小的镜像来创建部署镜像，只要满足运行环境要求即可。

另一种部署应用的方法是，通过 Docker 本地或远程仓库分享部署镜像，在目标系统中下载镜像即可直接运行，能更快完成部署。

使用 Docker 容器部署网络服务等各种更为复杂的应用，可极大地提升部署效率和运行安全，并降低硬件成本和维护成本，也使得应用可兼容 Linux、macOS 和 Windows 等平台。

5.4.4 openEuler 多场景可移植性

openEuler 是一款开源的操作系统，适用于多种场景，包括服务器、云计算、边缘计算等应用场景。openEuler 的多场景可移植性主要体现在以下几个方面。

* 硬件平台兼容性：openEuler 能够适配多种硬件平台和处理器架构，包括 x86、ARM、MIPS 等，支持鲲鹏、飞腾、龙芯等处理器。这种硬件平台兼容性使 openEuler 能够满足不同场景的硬件需求，提高其多场景可移植性。
* 分布式部署能力：openEuler 采用了容器化技术，支持分布式部署。这种部署方式可以实现资源的动态分配和负载均衡，满足云计算和边缘计算场景的需求。通过容器化部署，应用程序可以在不同的节点上运行，提高多场景可移植性和资源利用率。
* 可定制化：openEuler 的代码是开源的，可以根据需要进行定制化开发。开发者可以根据不同的应用场景，对操作系统进行优化和调整，以满足特定的需求。这种可定制化的特点使得 openEuler 能够更好地适应不同场景的需求，提高其多场景可移植性。

- 社区支持：openEuler 是由华为和开源社区共同开发和维护的操作系统。社区内有大量的开发者和技术专家，可以提供技术支持和解决方案。同时，社区还提供了大量的工具和软件包，使得开发者可以轻松地编写可移植的应用程序。这种社区支持使 openEuler 的多场景可移植性得到了更好的保障。
- 安全性：openEuler 注重安全性，提供了多种安全机制，如强制访问控制、加密通信等。这些安全机制可以保护系统免受恶意攻击和数据泄露等安全威胁，确保在不同场景下应用的安全可靠。

因此，openEuler 的多场景可移植性是其重要的特点之一，硬件平台兼容性、分布式部署能力、可定制化、社区支持和安全性等特点共同提高了其多场景可移植性，能够满足不同应用场景的需求。

5.4.5　项目 5-3：my-utils 跨平台构建

本节内容基于 openEuler 容器介绍了 my-nl 的编写和部署，请读者将项目 5-2 完善的 my-utils 在其他版本的 Linux 上进行完整的编译构建和安装部署，或者尝试全部使用 C 库函数移植到 Windows。

可选择使用虚拟机、云主机或 Docker 容器来运行其他操作系统，作为开发环境或部署环境。操作系统可选择 Ubuntu 或 CentOS 等。

5.5　在开源社区中学习

在开源社区学习编程是非常有意义的，可以更好地学习优秀软件项目、参与开源项目并将自己的贡献快速分享到社区。

开放源码（open source）是一种软件发布模式，通常涉及将原始代码公开，并在指定协议下允许用户使用、复制、修改和分发。开放源码软件源于自由软件开源运动，其目的是通过社区协作和共享来促进软件的开发和维护。开放源码软件通常使用特定的许可证来规范软件的使用和修改，以确保其开源的特性得到保护和尊重。

开源文化在 UNIX 的初期传播中起到了重要作用。在 UNIX 商业化后，自由软件基金会继续推动开源运动，它随着 GNU 项目和 Linux 的发展而壮大。

5.5.1　Linux 与开放源码

开源模式下，软件没有秘密，一切都在源码之中。

Linux 与开放源码之间的关系非常紧密。Linux 作为开源操作系统的代表，展示了开源模式在操作系统级别上的巨大潜力和优势。同时，开放源码促进了 Linux 的发展和普及，使 Linux 能够成为许多企业和个人用户的选择。这种开源和协作的模式不局限于 Linux 和开源软件，它已经成为现代软件开发的一种重要趋势，推动了软件行业的创新和发展。

Linux 的开放源码不局限于 Linux 内核本身，它还涵盖了与 Linux 相关的各种软件和工具，例如 Linux 发行版、桌面环境、应用程序等。许多开源软件项目遵循开放源码的原则，这种开放源码的模式促进了软件的创新和发展，通过社区协作和共享，可以快速解决问题、发现漏洞并改进软件的功能和提升性能。

大多数开源项目都可在 Linux 上构建和运行。特别的是，许多非常经典的开源项目，也都与 Linux 密切相关。对于开发者来说，这些开源项目提供了优秀的软件。例如，glibc 是 GNU 发布的 C 运行库，它是 Linux 中最底层的 API，几乎其他任何运行库都会依赖于它，是高性能 C 代码的典范；gRPC 是一个高性能、开源、通用的 RPC（Remote Procedure Call，远程过程调用）框架，基于 HTTP/2 传输，使用 Protocol Buffers 作为数据序列化协议，它由谷歌发起，广泛应用于各种场景。很多优秀的开源项目，或可作为开发工具，或可作为开发设计参考，或可作为中间件直接集成（在协议允许的前提下）在软件项目中。

对于初级开发者来说，开源项目还带来了设计良好、充分验证的源码。例如，GNU core utilities（Coreutils）包含 cat、nl、wc 等基本工具，用于操作和管理 Linux 和其他 UNIX 类操作系统中的文件和数据流；Linux 内核源码中的文件系统、进程管理、网络管理等具体设计和实现；openEuler 系统中的大量 Shell 脚本。这些开源项目的源码都是初学者极好的学习素材。

5.5.2　openEuler 社区

openEuler 是一个开源的、可自由使用的 Linux 发行版，它提供了一个稳定、安全、高效、易于扩展的操作系统平台，适用于云计算、大数据、AI 等 ICT 时代多种应用场景。

openEuler 社区是一个开放、创新的新平台，是由全球范围内的开发者和企业组成的开源社区，致力于推动 ICT 时代新型操作系统和生态的发展和普及。openEuler 社区的核心成员包括华为、麒麟软件等公司和技术机构，它们共同为 openEuler 的研发和推广做出了贡献。

在 openEuler 社区中，开发者可以获得丰富的技术资源和支持，与其他成员一起参与开源项目的开发和交流，共享技术和经验，促进技术的创新和发展。同时，openEuler 社区也积极与其他开源社区合作，推动不同技术领域的交流和融合。

如果读者对 Linux 和开源技术感兴趣，不妨加入 openEuler 社区，与全球的开发者一起学习和交流，积极地为 ICT 时代下新型的开源软件的发展和普及做出贡献。

5.6　本章小结

本章对 Linux 开发环境进行了比较完整的分析，希望读者结合实践深入钻研。

Linux 在 POSIX 规范的约束下，为开发者提供强大而友好的开发环境。它允许用户在不同的系统上，以相同的习惯使用相同的工具；使用一致的文本流方式处理包括程序源码、系统配置文件或日志文件等在内的所有文本；使用简洁的语法编写可在所有兼容 POSIX 的系统上运行的自动化脚本；使用一致、灵活、自动化构建的方式在不同的系统中开发 C/C++应用；使用 Docker 等内核虚拟化技术快速构建可移植的开发环境和部署环境。

openEuler 提供同样的开发环境，并且还针对 ICT 时代下的鲲鹏等国产新型硬件架构提供了多场景可移植性。另外，openEuler 社区提供了一个新兴开源软件的创新平台，发展势头良好，强烈建议对软件开发感兴趣的读者加入社区，与全球的开发者一起学习和交流，并努力做出贡献。

　　需要指出的是，本章只是以 C/C++应用开发为例，实际上 Linux 对 Java、Python 等其他几乎所有常见高级语言都提供了良好的开发环境。另外，Git 和 Docker 都是 Linux 中优秀的新兴原生工具，值得每一位开发者掌握，具体使用请参考更多其他资料。

思考与实践

1. Linux 的命令行文本处理方式与 Windows 等桌面系统相比有哪些优势和不足？
2. 熟练掌握 Vim 编辑器的基本使用。
3. 了解 Git 的基本使用，练习用 Git 管理自己的源码。
4. Shell 脚本适用于哪些场景，编程方式上与 C 语言的相比有哪些共同点和不同点？
5. 编写一个脚本程序 win2linux.sh，删除在 Windows 下编辑的文本文件中的回车符。
6. 编写一个自动备份指定类型文件的 Shell 脚本。
7. GCC 和集成开发环境在开发程序方面有哪些不同？
8. 在 openEuler 中用 C 语言编写一个迷你版的 my-cat，实现 cat 小工具最基本的功能，用 CMake 工具编译、构建并测试。

第6章
嵌入式操作系统开发

学习目标

① 了解嵌入式操作系统的基本概念

② 了解几种常见的嵌入式操作系统

③ 掌握 Linux 内核裁剪与根文件系统开发

④ 了解 openEuler 嵌入式操作系统的技术架构

随着物联网、机器人和人工智能产业的飞速发展，嵌入式系统成为当前最热门、最有发展前景的 ICT 应用领域之一。在早期的嵌入式系统中，硬件性能低、应用任务简单，采用裸机系统即可满足实际需要。简单来说，裸机系统一般指的是在 main 函数中 "跑一个大循环"，通过轮询的方式实现任务处理的单线程任务系统。简单的软件模式难以应对复杂嵌入式系统对可靠性、并发性、模块化、扩展性等的新要求，因此嵌入式系统及嵌入式软件技术获得广泛关注。

本章主要介绍嵌入式操作系统的基本概念、常见的嵌入式操作系统、嵌入式 Linux 内核裁剪与根文件系统开发及 openEuler 嵌入式操作系统的技术架构。

6.1　嵌入式操作系统简介

近年来，随着集成电路、无线通信和物联网等 ICT 的快速发展，硬件性能提高、成本降低，嵌入式应用的需求则日益复杂，在航空航天、移动通信、医疗健康、智能驾驶等诸多领域发挥着越来越重要的作用。

嵌入式系统就是以不同领域中的某种具体应用为中心，以计算机技术为基础，软硬件可裁剪，适用于应用系统对功能、可靠性、成本、体积、功耗有严格要求的专用计算机系统。时至今日，嵌入式系统（如智能手机、智能手表/手环、智能电器、智能驾驶汽车、无人机等）已随处可见。与个人计算机或服务器等通用计算机系统显著不同的是，嵌入式系统的用途明确、算力有限，且对功耗和可靠性都有更高要求。

嵌入式操作系统是指在嵌入式系统中运行的专用操作系统，负责嵌入式系统的全部软硬件资源的分配、调度，控制、协调并发活动。它具有通用操作系统的基本特点，但通常还具有小巧、高效、实时性强等特点。

嵌入式操作系统是复杂嵌入式系统的重要组成部分，它使嵌入式系统的功能更为强大、开发过程更为规范，运行更加高效、稳定和可靠，满足物联网和人工智能等不同场景中的应用需求。

6.1.1　嵌入式系统软件体系

嵌入式系统软件体系是面向嵌入式系统特定的硬件体系和用户要求而设计的，是嵌入式系统的重要组成部分，也是实现嵌入式系统功能的关键。嵌入式系统软件的特征包括软件要求固态化存储；软件代码质量高、可靠性好；操作系统软件实时性强。嵌入式系统软件体系和通用计算机软件体系类似，分成驱动层、操作系统层、中间件层和应用层 4 层，各有特点，如图 6.1 所示。

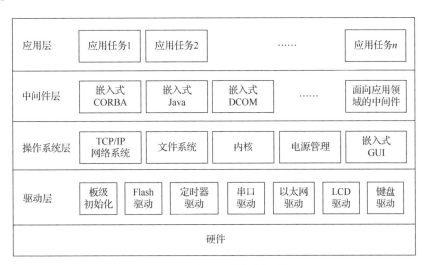

图 6.1　嵌入式系统软件体系[①]

（1）驱动层

驱动层是直接与硬件打交道的一层，它为操作系统和应用提供硬件驱动或底层核心支持。在嵌入式系统中，驱动程序有时称为 BSP（Board Support Package，板级支持包）。BSP 具有在嵌入式系统上电后初始化系统的基本硬件环境的功能，基本硬件包括微处理器、存储器、中断控制器、DMA 控制器、定时器等。驱动层一般可有 3 种类型的程序，即板级初始化程序、标准驱动程序和应用驱动程序。

（2）操作系统层

嵌入式系统中的操作系统具有一般操作系统的核心功能，负责嵌入式系统的全部软硬件资源的虚拟化和分配、进程的调度和管理、并发活动的协调，提供系统管理工具，支持专有应用运行，并确保嵌入式系统的高效、安全、可靠运行，具有操作系统的完整功能。

（3）中间件层

中间件是用于帮助和支持应用程序开发的软件，通常包括数据库、网络协议、图形支持及相应开发工具等，MySQL、TCP/IP、GUI 等都属于中间件。

（4）应用层

嵌入式应用程序是针对特定应用领域，用来实现用户预期目标的软件。嵌入式应用程序和普通应用程序有一定的区别，它不仅要求在准确性、安全性和稳定性等方面能够满足实际应用

---

① 苏曙光,沈刚. 嵌入式系统原理与设计[M]. 武汉:华中科技大学出版社，2011: 1-9.

的需要，还要尽可能地进行优化，以减少对系统资源的消耗，降低硬件成本。

嵌入式系统应用程序的开发在整个生态中非常活跃，每种应用程序均有特定的应用背景。尽管规模较小，但专业性较强，对国外技术的依赖很低，因此嵌入式应用程序不像大多数操作系统和支撑软件那样受制于国外，我国在嵌入式应用程序开发领域具有一定优势。

6.1.2 主要特点

嵌入式操作系统是相对于一般操作系统而言的，它除了具备一般操作系统的基本功能，如进程调度、存储管理、接口管理等，还具有以下特点。

- 嵌入式系统功耗低、体积小、专用性强。嵌入式 CPU 工作在为特定用户群设计的系统中，能够把个人计算机中许多板卡完成的任务集成到芯片内部，有利于嵌入式系统设计的小型化。
- 嵌入式系统中的软件一般固化在存储芯片或单片机中，以提高运行速度与系统可靠性。嵌入式系统中的软硬件都必须高效设计，系统要精简，软件代码质量要高。嵌入式操作系统一般和软件集成在一起。
- 强稳定性，弱交互性。嵌入式系统一旦开始运行就不需要用户过多干预，这就需要负责系统管理的嵌入式操作系统具有较强的稳定性。嵌入式操作系统的用户接口一般不提供操作命令，它通过系统的调用命令向用户程序提供服务。
- 嵌入式系统开发需要专用的开发工具和开发环境。近几年，尽管高新技术的发展起伏不定，但嵌入式行业却一直保持继续强劲的发展态势，系统在实用性、复杂性、高效性等方面都达到了一个前所未有的高度。

6.1.3 常见嵌入式操作系统

嵌入式操作系统为应用场景而生，不同应用场景对操作系统有不同的主要技术需求。常见的嵌入式操作系统超过 40 种。

按应用角度，嵌入式操作系统可分为两类。

- 通用型嵌入式操作系统，如 GNU/Linux、VxWorks、QNX、Windows CE.NET 等。
- 专用型嵌入式操作系统，如 Android、iOS、Pocket PC、Symbian 等。

在控制或通信等对于系统响应时效有高要求的领域，嵌入式系统通常需满足一个重要的性能要求，即实时性。所谓实时性，就是系统中计算结果的正确性不仅取决于计算逻辑的正确性，还取决于产生计算结果的时间。如果产生计算结果的时间不符合要求，则可认为系统出现了问题。也就是说，不管实时应用程序执行的是何种任务，它都需要正确执行该任务而且必须及时完成。

按实时性，嵌入式操作系统可分为两类。

- 非实时性嵌入式操作系统：主要面向消费电子产品（这类产品包括移动电话、机顶盒等），如苹果公司的 iOS 和开源操作系统 Android、OpenHarmony 等。
- 实时性嵌入式操作系统：主要面向控制、通信等领域，如 μClinux、μC/OS-Ⅱ、eCos、FreeRTOS、Mbed OS、RTX、VxWorks、QNX、NuttX，以及国产的都江堰操作系统

（DJYOS）、AliOS Things、Huawei LiteOS、RT-Thread、SylixOS 等。

下面简要介绍几种具有代表性的通用型嵌入式操作系统。

（1）VxWorks

VxWorks 是一种嵌入式 RTOS，遵循部分 POSIX 规范，具有硬实时、确定性与稳定性高的特性，能够实现可预测的实时响应，具备航空与国防、工业、医疗、汽车、消费电子产品、网络及其他行业要求的可伸缩性与安全性，应用较为广泛，但内核可定制性较低，开发人员的自由度相对较小，且商用许可证授权费用高。

（2）QNX

QNX 是一种分布式、嵌入式、可规模扩展的 RTOS，遵循部分 POSIX 规范。它是一种 UNIX 类系统，采用微内核架构，内核仅提供 4 种基本服务，因此 QNX 核心非常小巧（QNX 4.0 内核大约为 12 KB），运行速度极快。此外，它具有高度的可定制性，提供了丰富的开发工具和 API，允许开发人员根据应用需求进行定制化开发，但对开发者要求非常高，用户较少，缺乏社区支持，遇到问题难以及时解决，且商用许可证价格昂贵。

（3）嵌入式 Linux

嵌入式 Linux 是嵌入式操作系统的一个新成员，其最大的特点是源码公开并且遵循 GPL 协议，已成为研究和应用热点。它基于流行的 Linux 进行裁剪、修改，成为能在嵌入式系统上运行的一种操作系统，既继承了 Linux 在互联网上无限的开放源码资源，又具有嵌入式操作系统的特性。该系统的主要缺点是缺乏硬实时性，虽然可以通过 PREEMPT_RT 等软件补丁来实现一定的软实时性，但多用于对实时性要求不是非常严格的场景。

（4）μClinux

μClinux 是一种特殊的嵌入式 Linux，其全称为 micro-controller Linux，从字面意思看，是指微控制 Linux。同标准的 Linux 相比，μClinux 的内核非常小，但是仍然继承了 Linux 的主要特性。它的最大特点在于针对无 MMU（Memory Management Unit，存储管理部件）处理器设计，适用于中低档嵌入式 CPU（如 STM32F103），且不支持内核抢占，实时性一般。

鉴于嵌入式 Linux 的开源特性和可移植性等巨大优势，接下来讲解嵌入式 Linux 的主要开发方法。

6.2　嵌入式 Linux

嵌入式 Linux 是指将 Linux 内核和开放源码应用组件与嵌入式硬件平台可移植性相结合而构建的嵌入式操作系统，传承了 UNIX 的优秀设计思想，并采用 GPL 协议发布，具有良好的稳定性、可靠性、可裁剪性和可移植性，在面向 AI、物联网等领域的嵌入式系统中应用日益广泛，具有广阔的发展前景。

基于 Linux 社区的开源创新和发展，涌现出了一批优秀的嵌入式操作系统，如智能手机操作系统 Android、面向新一代物联网的 openEuler 嵌入式操作系统等。

6.2.1 嵌入式 Linux 开发流程

嵌入式系统因面向具体应用，在功能、功耗、成本、可靠性等方面有严格要求，因而软硬件资源受限，一般不具备自主开发能力；此外，产品发布后，用户通常不能对其中的软件进行直接更新、维护。因此，嵌入式 Linux 的开发需要一套专门的开发环境，如专门的开发工具（包括设计、编译、调试、测试等用到的工具）；开发流程也有所不同，如一般要采用交叉开发的方式。

嵌入式 Linux 的开发模式主要有两种。一种是基于 Ubuntu 等包含大量应用程序集合的某种发行版进行开发，采用发行版的根文件系统和管理机制，适用于复杂的嵌入式应用场景，如特斯拉基于 Ubuntu 开发了智能驾驶系统。另一种是直接从内核和空白根文件系统进行开发，适用于较为简单的嵌入式场景，是嵌入式 Linux 开发的基本方法。这种基本开发方法的主要流程如下。

（1）构建开发环境

选择适当的 GNU/Linux 发行版，在物理主机或 VMware 等虚拟主机上安装 Linux，配置网络，并安装 Vim 和 CMake 等必备的开发工具，以及与硬件平台相匹配的交叉编译工具链。

根据嵌入式系统的串行接口、网络接口、调试接口等外围接口，配置相应的工具。针对串行接口，可配置串行接口助手 Minicom。Minicom 软件作为调试嵌入式开发板信息输出的监视器和键盘输入工具，可方便地进行串行接口通信和测试。针对网络，可配置 NFS，便于在目标嵌入式系统与开发环境中进行文件共享和传输。针对调试接口，可配置 Jtag 工具进行专业级别的系统调试。

（2）构建 Bootloader

Bootloader 在系统上电时开始执行，初始化硬件设备、准备软件环境、加载操作系统内核，并将控制权交给内核。Bootloader 的实现非常依赖具体的硬件，在嵌入式系统中，硬件配置千差万别，即使是相同的 CPU，它的外设（如 Flash 等）也可能不同，所以不可能存在支持所有 CPU、所有开发板的 Bootloader。

常用的 Bootloader 主要有 U-Boot、vivi 等，它们可支持大多数 CPU 架构和硬件，但一般仍需要根据具体的芯片和硬件配置进行移植、修改。

（3）移植 Linux 内核

Linux 内核具有良好的可移植性，至今已可在几乎所有 CPU 平台上运行。当然，如果目标嵌入式系统恰好是全新的硬件平台，根据硬件数据规格说明，仍然可进行源码级的修改适配，这便是 Linux 内核的移植。

此外，Linux 内核还具有良好的可裁剪性，内核的镜像文件的大小可从几百 KB 到几十 MB。根据系统的功能需求和硬件平台的实际参数，对 Linux 内核进行裁剪和开发，可获得与需求高度匹配的系统内核，实现嵌入式系统的性能、稳定性、安全性和成本等方面的最优化。

内核裁剪的任务主要包括配置内核参数，移除与目标系统无关的功能特性、驱动模块等。内核开发的主要任务包括为硬件平台提供新的驱动程序或其他新的内核级功能模块等。

（4）构建根文件系统

完整的操作系统包括大量的软件，内核只是操作系统的核心，除此之外还需要 libc 运行库、编辑器、编译器和 Shell 等应用程序，以及启动脚本、系统设置等配置文件。这些文件构成操作系统的根文件系统。根文件系统的构建比较复杂，一般可基于相关工具来开发，如 BusyBox、Buildroot 或 Yocto 等。

构建了基本的根文件系统后，再根据自己的应用需求来开发并添加其他程序。此外，还应对系统进行配置，默认的启动脚本一般不符合嵌入式系统的需求。启动脚本和配置文件存放于 /etc 目录下，包括/etc/init.d/rc.S、/etc/profile 等，以及自动挂载文件系统的配置文件/etc/fstab。修改这些文件的目的就是定制系统的配置和开机自动运行的程序。

（5）开发应用程序

嵌入式系统最终的目的就是运行专门的应用程序。这些应用，在嵌入式开发环境中采用交叉编译工具进行构建，并发布在目标系统中。较为复杂的应用程序一般作为文件集合放入根文件系统中。如果应用非常简单，也可以不使用根文件系统，而是直接将应用程序和内核设计在一起。

（6）验证测试

所有的嵌入式软件数据，包括 Linux 内核、根文件系统、应用程序等中的数据，最终都必须置入目标嵌入式系统的物理存储器。通过嵌入式系统的实际外围接口方式，使用相应的工具将软件数据写入物理存储器的相应位置，并完成功能、性能和可靠性等方面的全面验证测试，为发布做好准备。

6.2.2　实例 6-1：嵌入式开发环境构建

本实例说明如何构建基本的嵌入式开发环境，包括 Linaro 交叉编译工具链和 QEMU 仿真器安装。

（1）基本编译工具

为内核和 BusyBox 编译安装必要的开发工具和依赖软件包。

```
[ict@openEuler22 ~]$ sudo dnf install -y bc xz gcc gcc-c++ make cmake bison flex
> ncurses-devel
```

（2）交叉编译工具链安装

交叉编译工具链的安装以 Linaro 为例。软件包可从 Linaro Releases 下载，不同的软件包适合不同的交叉编译需求。例如 gcc-linaro-7.5.0-2019.12-x86_64_aarch64-linux-gnu.tar.xz，其中 x86_64 对应开发平台 CPU 架构，aarch64 对应目标嵌入式系统 CPU 架构。

以 openEuler 22.03 LTS 开发环境为例，安装 Linaro 的主要步骤如下。

首先，下载编译器软件包。

```
[ict@openEuler22 ~]$ wget https://releases.linaro.org/xxx/binaries/\
> 7.3-2018.05/gcc-linaro-7.5.0-2019.12-x86_64_aarch64-linux-gnu.tar.xz
```

其次，将软件包解压缩到指定目录。

```
[ict@openEuler22 ~]$ tar -xvf -C ~/ gcc-linaro-7.5.0-2019.12-x86_64_aarch64-
linux-gnu.tar.xz
```

再次，将 linaro 目录添加到 Bash 搜索路径。

```
[ict@openEuler22 ~]$ export PATH=$HOME/gcc-linaro-7.5.0-2019.12-x86_64_aarch64-
linux-gnu/bin\
> :$PATH
```

可将上述命令添加到~/.profile 中，以便每次登录系统自动生效。

最后，查看工具链版本信息，以确认工具链可正确运行。

```
[ict@openEuler22 ~]$ aarch64-linux-gnu-gcc -v
```

（3）QEMU 源码包安装

使用 dnf install -y qemu-system-aarch64，可从预编译的二进制包直接安装 QEMU。如果使用过程中发现 QEMU 的功能特性不满足实际仿真需要，可从源码包进行定制化编译、安装。以下以 QEMU 5.0.0 为例，说明主要安装步骤。

首先，安装编译需要的依赖软件包。

```
[ict@openEuler22 ~]$ sudo dnf install -y bison flex glib2 glib2-devel libcap-ng-devel\
> libattr-devel pixman-devel SDL2-devel
```

其次，下载源码包。

```
[ict@openEuler22 ~]$ wget https://downloadxxx/qemu-5.0.0.tar.xz
[ict@openEuler22 ~]$ tar -xvf qemu-5.0.0.tar.xz && cd qemu-5.0.0/
```

接着，编译、安装 QEMU。

```
#支持 ARM64 的用户态仿真功能, 以及 virts 特性
[ict@openEuler22 qemu-5.0.0]$ /configure --target-list=aarch64-softmmu,
arm-softmmu,\
> aarch64-linux-user,arm-linux-user --enable-virtfs
#编译、安装 QEMU 并清除临时文件
[ict@openEuler22 qemu-5.0.0]$ make -j8 && make install && make clean
```

最后，查看版本，确认是否安装成功。

```
[ict@openEuler22 qemu-5.0.0]$ qemu-system-aarch64 --version
QEMU emulator version 5.0.0 (qemu-5.0.0-80.oe2203)
Copyright (c) 2003-2021 Fabrice Bellard and the QEMU Project developers
```

（4）Docker 构建

交叉编译环境还可通过 Docker 容器技术构建，如直接下载现有的 Linaro 镜像。下面介绍采用 Dockerfile 进行定制构建的方式，采用这种方式构建的环境具有更高的灵活性和更好的可维护性。

该镜像基于 openeuler/openeuler:20.03-lts-sp3 构建，主要包含 Linaro 编译器和 QEMU 仿真器，Dockerfile 内容如下。

```
##
## openEuler for Embedded Linux System Development
##
FROM openeuler/openeuler:20.03-lts-sp3 as myesd
RUN dnf update -y && dnf install -y bc wget xz openssh-clients \
    gcc gcc-c++ make cmake bison flex ncurses-devel

## Temp image
FROM myesd as tools-builder
# linaro gcc
RUN wget http://releases.linaro.org/xxx/binaries/7.5-2019.12/\
```

```
      arm-linux-gnueabi/gcc-linaro-7.5.0-2019.12-x86_64_arm-linux-gnueabi.tar.xz
RUN tar -xf gcc-linaro-7.5.0-2019.12-x86_64_arm-linux-gnueabi.tar.xz -C /usr/local
# qemu-5.0.0
RUN dnf install -y glib2 glib2-devel pixman-devel libcap-ng-devel libattr-devel
#RUN wget
COPY ./qemu-5.0.0.tar.xz .
RUN tar -xf qemu-5.0.0.tar.xz
RUN cd qemu-5.0.0 && ./configure --target-list=aarch64-softmmu,arm-softmmu,
      x86_64-softmmu,\
      aarch64-linux-user,arm-linux-user --enable-virtfs --prefix=/usr/local/
      qemu-5.0.0 && \
      make -j4 && make install


## Final image
FROM myesd
MAINTAINER haojiash haojiash@qq.com
COPY --from=tools-builder /usr/local/gcc-linaro-7.5.0-2019.12-x86_64_arm-
      linux-gnueabi \
      /usr/local/gcc-linaro-7.5.0-2019.12-x86_64_arm-linux-gnueabi
COPY --from=tools-builder /usr/local/qemu-5.0.0 /usr/local/qemu-5.0.0
ENV PATH="/usr/local/gcc-linaro-7.5.0-2019.12-x86_64_arm-linux-gnueabi/bin:/usr/local/\
      qemu-5.0.0/bin:${PATH}"
#ENTRYPOINT ["/usr/bin/bash", ""]
```

在 Dockerfile 文件所在目录中，执行以下命令可完成镜像文件构建。

```
[ict@openEuler22 ~]$ docker buildx build --platform linux/amd64 -t
elsd-openeuler-amd64 .
```

> 通过指定可选的 plastform 参数，可在 ARM 平台上直接构建 x86_64 平台上的系统镜像。

```
[ict@openEuler22 ~]$ docker run -tid --platform=linux/amd64 --name=elsd
--hostname=elsd \
> -v ~/mnt:/mnt -p80:80 elsd-openeuler-amd64
```

登录该容器，即可使用交叉编译环境。通过维护或传播 Dockerfile 文件，即可方便地构建满足实际需求的容器环境。

6.3　Linux 内核裁剪与开发

嵌入式系统由于特定功能应用和硬件资源受限等特点，对软件有稳定性高、安全性高、维护简单及代码精简等要求。Linux 内核采用了分层架构设计、模块开发机制，具有高度的可定制性，如图 6.2 所示，因此非常适合嵌入式系统。

Linux 内核是 GNU/Linux 操作系统的核心组成部件，负责集中管理所有硬件资源并提供一致的抽象视图和访问接口。它作为软件与硬件之间的一个中间层，对下管理系统的所有硬件设备，对上则通过系统调用，向公共函数库或其他应用程序提供接口。它对各个应用程序进行统一调度，分配相应的硬件资源并分别完成计算任务，解耦了应用程序与硬件平台之间的直接联系，确保操作系统性能优异和应用开发模式灵活开放。因此被迅速移植到了几乎所有常见的硬件平台，广泛应用于路由器、机顶盒、智能手表、智能手机等多种嵌入式系统。

Linux 支持的硬件平台日益增多、功能特性日益丰富的同时，Linux 内核源码也迅猛增长，至今已超过 3000 万行。

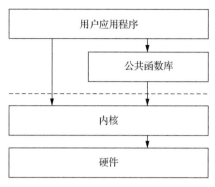

图 6.2　Linux 内核的核心地位

Linux 内核源码规模庞大，使其成为整个计算机世界中最庞大、最复杂的开源项目之一，仅其源码行数便足以让人心生敬畏。初期发布的 0.0.1 版本不足 88 个文件、10000 行代码。可使用 SLOCCount 工具统计 Linux 内核源码的行数（只需要在 Linux 内核根目录运行 sloccount.即可得到统计信息）。

内核裁剪是指针对目标嵌入式系统移除标准源码树中不需要的代码，可减小内核体积、提升安全性和运行性能，包括减少启动时间和内存占用、降低安全漏洞风险等，有利于提升嵌入式系统的性能。内核裁剪主要通过内核配置和编译来实现。

内核开发是指针对目标应用开发嵌入式系统特有的硬件驱动程序、软件驱动程序，或适合植入内核的应用程序等。内核开发主要通过 Linux 驱动程序模块开发或内核级软件开发来实现。

无论是内核裁剪还是内核开发，都必须了解 Linux 内核架构。

6.3.1　Linux 内核简介

根据内核的核心功能，Linux 内核主要由 5 个子系统组成，整体架构如图 6.3 所示。

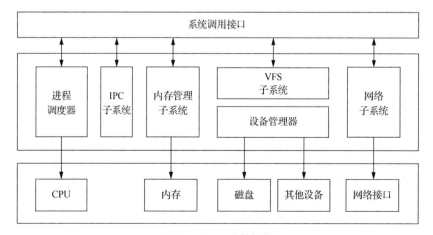

图 6.3　Linux 内核架构

- 进程调度器：控制进程对 CPU 的访问。当需要选择下一个进程运行时，由进程调度程序选择最值得运行的进程。可运行进程实际是仅等待 CPU 资源的进程，如果某个进程在等待其他资源，则该进程是不可运行进程。Linux 使用了比较简单的基于优先级的进程调度算法选择新的进程。

- IPC 子系统：不管理任何硬件，主要负责 Linux 中进程之间的通信。

- 内存管理子系统：允许多个进程安全地共享主内存区域。Linux 的内存管理支持虚拟内存，即在计算机中运行的程序，其代码、数据和堆栈的总量可超过实际内存的大小，操作系统只将当前使用的程序块保留在内存中，其余的程序块则保留在硬盘上。必要时，操作系统负责在硬盘和内存之间交换程序块。内存管理从逻辑上可分为硬件无关的部分和硬件相关的部分。硬件无关的部分提供了进程的映射和虚拟内存的交换；硬件相关的部分为内存管理硬件提供了虚拟接口。

- VFS 子系统：隐藏不同硬件的具体细节，为所有设备提供统一的接口。VFS 支持多达数十种不同的文件系统，这也是 Linux 的特色。VFS 可分为逻辑文件系统和设备驱动程序。逻辑文件系统指 Linux 所支持的文件系统，如 Ext2、FAT（File Allocation Table，文件分配表）等，设备驱动程序指为每一种硬件控制器编写的设备驱动程序模块。

- 网络子系统：这个子系统负责处理与网络相关的任务，包括网络数据的发送、接收及路由选择等功能，使 Linux 内核能够与其他计算机或设备进行网络通信。它主要由网络协议和网络接口驱动两个部分组成。

Linux 内核实现的源码可在官网下载，截至 2024 年年初，稳定版本是 6.5.6，源码包解压后大小高达 1.4GB。源码包括以下 3 个主要部分。

- 内核核心代码，包括以上 5 个子系统，以及其他的支撑子系统，例如电源管理子系统、Linux 初始化子系统等。

- 其他非核心代码，例如库文件（因为 Linux 内核是一个自包含的内核，即内核不依赖其他的任何软件，自己就可完成编译）、固件集合、KVM（Kernel-based Virtual Machine，基于内核的虚拟机）等的代码。

- 编译脚本、配置文件、帮助文档、版权说明等辅助性文件。

在 Linux 内核源码目录下，使用 ls 命令看到的内核源码的顶层目录结构，大致如表 6.1 所示。

表 6.1　　　　　　　　　　使用 ls 命令看到的内核源码的顶层目录结构

目录或文件	描述
include/	内核头文件，用于编译各个模块
arch/	体系结构（例如 ARM、ARM64、x86_64 等）相关的代码
arch/mach	硬件主板相关文件
arch/include/asm	体系结构相关的汇编语言文件
arch/boot/dts	设备树文件
init/	Linux 启动初始化相关的文件
kernel/	内核的核心代码，如与进程调度相关的模块
mm/	内存管理子系统
fs/	VFS 子系统

目录或文件	描述
net/	网络子系统（网络设备驱动程序除外）
ipc/	IPC 子系统
block/	块设备的驱动程序
sound/	音频相关的驱动及子系统；
drivers/	设备驱动程序，包括网络设备驱动程序
lib/	内核中使用的库函数，如 CRC、FIFO 和 MD5 等
crypto/	加密、解密相关的库函数
security/	安全特性模块，如 SELinux 等
virt/	虚拟化技术模块，如 KVM 等
firmware/	第三方设备的固件
samples/	示例代码
tools/	常用工具，如性能剖析、自测试等
Kconfig、Kbuild、Makefile、scripts/	用于内核编译的配置文件、脚本等
COPYING	版权声明
MAINTAINERS、CREDITS	维护者名单、贡献者名单
Documentation、README	帮助、说明文档

> Linux 的源码已经非常复杂，如何有效阅读并从中获益，非常具有挑战性。如果你想试一试，可借助源码分析工具，如 Linux 超文本交叉代码检索工具 LXR（Linux Cross Reference）或 Windows 平台下的源码阅读工具（Source Insight）。

换句话说，Linux 内核裁剪就是根据目标嵌入式系统的需要，基于内核的完整源码进行模块化定制，移除不必要的内容；Linux 内核开发就是根据目标嵌入式系统的需要，基于以上源码进行新的软件模块开发。

6.3.2　内核构建机制

内核构建可为桌面设备或服务器的 Linux 系统升级内核或定制内核，也可为嵌入式系统构建专用内核。

Linux 提供了内核配置和编译工具，以方便地进行模块裁剪、功能开发和编译构建。Linux 内核代码已超过 3000 万行，项目庞大复杂，需要方便且高效地配置和编译；同时 Linux 广泛应用于不同的场景和设备，这些不同的场景和设备对 Linux 的需求也不同，需要按需进行灵活配置。基于这样的需求，内核开发者开发了 Kbuild 构建系统和 Kconfig 配置系统，用于实现内核的高效构建和灵活配置。

Kbuild 构建系统是基于 GNU make 的内核构建系统，主要包括顶层的 Makefile、各个平台架构下的 Makefile、各个子目录下的 Makefile、scripts/Makefile.*等。

Kconfig 配置系统提供便利的配置机制，主要涉及各级目录下的 Kconfig 文件和根目录下的 .config 文件。Kconfig 文件定义了内核的各个配置符号，.config 文件则定义了各个配置符号的配置值。这些配置值主要有 3 种：Y、N 和 M，其中 Y 表示静态编译构建内核，N 表示不构建，M 表示构建成可加载模块的形式。

内核配置信息存储于 .config 文件，可通过文本编辑器查看或修改。一般推荐采用 make menuconfig 或 make xconfig 启动配置界面进行直观的修改。配置文件 .config 有两种来源。

- 如果已存在可用配置文件，可以复制配置文件到内核源码根目录，将其命名为 .config，执行 make oldconfig。
- 如果不存在可用配置文件，可以执行 make defconfig 生成基本配置文件 .config。

内核配置的结果是生成包含配置信息的 .config 文件，内核构建工具通过 make 工具结合 Makefile 和 .config 文件进行编译，编译的结果是生成内核的镜像文件，如 arch/x86/bzImage 文件。

执行 make help 可看到 Makefile 提供的各种构建目标。内核构建需要安装完整的编译工具，如果目标平台与开发平台使用不同的 CPU 架构，还需要配置交叉编译环境。

6.3.3 实例 6-2：内核编译与 QEMU 仿真

以 openEuler 22.03 LTS 开发环境为例，编译目标平台为 ARM64 架构的内核，并在 QEMU 中仿真验证，主要步骤如下。

（1）下载 openEuler-22.09 内核源代码

使用 git 工具，从 openEuler 项目仓库中下载'openEuler-22.09'分支，且只保留最后一次提交的信息，完整命令如下。

```
[ict@openEuler22 ~]$ git clone -b 'openEuler-22.09' --single-branch --depth 1 \
> https://gitee.com/xxx/kernel.git kernel-22.09
```

（2）配置内核

对于 ARM64 架构，多种不同的内核配置在 kernel-22.09/arch/arm64/configs 目录中可找到。该目录下有一个默认的 openeuler_defconfig 文件，可以该配置为基础进行裁剪修改。

在内核根目录 kernel-22.09 中运行。

```
[ict@openEuler22 kernel-22.09]$ make ARCH=arm64 openeuler_defconfig
```

以上命令将在内核根目录下生成 .config 文件，可通过文本配置系统查看或修改内核配置。

```
[ict@openEuler22 kernel-22.09]$ make ARCH=arm64 CROSS_COMPILE=aarch64-linux-gnu menuconfig
```

（3）编译内核

在内核根目录 kernel-22.09 中运行。

```
[ict@openEuler22 kernel-22.09]$ make ARCH=arm64 CROSS_COMPILE=aarch64-linux-gnu -j8
```

编译内核需要消耗大量的 CPU 和内存资源，为缩短编译等待时间，可以多线程的方式并行进行。"-j8"的含义是使用 8 个线程，该参数应根据开发平台的 CPU 核心数量来调整。

（4）查看内核文件

以上步骤如全部成功完成，将编译生成内核的压缩文件 Image.gz。该文件在内核根目录的 arch/arm64/boot 中，用 file 进行查看。

```
[ict@openEuler22 ~]$ file ~/kernel-22.09/arch/arm64/boot
```

如果文件不存在，说明编译失败。

> 以上过程中如有错误出现，可通过 make clean、make mrproper 或 make distclean 等执行不同程度的文件清除，并再次确认按照正确的步骤重新开始。

编译得到的内核文件 Image.gz，可用于 ARM64 架构的嵌入式硬件平台。为了在烧写进硬件之前确保内核的正确性，可先使用 QEMU 工具进行仿真验证。

（5）QEMU 内核仿真

QEMU 是优秀的虚拟化软件，可在软件中虚拟出一个新的计算机系统，因而可提供虚拟化的物理硬件平台。本实例中使用的默认内核配置文件 openeuler_defconfig 适用于硬件平台 virt-4.0，因此在 QEMU 中的仿真命令如下。

```
[ict@openEuler22 ~]$ qemu-system-aarch64 -M virt-4.0 -cpu cortex-a57 -m 1G \
-kernel arch/arm64/boot/Image.gz -nographic
```

选项说明如表 6.2 所示。

表 6.2　　　　　　　　　　　　　　QEMU 命令选项

选项	描述
-M	指定设备类型
-cpu	指定 CPU 架构
-m	设置设备运行内存
-kernel	指定内核镜像路径
-nographic	不使用图形界面

QEMU 内核仿真界面如图 6.4 所示，界面中显示"Kernel panic"，原因是当前仅提供了内核，还缺少根文件系统。内核运行完毕后，无法继续运行。

图 6.4　QEMU 内核仿真界面

退出 QEMU 的方式是：先按组合键"Ctrl+A"，再按"X"键。可先按组合键"Ctrl+A"再按"H"键获得更多的组合键帮助信息。

6.4　根文件系统开发

GNU/Linux 的根文件系统也称为 rootfs，与 Linux 内核一起构成完整的操作系统。

根文件系统是内核运行后挂载的第一个文件系统，其他的文件系统可挂载在根文件系统的分支目录中。根文件系统一般包含系统配置、编译器、公共函数库、编辑器、系统管理工具和各种常见 Shell 等，通常都有序地组织在一棵目录树中。

根文件系统的典型目录树结构如图 6.5 所示。

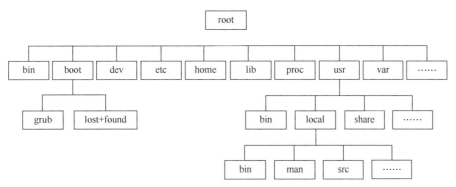

图 6.5　根文件系统的典型目录树结构

6.4.1　BusyBox 简介

BusyBox 是一个开源项目，它将许多具有共性的常用系统配置和 GNU 工具集成在一起，包括约 400 条常用命令的精简版本，为小型嵌入式系统提供了一个比较完善的环境。BusyBox 最初是由布鲁斯·佩伦斯（BrucePerens）在 1996 年为 Debian GNU/Linux 安装盘编写的。其目的是在一张软盘上创建一个可引导的 GNU/Linux 系统，用作安装盘和急救盘。BusyBox 如今已广泛应用于小型嵌入式系统和 Docker 镜像。

简单地说，BusyBox 就是一个迷你工具箱，有些人将它称为 Linux 的"瑞士军刀"。它不仅集成、压缩了 Linux 的常用工具和命令，如 ls、cat、grep、find、mount 等，还包含一些更强大的工具，如像经典编辑器一样具有 sed 和 awk，它甚至包含自己的 Shell 和可作为 PID 1 启动的 init 命令，这意味着 BusyBox 可作为 Coreutils 的一个小型替代品，特别是在要求操作系统体积小的嵌入式场景。

> 值得一提的是，BusyBox 实际上在一个可执行文件中实现了所有命令的功能，这个可执行文件大小一般不超过 1 MB。它通过软链接让各种命令都指向这个可执行文件，模拟了大量的软件工具。此外，BusyBox 删除了一些命令中很少使用的命令选项支持，进一步减小了文件大小，这是它在嵌入式系统、物联网以及云计算领域中流行的原因。

BusyBox 提供了与 Linux 内核相似的构建方式，非常方便。主要流程同样是系统配置、编译和安装这 3 个主要步骤，特别是系统配置方式与 Linux 内核菜单配置方式简直一模一样，可轻松上手。

6.4.2 实例 6-3：根文件系统编译与 QEMU 仿真

以 openEuler 22.03 LTS 开发环境为例，编译目标平台为 ARM64 架构的根文件系统，并在 QEMU 中仿真验证，主要步骤如下。

（1）下载 BusyBox 源码

```
[ict@openEuler22 ~]$ cd ~ && wget https://busybox.net/xxx/busybox-1.35.0.tar.bz2
[ict@openEuler22 ~]$ tar -jxvf busybox-1.35.0.tar.bz2
```

（2）配置、编译 BusyBox

BusyBox 提供了菜单系统，供用户方便地进行详细配置，按空格键切换选中配置项目，如图 6.6 所示。

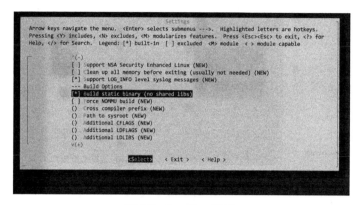

图 6.6 BusyBox 配置

```
[ict@openEuler22 ~]$ cd busybox-1.35.0/
#使用默认配置
[ict@openEuler22 ~]$ make ARCH=arm64 CROSS_COMPILE=aarch64-linux-gnu-defconfig
#在菜单系统中进行配置
[ict@openEuler22 ~]$ make ARCH=arm64 CROSS_COMPILE=aarch64-linux-gnu-menuconfig
```

必须注意的是，本实例要求必须选中"Settings → Build static binary (no shared libs)"。

使用 4 个线程并行编译，编译成功所生成的根文件系统保存在 busybox-1.35.0/_install 中。

```
#将 BusyBox 的编译方式设置为静态编译
#编译，使用 4 个线程
[ict@openEuler22 ~]$ make ARCH=arm64 CROSS_COMPILE=aarch64-linux-gnu--j4
#安装编译结果到目标路径
[ict@openEuler22 ~]$ make ARCH=arm64 CROSS_COMPILE=aarch64-linux-gnu-install
```

（3）制作 rootfs

```
#进入 QEMU 仿真目录，如目录不存在请提前创建
[ict@openEuler22 ~]$ cd ~/qemu/openEuler_embedded
#建立 rootfs 目录和 home、lib 两个子目录
[ict@openEuler22 ~]$ mkdir -p rootfs/{home,lib}
#复制用 BusyBox 构建的根文件系统内容到 rootfs 目录
[ict@openEuler22 ~]$ cp -af ~/busybox-1.35.0/_install/* rootfs/
#复制运行库到 rootfs/lib 目录中
[ict@openEuler22 ~]$ cp -af ~/gcc-linaro-7.5.0-2019.12-x86_64_aarch64-linux-gnu/\
```

```
> aarch64-linux-gnu/libc/lib/*.so* rootfs/lib/
#为动态库文件"瘦身",减小文件大小
[ict@openEuler22 ~]$ aarch64-linux-gnu-strip rootfs/lib/*
```

新建 rootfs/init 文件,定义 Linux 内核启动完成后的应用程序调用入口。该文件非常精简,它输出欢迎信息后,简单地调用标准 Shell 作为交互界面,供用户操作使用。文件内容如下。

```
#!/bin/sh
echo Welcome to mini_linux
exec /bin/sh +m
```

为文件添加可执行权限。

```
[ict@openEuler22 ~]$ chmod +x rootfs/init
```

至此,rootfs 目录的全部内容已可作为一个简单的根文件系统,但为了在 QEMU 中仿真,还需要制作镜像文件。执行以下命令,结合管道功能,综合运用 find、cpio 和 gzip 这 3 个小工具,完成 rootfs 的镜像文件制作。

```
[ict@openEuler22 ~]$ cd rootfs && find . -print0 | cpio --null -ov --format=newc | \
> gzip -9 > ../rootfs.gz
```

（4）QEMU 仿真

将以上步骤得到的根文件系统,与实例 6-2 中得到的内核文件相结合,即可在 QEMU 中仿真迷你的完整嵌入式操作系统。

```
[ict@openEuler22 ~]$ qemu-system-aarch64 -M virt-4.0 -cpu cortex-a57 -m 1G -kernel \
> ~/kernel-22.09/arch/arm64/boot/Image.gz -initrd \
> ~/qemu/openEuler_embedded/rootfs.gz -nographic
```

运行后得到的界面如图 6.7 所示。

图 6.7 包含根文件系统的嵌入式操作系统仿真

这个实例演示了采用 BusyBox 定制根文件系统的主要方法,并采用 QEMU 进行了基本的功能性验证。但这个根文件系统中只包含一些简单的基本系统配置和工具,没有特别的嵌入式应用。读者可在交叉编译环境中构建个性化应用,并安装在这个根文件系统中,形成真正的面向应用的嵌入式操作系统。

此外，还可采用 Buildroot 工具开发更为复杂的根文件系统，采用 Yocto 工具开发完整的可发行系统。

6.5 openEuler 嵌入式操作系统

openEuler 嵌入式操作系统是基于 openEuler 社区、面向嵌入式场景的 openEuler 版本，旨在构建新一代嵌入式系统软件平台，是 GNU/Linux 社区的重要发展和创新。

openEuler 嵌入式操作系统在内核版本、软件包版本等代码层面与 openEuler 其他场景的版本保持一致、共同演进，不同之处在于其针对的是嵌入场景的内核配置、软件包的组合与配置、代码特性补丁、关键特性、构建流程等方面。

对于当前的嵌入式系统，一方面，由于硬件越发强大，可有力支撑 Linux 等复杂操作系统的运行；另一方面，应用变得越发复杂，包含互联、AI、迭代升级等方面越来越多的需求。这些复杂且繁多的需求，在实践中也往往需要像 Linux 这样强大的操作系统来满足。因此，在嵌入式系统中，Linux 所应用的场景越来越多，甚至在传统认为的像 Linux 这样的大型操作系统所不能胜任的领域（如传感器、工业控制、航空航天等领域），Linux 的身影也越发常见。但必须认识到，与一般的计算机系统不同的是，嵌入式系统往往有资源、功耗、实时性、可靠性、安全性等方面的约束，这些约束并没有随着系统的复杂化而变化。受限于自身的复杂架构的 Linux 并不能很好地满足这些约束，而以 RTOS 乃至裸金属运行时为代表的相对精简的专用系统，往往更有用武之地。

在上述背景下，openEuler 嵌入式操作系统旨在成为一个以 Linux 为中心的综合嵌入式软件平台。如图 6.8 所示，openEuler 嵌入式操作系统中，各组成部分形成了类似于"太阳系"的结构：Linux 作为整个"星系"的中心，提供丰富的生态与功能；而不同的运行时"行星"则提供各具特色的功能，如 RTOS 满足硬实时的需求、基于 TEE（Trusted Execution Environment，可信执行环境）技术的运行时保障信息安全、裸金属运行时可实现极致性能、嵌入式虚拟机可实现不同运行时之间的隔离与调度等。openEuler 嵌入式操作系统以 Linux 丰富的生态与功能、混合关键性系统、分布式软总线、基础设施等为"引力"，把诸多的运行时"行星"与 Linux 有机地集成在一起。

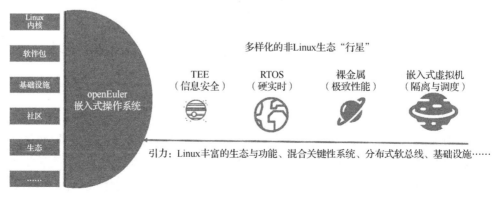

图 6.8　openEuler 嵌入式生态

6.5.1 技术架构与主要特性

openEuler 嵌入式操作系统的总体架构如图 6.9 所示,主要组成部分简介如下。

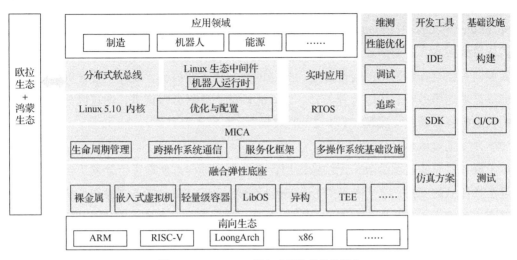

图 6.9 openEuler 嵌入式系统的总体架构

(1)南向生态

openEuler 嵌入式操作系统当前主要支持 ARM64、x86-64 两种架构,支持 RK3568、Hi3093、Raspberry Pi4 Model B、x86-64 工控机等具体硬件,初步支持了 ARM32、RISC-V 两种架构,具体通过 QEMU 来体现。openEuler 嵌入式操作系统的南向生态正在不断完善中。

(2)融合弹性底座

openEuler 嵌入式操作系统的融合弹性底座是用于在多核 SoC(System on Chip,单片系统)上实现多个操作系统/运行时共同运行的一系列技术的集合,包含裸金属、嵌入式虚拟机、轻量级容器、LibOS、异构、TEE 等多种实现形态。不同的实现形态有各自的特点,例如裸金属可得到更佳的性能、嵌入式虚拟机可实现更好的隔离与保护、轻量级容器则有更好的易用性与灵活性等。

(3)MICA

openEuler 嵌入式操作系统的 MICA(Mixed Criticality,混合关键性部署框架)构建在融合弹性底座之上,通过一套统一的框架屏蔽下层融合弹性底座形态的不同,从而实现 Linux 和其他操作系统/运行时便捷的混合部署。依托硬件的多核能力使通用的 Linux 和专用的 RTOS 有效互补,从而达到全系统兼具两者的特点,并能够灵活开发、灵活部署。

(4)高质量的 Linux 内核

openEuler 嵌入式操作系统的中心是 Linux,当前采用了与 openEuler 其他场景版本相同的 Linux 5.10 内核,该版本内核最长支持周期为 6 年,未来将与其他场景协同演进内核。在软件包层面也与内核层面一样,所有场景共代码、共演进,当前已经支持 250 多个软件包,未来目标是支持尽可能多的 openEuler 社区软件包。

(5)RTOS

对于嵌入式系统中的高可靠性、高实时性、高安全性等需求,openEuler 嵌入式操作系统借助以 RTOS 为代表的相对精简的专用系统来实现。openEuler 嵌入式操作系统对 RTOS 的选择是开放的，当前已适配 Zephyr、RT-Thread、UniProton 等多种 RTOS，可共同部署。

（6）分布式软总线

openEuler 和 OpenHarmony 两大社区正积极合作，通过在 openEuler 嵌入式操作系统中引入分布式软总线技术，使鸿蒙设备和欧拉设备能够彼此互联互通，打通鸿蒙和欧拉两大生态。鸿蒙主要面向有强交互等需求的智能终端、物联网终端和工业终端，欧拉主要面向有高可靠性、高性能等需求的服务器、边缘计算、云、嵌入式设备，二者各有侧重，通过以分布式软总线为代表的技术相互联通，可实现"1+1>2"的效果。

（7）开发工具体系

由于嵌入式系统资源受限，无法像通用计算机系统那样方便地进行开发工作，因此非常依赖开发工具体系的支持。除了嵌入式 Linux 运行时外，openEuler 嵌入式操作系统的部件中还包含能够有力支持嵌入式开发工作的 SDK（Software Development Kit，软件开发套件），同时也会集成与 openEuler 嵌入式操作系统配套的嵌入式系统仿真方案，未来还计划集成图形化的 IDE（Integrated Development Environment，集成开发环境），最终形成一套相对完整的开发工具体系。

（8）维测体系

针对嵌入式系统资源受限、无法像通用计算机系统那样方便地进行优化和调试的现状，openEuler 嵌入式操作系统提供了一个包含针对嵌入式 Linux 的调试（debug）机制、性能优化（optimization）机制和追踪（trace）机制在内的维测体系，旨在帮助开发者高效地完成相关工作。

（9）基础设施

openEuler 嵌入式操作系统采用面向嵌入式系统的 Yocto 构建体系，而非 openEuler 服务器场景的 OBS 构建体系。虽然实现了内核和软件包在代码层面的共享，但 openEuler 嵌入式操作系统和 openEuler 服务器版本在具体构建上有着巨大的差异，需要专门编写相应的构建文件，这意味当前 openEuler 体系中众多软件包的构建规则不能直接应用于嵌入式场景。当前 openEuler 嵌入式操作系统已经实现了 250 多个软件包的支持，未来为了实现对所有软件包的支持，显然不能把所有软件包的构建在 Yocto 下重新实现一遍。因此，openEuler 嵌入式操作系统正在与其他场景共同协作，着力打造一套支持全场景的统一构建系统。

（10）北向生态

openEuler 嵌入式操作系统的北向生态正在起步，将会与 openEuler 的相关 SIG 和社区伙伴合作进行完善，重点聚焦工业控制、机器人、能源等场景。从 openEuler 23.03 开始，轻量级机器人运行时成了 openEuler 嵌入式操作系统的关键特性之一。

6.5.2 oebuild 构建方法

oebuild 是 openEuler 嵌入式操作系统孵化的一个开源项目，目标是提供用于 openEuler 嵌入式操作系统的高效开发工具。业界广泛采用 Yocto 来定制化构建嵌入式 Linux，openEuler 嵌入式操作系统当前也采用了 Yocto。Yocto 非常灵活，但非常复杂、烦琐，有较高的学习成本与环境成本，oebuild 则极大地简化了构建流程。

> 关于 oebuild 的构建实例，可参考 openEuler 官方网站。

6.5.3　实例 6-4：openEuler 嵌入式操作系统 QEMU 构建与仿真

openEuler 嵌入式操作系统覆盖不同场景的嵌入式系统，镜像大小具有极大的弹性，本实例在 QEMU 中仿真小型镜像。

本实例使用的镜像文件为内核镜像文件 zImage 和根文件系统镜像文件 openeuler-image-qemu-aarch64-xxx.rootfs.cpio.gz。

镜像文件可参照 openEuler 嵌入式操作系统在线文档中的"快速上手"部分，采用 oebuild 系统自行构建，或者从 openEuler 开源社区直接下载。

QEMU 运行命令如下。

```
[ict@openEuler22 ~]$ qemu-system-aarch64 -M virt-4.0 -m 1G -cpu cortex-a57 -nographic \
> -kernel zImage \
> -initrd openeuler-image-qemu-aarch64-xxx.rootfs.cpio.gz
```

QEMU 运行成功并登录后，将会呈现 openEuler 嵌入式操作系统的 Shell。

6.5.4　嵌入式 ROS 运行时

近年来，机器人（尤其是服务机器人）领域发展迅速，ROS 是一个适用于机器人的开源的元操作系统，已在众多领域被广泛应用，常规 ROS 存在较多约束，大多与 Ubuntu 等桌面版强依赖。随着 ROS1 开始广泛融入各领域无人系统的研发，ROS 的诸多问题陆续暴露出来。为了适应新时代机器人研发和操作系统生态发展的需要，ROS2 应运而生。

openEuler 嵌入式操作系统的嵌入式 ROS 运行时在提高易用性、解决高门槛问题的同时，着力提升嵌入式运行时竞争力（如实时、小型化等）。openEuler 嵌入式操作系统中 ROS 运行时整体架构如图 6.10 所示，分为运行视图和构建视图，构建视图总体基于开源 meta-ROS。

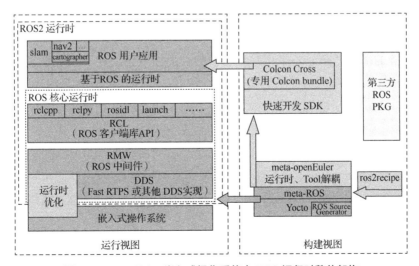

图 6.10　openEuler 嵌入式操作系统中 ROS 运行时整体架构

meta-openeuler 层提供依赖解耦和嵌入式定制（针对编译类、观测类、仿真类等工具对 onboard/运行时部署进行解耦），负责镜像快速集成和 SDK 的生成。

ros2recipe 模块提供了第三方 ROS 源码到 Yocto 配置文件的转换工具（不同于社区原生 meta-ROS 生成工具 superflore），作为 meta-openeuler 镜像快速集成的输入。

快速开发 SDK 模块实现了第三方 ROS 源码到运行时应用的交叉编译转化。

运行时优化模块联通操作系统侧特性，链接混合关键性部署等 RTOS 总线能力，最终提供复杂系统的实时和通信解决方案。

openEuler 嵌入式操作系统支持 ROS 运行时相关组件的单独构建和镜像集成构建，使用 oebuild 进行构建即可，具体使用方式参照 oebuild 指导。例如，构建 qemu-ros 参照如下命令。

```
[ict@openEuler22 ~]$ oebuild generate -p qemu-aarch64 -f openeuler-ros -d
aarch64-qemu-ros
[ict@openEuler22 ~]$ oebuild bitbake
[ict@openEuler22 ~]$ bitbake openeuler-image-ros
```

构建树莓派参照如下命令。

```
[ict@openEuler22 ~]$ oebuild generate -p raspberrypi4-64 -f openeuler-ros -d
raspberrypi4-64-ros
[ict@openEuler22 ~]$ oebuild bitbake
[ict@openEuler22 ~]$ bitbake openeuler-image-ros
```

镜像构建成功后，可用 QEMU 仿真器进行验证。

6.5.5 软实时特性

对于通信、控制等对系统响应的时效性有高要求的嵌入式场景，实时性十分关键。关于实时性，常常谈到的是两个概念——硬实时和软实时。

- 硬实时：任务必须在规定的截止时间前产生结果，如果没有产生结果将导致灾难性的后果。一个典型的场景是自动驾驶，假设系统要求在很短的时间内采集信息并进行规划，如果操作系统不具有硬实时特性，即使超时时间很短，在高速情况下，汽车可能已驶出几十米，可能造成严重交通事故。
- 软实时：软实时是统计意义上的实时。一方面，仍然要求系统具有一定的实时性，有快速响应的能力，超时不是用户所希望的；另一方面，并不严格要求系统必须在规定的时间内完成任务。

Linux 的实时性改造主要有两个方向：一个方向是从 Linux 内核内部开始，直接修改其内核源码，其典型代表是 PREEMPT_RT 补丁；另一个方向则是从 Linux 内核外围开始，实现一个与 Linux 内核共存的实时内核，即采用双内核方法，其典型实现为 RTAI/Linux，也就是现在的 Xenomai。PREEMPT_RT 补丁最大的优势在于它遵循 POSIX 规范，应用开发简单，另外，该补丁与硬件平台相关性小，可移植性好。Xenomai 的优势在于内核小而精巧，但不能使用标准 C 库，开发难度大、可移植性差。

测试表明，对于开发人员非常有意义的用户空间内最坏延时，两个方向的实时方案在该性能指标上展示出近乎相同的数据。值得注意的是，PREEMPT_RT 几乎已经和 Linux 内核主线合并，从系统的开发和维护角度，PREEMPT_RT 的工作量与标准 Linux 的相同。这使 PREEMPT_RT 与 Xenomai 相比具备更多优势，例如工程师开发更简单、产品生命周期更长、系统维护工作更容易等。

PREEMPT_RT 补丁直接在内核源码上进行修改，设置内核配置选项 CONFIG_PREEMPT_RT=y 后编译即可应用。PREEMPT_RT 补丁实现的核心在于最小化内核中不可抢占部分的代码，从而使高优先级任务就绪时能及时抢占低优先级任务，减少切换时延。除此之外，PREEMPT_RT 补丁通过多种降低时延的措施，对锁、驱动等模块也进行了优化。

openEuler 22.03 LTS 新增了 PREEMPT_RT 补丁，提供软实时特性。该特性由 Industrial-Control SIG 引入，并得到 Kernel SIG、Embedded SIG 和 Yocto SIG 的配合与支持，已经被集成到 openEuler 22.03 LTS Server 和 openEuler 22.03 LTS Embedded 中。

软实时镜像的构造方法如下，具体可参见 openEuler 嵌入式操作系统在线文档中的"软实时系统介绍"。

在 oebuild 工作目录中，创建对应的编译配置文件，构建软实时镜像需要添加 -f openeuler-rt。

```
# ARM64
[ict@openEuler22 ~]$ oebuild generate -p qemu-aarch64 -f openeuler-rt -d
<build_arm64_rt>
# RPI4
[ict@openEuler22 ~]$ oebuild generate -p raspberrypi4-64 -f openeuler-rt -d
<build_rpi_rt>
# x86
[ict@openEuler22 ~]$ oebuild generate -p x86-64 -f openeuler-rt -d <build_x86_rt>
```

进入 <build> 目录，编译 openeuler-image。

```
[ict@openEuler22 ~]$ oebuild bitbake openeuler-image
```

使能软实时特性后，系统会带有"PREEMPT_RT"字样，可通过以下命令进行判断。

```
[ict@openEuler22 ~]$ uname -a
Linux openeuler ... SMP PREEMPT_RT Fri Mar 25 03:58:22 UTC 2022 aarch64 GNU/Linux
```

6.6　本章小结

嵌入式操作系统是面向嵌入式系统的操作系统，应用的个性化强，其中的软件与硬件结合紧密，一般要针对硬件进行系统的移植，即使在同一品牌、同一系列的产品中，也需要根据硬件的变化不断进行修改。针对不同的任务，往往需要对系统进行大幅修改，程序的编译、下载要和系统紧密结合，这与通用计算机上的软件更新、升级完全不同。

本章主要介绍了嵌入式操作系统的基本概念和常见版本，重点讲解了嵌入式 Linux 内核和根文件系统的开发方法，结合 openEuler 嵌入式操作系统的技术架构和主要特性简要介绍了新一代嵌入式操作系统软件平台。以 openEuler 交叉编译环境为例，讲解了 Linux 内核开发、根文件系统开发和嵌入式 openEuler 的 oebuild 构建方法，以及嵌入式内核和根文件系统在 QEMU 中的仿真验证实例。

随着 5G 通信技术和物联网应用的快速发展，以 openEuler 嵌入式操作系统为代表的新一代嵌入式操作系统软件平台将被广泛应用于各种 AI 嵌入式设备，推动边缘计算的进一步发展，更轻松地实现基于 ICT 的新功能。

思考与实践

1. 嵌入式操作系统与通用操作系统的主要区别有哪些？

2. GNU/Linux 在嵌入式系统中广泛应用的主要原因是什么？

3. 配置 x86_64 环境下的 ARM 64 位交叉编译环境，然后完成一个小型内核的配置、编译和 QEMU 仿真，给出完整过程和运行截图，并说明内核的大小及具体的个性化特点。

4. 基于以上交叉编译环境，将使用 C 语言开发的 Snake 游戏进行静态构建，并发布在使用 BusyBox 构建的根文件系统中，然后在 QEMU 中仿真验证。

5. 在树莓派开发板上安装 openEuler 嵌入式操作系统，并进行 "openEuler Embedded for Raspi" 的实时性测试，给出测试报告。具体可参考 openEuler 社区文档。

第 7 章

网络基础与管理

学习目标

① 了解 TCP/IP 网络模型基本知识   ③ 应用网络工具实现网络的基本管理
② 了解网络管理工具的作用

    当前，世界已经进入了一个网络日益普及的时代，"万物互联"的愿景也已可期。计算机网络一般特指 TCP/IP 网络，是应用非常广泛的网络形式。TCP/IP 网络模型在 UNIX 上高效、稳定地应用，并迅速推动互联网发展，该模型的分层设计成为工业软件设计的一个成功典范。如今，几乎所有操作系统都提供网络通信功能，以及丰富的网络管理工具。

    本章主要介绍 TCP/IP 网络模型等基础原理、网络管理相关概念、openEuler 的网络管理工具及其使用方法。通过对本章的学习，读者可建立对网络的基础认知，掌握 openEuler 网络管理的基本方法，以及经典的网络管理小工具，了解网络设计和其实现的软件思想，并掌握网络基本管理技能，以便进一步掌握个人计算机、嵌入式系统或服务器等各类应用场景的网络管理与优化方法。

7.1 TCP/IP 网络模型

    TCP/IP 最初由美国 DARPA（Defense Advanced Research Projects Agency，国防高级研究计划局）的两位科学家于 20 世纪 70 年代开发，这两位科学家分别是文特·瑟夫（Vint Cerf）和鲍勃·卡恩（Bob Kahn），被称为互联网（Internet）之父。在 TCP/IP 网络模型中，IP 独立负责网络层的寻址，支持采用不同底层协议的网络进行互联互通。1981 年，BSD 发行版中实现了一个高性能的 TCP/IP 协议栈，TCP/IP 迅速成为 ARPANET（阿帕网）的标准协议，同时 TCP/IP 协议栈成为 UNIX 的组成部分，得到广泛传播。20 世纪 90 年代初，基于 TCP/IP 的全球性互联网已初步建成。随着移动计算、物联网等 ICT 的高速发展，TCP/IP 网络几乎无处不在。

    TCP/IP 由一系列用于实现网络互连的通信协议组成，它是互联网的核心协议。互联网的规模非常庞大，其中包含巨量的设备，这些设备之间流动的数据量也非常庞大。为进行设备间的通信，通常需要完成一系列任务。例如，需要将数据包传送到设备所在局域网之外；将数据包在庞大的网络中一步一步传递，并最终送达目的地；若传输过程中数据包发生了丢失，设备应当发现和弥补等。若是把这些任务交给一个协议完成，这个协议的复杂度将会非常高，难以实现且耦合度高。因此，业界将负责各部分任务的协议独立出来，每个协议负责完成一部分相对独立的任务，这样协议就可专注于一个工作，易于优化。另外，同一类任务要能够由多种不同协议完成，以匹配具有不同特点的需求。为了有效描述这些协议和任务，提高沟通效率，业界将完成同一类任务的协议组合起来形成一个层，实现不同任务的协议就放置在不同层上，从而形成一个完整的网络模型。常见的互联网网络模型是 TCP/IP 网络模型，其基本结构如图 7.1 所示。

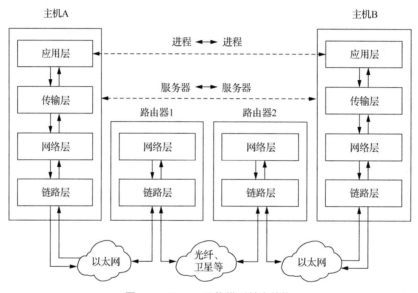

图 7.1　TCP/IP 网络模型基本结构

图 7.1 中，主机 A 与主机 B 通过互联网相互通信，当主机 A 中的某个应用程序要向主机 B 中的应用程序发送数据时，数据会沿着实线箭头方向被各个层中的协议处理，最终到达主机 B 中的程序。在数据传输的漫漫长路中，不同层的协议对它进行了各种处理，为了不影响数据原有的内容，这些协议通常仅是在数据的前后两端增加数据或删除增加的数据。例如原始数据从主机 A 中的应用程序出发，经过传输层后，它的长度会因增加了传输层头部而变大。这些增加的数据往往用于帮助网络设备完成相应的定位、重传等任务。当变大的原始数据到达主机 B 后，主机 B 上的协议处理程序会将这些增加的数据再次删除，这样从主机 A 传输到主机 B 的数据就还是原来的模样。

这种分层模式在现实生活中也非常常见，如遍布全国的快递网络。如果把一个小区类比为一台计算机，每个小区的快递自提点仅专注于按照用户的手机号分发包裹，保证发出的包裹准确到达对应的用户手上，它的工作和网络传输层协议的工作类似。另外，快递自提点接收用户物品后，需要将其打包并贴上快递运单，这和网络协议在传输数据前后两端增加定位数据有异曲同工之妙。物流公司（通常一次运输的包裹的重量、体积很大）将包裹运输到其接收地的大仓库，然后分送至小区的快递自提点，这类似于互联网中的网络层，仅按地址将数据传送到目的地，不干涉数据到达目的地后的处理。

仔细的读者可能会发现，在中间路由器设备上，数据包并没有经过网络模型中的所有层，而只经过了网络层和链接层两层。路由器设备工作在网络层，它和物流公司一样不关心用户传递了什么内容，它只关心用户交给它的东西是否到达了指定的地址。因此，路由器不需要对数据包进行网络层和链路层之外的处理。

常见的互联网协议可分为以下 4 个层次。

- 链路层：负责将数据封装成符合硬件要求的帧，通过物理介质（如电缆、光纤等）发送出去；或将接收到的帧中的数据拆解出来。这些帧中通常包括用于定位局域网中设备的物理地址（如 MAC 地址）等信息。典型的链路层协议包括以太网协议等。
- 网络层：负责互联网范围内的互联和路由任务，通过该层中的协议可将数据发送到指定的地址，这些地址通常被称为 IP 地址。网络层采用统一的寻址方式，可将不同链路层的网络主机都连接到同一个网络，并屏蔽链路层的协议和寻址等底层差异。互联网中的设备也会根据数据包中的目标地址选择发送的方向和路径。典型的网络层协议有 IP。
- 传输层：传输层主要负责向两个主机中进程之间的通信提供服务。由于一个主机可同时运行多个进程，因此传输层具有复用和分用功能。传输层在终端用户之间提供透明的数据传输，向上层提供可靠的数据传输服务。传输层在给定的链路上通过流量控制、分段/重组和差错控制来保证数据传输的可靠性。典型的传输层协议包括 TCP、UDP 等，其中 TCP 是面向连接的，这就意味着传输层能保持对分段的跟踪，并且重传失败的分段。
- 应用层：应用层协议，如提供网页浏览的 HTTP、文件传输的 FTP、邮件发送的 SMTP、域名查询的 DNS（Domain Name System，域名系统）等，往往和网络的应用密切相关。应用层协议往往和用户或应用程序直接交互，为它们提供接口和数据传输功能，因此应用层协议种类非常丰富。

在这 4 个层次中，应用层协议针对各类网络服务需求设计，具有多样性，通常需要按应用场景选择协议。但在传输层、网络层这些层次上，TCP/IP 已经广泛采用，能够有力地支撑互联网设备间的通信，无论进行哪方面网络相关的工作，都需要对其有一定了解，因此，学习 TCP/IP 组成的网络模型就显得尤为重要。

7.1.1　IP 地址

网络中的计算机一般称作主机，每台主机至少有一个 IP 地址，作为其在互联网上的身份标识。

从快递网络可看出，每一个包裹应从何处取件、将送至何处需要根据发出方和接收方的详细通信地址来确定。类似地，在互联网中每一个设备也有一套相应的定位机制，其中非常重要的就是 IP 地址，它由网络层中的 IP 规定，所有要接入互联网的设备都应当按协议规定，设置一个 IP 地址。从严格意义上说，人们通常说的因特网、互联网就是指以 IP 为基础的网络。

对 IP 地址的规定，有两套互不兼容的标准，一套叫作 IPv4（Internet Protocol version 4，第 4 版互联网协议），另一套叫作 IPv6（Internet Protocol version 6，第 6 版互联网协议）。从名字上可看出，IPv6 是 IPv4 的升级版，只是这个升级做得很彻底，以至于和原来的 IPv4 不兼容了。

IPv4 地址由 32 位二进制数组成，通常需要用 4 字节来保存。二进制数提供给计算机使用非常方便，但对人类来说，难以阅读，因此，通常情况下，业界会将 IPv4 地址显示为 4 个十进制数。这 4 个十进制数用点号分隔，例如 192.168.1.1。其中每个数对应 8 位二进制数，其取值范围为 0～255。就像快递收发地址会以省、市、区开头一样，按 IPv4 编址时也会遵循一定的规则，例如将 32 位二进制数划分为网络号和主机号两部分，网络号用于标识网络，类似于小区的地址；主机号用于标识网络中的设备，类似于小区的名字。

所有 IP 地址都由 ICANN（the Internet Corporation for Assigned Names and Numbers，互联网名称与数字地址分配机构）负责统一分配。最开始，InterNIC 规定不同的网络可根据其规模和需求选择不同的网络号与主机号划分方式，例如 A 类、B 类、C 类等。A 类地址中，网络号由 1 字节表示，且网络号最高位必须是 "0"，剩余 3 字节都是主机号，地址范围为 1.0.0.0～127.255.255.255，一共 126 个网络。B 类地址则采用了 2 字节表示网络号，且网络号的最高两位必须是 "10"，地址范围缩小为 128.0.0.0～191.255.255.255。虽然每个网络可容纳的主机数变少了，但是 B 类地址的个数却比 A 类地址的个数更多。类似地，C 类地址采用了 3 字节表示网络号，且网络号的最高位为 "110"，地址范围为 192.0.0.0～223.255.255.255。此外，IPv4 标准还保留了 D 类地址和 E 类地址，用于一些特殊用途或者保留待用。这种 IP 地址划分方法被称为基于类别的地址划分方法，详情如图 7.2 所示。

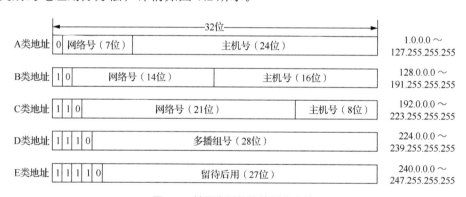

图 7.2　基于类别的地址划分方法

> 有一个特殊的 IP 地址是 127.0.0.1，被称为本地回环地址，用于实现网络应用的回路测试和通信，即不用物理网络连接也可进行网络通信。通信时的数据包自己发送、自己接收，并不需要发送到物理网卡，方便网络应用的测试。

通过每个 IPv4 地址，设备可知道其所在的网络的规模，其他设备是否与自己在同一个网络中等信息。例如某设备的 IP 地址是 8.8.8.8，则这台设备位于一个使用 A 类地址的巨型网络中，8.0.0.0～8.255.255.255 范围内的设备都和这台设备在一个网络中。为了快速定位其他设备是否和该设备处于一个网络中，IPv4 中引入了掩码的概念，用于从 IP 地址中获取网络号。例如 A 类地址的掩码为 255.0.0.0，将掩码与设备 IP 地址做与运算就可获得该设备所处网络的网络号。在转发数据报文时，路由器等设备就可根据网络号快速判断数据包应该如何进行转发，发向何处。

随着互联网的爆炸式发展，各种各样的设备都需要接入互联网，但 IPv4 地址的总数是有限的，约为 42.9 亿个，这些 IPv4 地址很快就无法满足需求。为了应对这一问题，业界采取了多种策略。

（1）NAT

NAT（Network Address Translation，网络地址转换）策略是将在物理地址上比较接近的部分设备先连接起来组成一个网络，并为他们分配内网 IP 地址；再将它们组成的网络通过一个专用的 NAT 设备连接到互联网上。此时，仅 NAT 设备才具有有效的互联网 IP 地址，在内网中的设备只有内网 IP 地址，而没有外部地址。所有互联网与内网设备之间的通信均通过 NAT 设备进行转发，NAT 设备将自身的某个端口与内网中的某个设备的 IP 地址和端口绑定起来，凡是互联网发往该端口的数据包都被转发到对应地址的绑定端口。采用 NAT 后，仅需要少量的 IP 地址就可实现大量设备的互联网接入。IPv4 在制定的时候就为 NAT 提供了支持，它规定了 3 组地址均可提供给内网设备使用，其范围包括 10.0.0.0～10.255.255.255、172.16.0.0～172.31.255.255、192.168.0.0～192.168.255.255。

（2）CIDR

CIDR（Classless Inter-Domain Routing，无类别域间路由选择）策略使用灵活简单的方式表达网络分段规则，达到充分利用网络地址的目的。当人们发现 IP 地址总数有限的时候，就开始了对基于类别的地址划分方法的反思。人们发现之前分配的 A 类地址中还存在不少 IP 地址没有被有效使用，出现了全球 IP 地址紧张与大量地址闲置的问题。为了解决这一问题，管理机构提出了 CIDR 这一网络分段方式，使用可变长度的子网掩码来区分网络号和主机号，而不使用固定长度。CIDR 通过在地址后面增加形如"/×"的标识来表示网络地址范围，又称网段。例如 8.145.1.0/24 这一网段是有效的，其中 24 表示网络号的位数，这样凡是以 8.145.1 开头的 IP 地址均属于这一网段。按照基于类别的地址划分方法，这一网段属于 A 类网段，无法拆分开来使用。而使用了 CIDR 后，这一网段就可独立拿出来使用，而不是一直闲置。

（3）IPv6 地址

无论如何有效利用 IPv4 地址，32 位地址长度始终制约着其能够容纳的主机总数，因此，制定新的标准支撑互联网的高速发展是必需的。IPv6 地址由 128 位二进制数组成，需要 16 字节保存，其表示方式也发生了变化，这 128 位二进制数被划分为 8 个组显示，组和组之间用冒号分隔；每组包含 16 位数，这些数通过十六进制显示出来，例如 2001:0db8:85a3:0000:0001:8a2e:0371:7334 就是一个有效的 IPv6 地址。如果这些数中前导位置出现"0"，可省略无须写出，如前例中的"0db8"和"0001"分别可写为"db8"和"1"；如果遇到了连续的 0 值组，还可将这些组合并缩写为"::"，但一个地址中仅能出现一次"::"。例如，2000::1:2345:6789:abcd 这个地址扩展开来其实是 2000:0:0:0:1:2345:6789:abcd。同时，IPv6 从制定伊始就支持以 CIDR 的方式划分网段。需要注意，IPv6 是完全重新设计的，与 IPv4 不兼容，原有仅支持 IPv4 的设备必须进行替换或升级才能支持它。

值得庆幸的是，这些协议演进仅发生在网络层，因此，传输层和链路层协议均不会受到影响，无须做出任何改变。通过这个例子可看出，网络分层模型为网络研究、部署和管理带来了巨大的便利。

7.1.2　端口

IP 地址用来在互联网上定位一台主机，端口则用来标识主机上的特定网络进程。

一个完整的网络访问请求只使用 IP 地址来定位网络主机是不够的。一般把主动发起网络请求的进程称为客户端，把被动进行网络应答的进程称为服务端。一方面，来自用户访问请求的数据包到达目标主机后，需要交给相应的服务端来处理，而目标主机上可能运行着多个不同的服务端，如 SSH 服务器和 HTTP 服务器等；另一方面，从目标主机返回的应答数据包到达源主机后，同样需要交给发送请求的客户端，而源主机上可能运行着多个不同的客户端，如 SSH 终端、浏览器等。

因此，为了将请求数据包从源主机上的客户端成功传送到目标主机上的服务端，并且将应答数据包从目标主机上的服务端成功返回到源主机上的客户端，除了需要 IP 地址外，还必须有另外一种标识信息，用来标识主机上的特定客户端或服务端。端口就是这样一种标识信息，存在于每一个网络数据包中，与 IP 地址和数据载荷一起在网络上传输。就像之前说的，IP 地址像是小区的地址，而端口则像是定位到具体的快递收发人的手机号。端口就像提醒人们收取包裹的手机号（现实中需根据手机号来区分送达同一地址的不同包裹）。互联网中也是类似的，传输层协议通过引入端口的概念，将网络设备上不同应用程序间的通信区分开来，以提供端口到端口的可靠或不可靠的数据传输服务。传输层有效地帮助计算机管理收发到的数据包，明确处理各数据报文对应的应用程序，简化计算机网络通信的管理过程。

端口用 16 位的二进制数表示，取值范围是 0～65535。1024 以下的端口为保留端口，一般均用于常见的网络服务，即提供常见服务的服务端通常与特定的端口相对应。服务端通过使用固定的端口提供网络服务，便于人们使用。例如，DNS 服务的默认端口为 53，SSH 服务的默认端口为 22，HTTP 服务的默认端口为 80，HTTPS（Hypertext Transfer Protocol Secure，超文本传输安全协议）服务的默认端口为 443，等等。客户端使用的端口一般由操作系统随机分配，每次运行可能都不相同。

需要注意的是，网络服务可运行在不同的端口上，某个端口上也可运行不同的网络服务，因此访问远程主机某个端口上的服务，必须指明协议名称。例如，访问本地主机上 9090 端口运行的 HTTP 服务，则应使用 http://localhost:9090。另外，对于浏览器来说，如果没有明确指明访问协议，则默认为 HTTP。

> openEuler 社区的服务网址中并没有指定端口，是因为该服务采用了 HTTPS 服务的默认 443 端口。

7.1.3　socket

socket 是一种通用、跨机器、跨平台的进程间通信机制，使得在不同的系统上运行的进程可以使用相同的 socket 编程接口进行通信，如今成为网络编程的接口标准。socket 最先由 BSD

设计实现，因而也常被称为伯克利 socket。现已广泛应用于 Linux、VxWorks 等 UNIX 类操作系统，Windows 中的 Winsock 也是基于 BSD socket 开发的。

socket 原本设计用于 UNIX，以实现地址空间相互隔离的两个不同进程之间的通信，即 socket 允许位于不同地址空间中的两个独立进程之间进行通信，就如同电话或信件允许在不同位置的两个人进行通信。由于套接字采用了分层的设计思想，对上提供了统一的编程接口，对下提供了灵活的扩展机制，为 TCP/IP 网络通信建立了一个高效的抽象模型。

从 TCP/IP 网络模型可见，两台主机通过网络收发数据过程是非常复杂的。socket 基于 IP 地址和端口提供了一个抽象的编程模型，允许将应用程序简单地插入网络中，通过它发送或接收数据，甚至如同文件一样进行读写操作。应用程序不再关心 TCP、UDP 等各种不同协议的具体使用，简单地使用 socket 提供的抽象接口即可。

socket 网络通信的基本流程如图 7.3 所示，将所有的网络应用开发过程抽象为简单的几个步骤，因为数据包定位和端口管理由网络层和传输层的协议完成，应用层程序需要完成的工作仅集中在数据本身的处理上。图 7.3 中的服务器用于提供网络服务，例如用于提供网页内容的 HTTP 服务，还有提供文件内容的 FTP 服务等。这些服务都要求服务器能够对外提供一个相对固定的 IP 地址和端口，这样客户端就能主动发起对服务器 IP 地址和端口的连接。一旦连接建立起来，双方就能够借助建立的连接发送和接收数据。

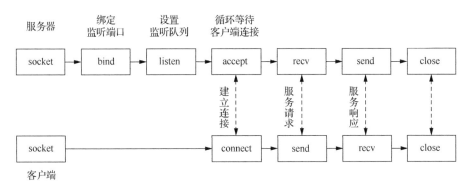

图 7.3　socket 网络通信的基本流程

由传输层管理的端口就像快递网络中的手机号一样，用于定位具体处理数据内容的应用程序。在快递网络中，人们用小区地址和手机号定位用户；而在计算机网络中，主机通过 IP 地址和端口定位应用程序的服务。socket 使用 IP 地址和端口建立了一个抽象层，将复杂的网络通信过程抽象为一组简单的接口，广泛应用于几乎所有的网络通信软件。

7.1.4　socket 编程接口

socket 编程接口是 POSIX 规范的一部分，设计非常简洁，主要包括 socket、bind、listen、connect、accept、send 和 recv 等接口，使用这组接口开发的网络应用可在不同的操作系统上编译运行。

为了让服务器可将对应端口上的数据包都交给应用程序处理，程序员需要将端口和应用程序绑定起来，并设置监听（listen）队列。一旦客户端程序通过 connect 接口连接服务器的对应端口，服务器将询问服务器端应用程序是否接受这个客户端的连接。当服务器端应用程序接受了连接申请，双方就可使用 send 和 recv 函数进行数据交互。

套接字编程接口的部分函数原型如下。

```
#include <sys/types.h>
#include <sys/socket.h>
int socket(int domain, int type, int protocol);
int bind(int sockfd, const struct sockaddr *addr, socklen_t addrlen);
int connect(int sockfd, const struct sockaddr *addr, socklen_t addrlen);
int listen(int sockfd, int backlog);
int accept(int sockfd, struct sockaddr *addr, socklen_t *addrlen);
ssize_t send(int sockfd, const void *buf, size_t len, int flags);
ssize_t recv(int sockfd, void *buf, size_t len, int flags);
```

这些函数都定义在<sys/socket.h>这个文件中，其中 socket 用于创建一个套接字的文件描述符，bind、connect、listen、accept、send 和 recv 函数的第一个参数就是由 socket 创建的。socket 还会指定网络通信所使用的协议和 socket 类型。若需要创建一个基于 IPv4 和面向连接的 TCP 的套接字，可使用下面的代码。

```
int fd = socket(PF_INET, SOCK_STREAM, 0);
close(fd);
```

PF_INET 就是指传输层协议为 IPv4，PF_INET6 表明使用 IPv6；SOCK_STREAM 指定使用 TCP。close 函数用于关闭套接字，套接字代表了一系列计算机中相关的资源，不使用时应及时关闭，否则可能会造成内存泄露。

创建套接字后就可对其进行操作了，在接收和发送数据前，还需做一些准备工作。这些准备工作涉及服务器和客户端，其中服务器使用 bind、listen 和 accept 函数，客户端使用 connect 函数。在使用这些函数的时候需要给函数提供一组数据，指定服务器的 IP 地址和使用的端口，准备方法如下所示。

```
struct sockaddr_in address;
int addrlen = sizeof(address);
address.sin_family = AF_INET;
address.sin_addr.s_addr = INADDR_ANY;
address.sin_port = htons(8000);
```

上面的代码中，通过 sin_family 指定了使用的地址类型为 AF_INET，即 IPv4 地址；sin_addr 指定使用的 IP 地址，为其 s_addr 设置 INADDR_ANY 就可不关心具体的 IP 地址是什么，这种用法常见于服务器端，而客户端则可将目标服务器的 IP 地址填入 s_addr；sin_port 为使用的端口，但因为字节序问题，需要用 htons 函数保证端口的正确。这些函数若执行成功，返回值都是 0，否则返回值是负数。因此，通常会检查返回值来确定其执行结果。例如将上述地址和端口绑定在应用程序上的示例代码如下。

```
if (bind(server_fd, (struct sockaddr *)&address, sizeof(address)) < 0){
    perror("bind failed");
    exit(EXIT_FAILURE);
}
```

服务器端通过 listen 函数开启对端口的监听，并通过调用 accept 函数循环等待客户端对服务器端的连接。当有客户端连接服务器端时，accept 函数返回，并且将连接服务器端的客户端 IP 地址和端口信息通过 addr 和 addr_len 两个参数传递给应用程序。一旦服务器接受了套接字连接，就可通过 send 和 recv 两个函数进行数据传输了。

> 值得指出的是，代码中的 fd 实际上就是一个文件描述符，在操作系统内部，它就如同文件一样，因此也可使用 read、write 等文件函数进行操作，这是 UNIX "一切皆文件" 设计哲学的又一经典案例。

套接字也是文件，因此可用 lsof 查看打开的套接字。在网络应用调试或部署过程中，经常会遇到端口已被占用的情况。若启动 HTTP 服务时发现 80 端口已被占用，则可用如下命令列出所有使用 80 端口的进程 ID 和相关信息。

```
[ict@openEuler22 tmp]$ sudo lsof -i:80
COMMAND   PID     USER FD TYPE DEVICE SIZE/OFF NODE NAME
httpd    1012     root 4u IPv6  15801      0t0  TCP *:http (LISTEN)
httpd    5715   apache 4u IPv6  15801      0t0  TCP *:http (LISTEN)
httpd    5716   apache 4u IPv6  15801      0t0  TCP *:http (LISTEN)
httpd    5717   apache 4u IPv6  15801      0t0  TCP *:http (LISTEN)
```

本节仅对使用套接字进行网络编程进行了基本介绍，实际开发中还有很多细节值得进一步研究。在现代计算机架构中，为了避免过于底层的网络操作，很多应用程序都不再直接使用套接字进行编程，而是使用成熟的网络中间件进行开发，读者如果感兴趣可查阅更多相关资料。

7.2　网络管理基础

网络连接是现代计算机系统几乎必备的能力，网络管理在服务器上可能是复杂而庞大的，本节仅介绍非常基本的网络管理任务，对于中小型服务器和 PC 同样适用。

TCP/IP 网络管理的基本任务是配置 IP 地址、连接网络、设定路由等，实现为各应用程序提供网络通信服务。

7.2.1　基本概念

要进行网络管理，除了掌握 7.1.1 小节介绍的 IP 地址外，还有一些相关的基本概念必须掌握。

（1）子网掩码

为了提升互联网络的通信效率、地址使用效率和管理效率等，IP 地址被划分为网络号和主机号两部分。子网掩码（subnet mask）又叫网络掩码、地址掩码，用来指明一个 IP 地址的前面多少个二进制位是标识网络号的。子网掩码的长度决定了网络可划分为多少个子网以及每个子网中可容纳多少台主机。任何一个网络都可根据实际需要，通过设置适当的子网掩码来划分为多个子网。

例如，IP 地址为 192.168.0.65，如果子网掩码是 255.255.255.0（即前面的 24 个二进制位都是 1，该 IP 地址可完整表示为 192.168.0.65/24），表示该 IP 地址的网络号和主机号分别为 192.168.0.0 和 65，该网络中一共有 256 个 IP 地址；如果子网掩码是 255.255.255.192（即前面的 26 个二进制位都是 1，即网络号占 26 位，主机号占 6 位，该 IP 地址可完整表示为 192.168.0.65/26），表示该 IP 地址的网络号和主机号分别为 192.168.0.64 和 1，该网络中一共 有 64 个 IP 地址。后一种子网掩码相当于把 192.168.0.0 这个网络又划分为 4 个子网，分别是 192.168.0.0、192.168.0.64、192.168.0.128 和 192.168.0.192，每个子网中最多有 64 个 IP 地址。

IP 地址与子网掩码相组合，可确定另一个 IP 地址是否同属一个子网。同一子网内部的主机之间，采用广播的方式进行通信即可；不同子网内部的主机之间，则必须通过路由器来实现网络互联。

（2）路由与网关

路由是一种用来查找到其他主机的网络路径的机制，通常由专用网络设备（即路由器）处理，一般不需要在服务器上配置路由。但对于具有多个网络出口的服务器，出于成本或安全性的考虑，应采用特定的路由配置。

对于一般的网络计算机系统来说，访问网络中其他主机的情形有两种。一种是访问位于同一子网中的其他主机，数据包是采用广播机制进行发送的，IP 地址匹配的主机将接收数据包并进行处理。另一种是访问位于其他网络中的主机，这时情况比较复杂，例如目标主机所在的网络可能采用不同的物理组网协议，或者距离遥远，无法通过广播机制找到对方，因此需要指定一个网络出口，用来转发访问其他网络中的主机的数据包。这个网络出口称为网关（gateway）。通过路由规则可为不同的网络分别指定不同的网关，实现网络传输路径的优化配置。除非有明确的路由规则指定，否则发往其他所有网络的数据包都转交给一个默认的网关，即"默认网关"或"缺省网关"。

网关是网络互连的关键网络设备，一般由专用的路由器来实现，具有高效的数据包转发、协议转换、路由管理和路由寻址等功能。路由器是一种网络设备，用于在不同的网络之间进行数据转发。路由器通常具有多个网络接口，可将数据包从一个网络转发到另一个网络。它可根据 IP 地址和子网掩码来判断数据包的目的地址，以实现网络之间的通信。如果网络流量很小，也可由具有网络共享功能的计算机系统来充当网关，如 Windows 中的网络共享、Linux 中的 NAT 服务也可提供简单的路由功能。

在配置网络接口时，一般都需要配置默认网关，除非仅在同一个网络中进行通信。使用手动配置时，可使用网络管理工具或手动修改网络配置文件，设定默认网关。使用 DHCP（Dynamic Host Configuration Protocol，动态主机配置协议）服务时，默认网关与 IP 地址均从网络中自动获取。默认网关由所在网络的管理员指定，通常是网络中的第一个或最后一个 IP 地址，如 192.168.1.1 或 192.168.1.254 等。

对于具有多个网络接口的系统，可能需要显式指定一些路由规则，通常称为静态路由。静态路由需要使用网络管理工具进行添加、修改或删除。从当前主机到目标主机之间的完整路径是由途经的各级路由器来决定的，可用工具 traceroute 或 tracepath 来跟踪分析。

路由中经常出现的一个特殊 IP 地址是 0.0.0.0，用来指代任意 IP 地址。

（3）DNS

IP 地址是网络互联的关键标识，但对于人类用户来说并不友好，难以记忆且容易拼写错误，因此通过 IP 地址来提供网络服务不是一个好主意。openEuler 社区的网址中并没有数字形式的 IP 地址，这是因为 DNS（Domain Name Server，域名服务器）对网址做了 IP 地址转换。DNS 服务使得用户可通过友好的名称访问网络主机和服务。这种友好的名称称为域名，DNS 将域名转换为 IP 地址的过程称为域名解析。

访问互联网必须配置有效的 DNS，并且 DNS 的响应性能直接影响到网络访问体验。常用的免费 DNS 有 8.8.8.8 和 114.114.114.114，但建议优先使用网络服务商提供的 DNS，这些服务器距离用户近，具有更快的域名解析速度。DNS 依据本地的域名数据库和上级 DNS 完成域名解析，组织内部可建设内部的 DNS，以便同时解析互联网和私有网络上的网络服务。

Linux 的 DNS 地址一般保存在/etc/resolv.conf 文件中。

操作系统一般也允许用户直接在本地添加域名和 IP 地址的映射，做法是修改 hosts 文件，如所有 UNIX 类操作系统的/etc/hosts 文件、Windows 操作系统的 C:\Windows\System32\drivers\etc\hosts 文件。

（4）DHCP

将 IP 地址手动分配给网络中的大量主机，并手动配置每台主机的 IP 地址等网络接入信息，是非常烦琐的任务。同时，由于部分主机经常闲置，可能造成 IP 地址资源的利用率太低；或者使用过程中，配置不当造成 IP 地址冲突，影响网络运行。DHCP 是一种应用层的协议，可动态地为网络中的主机配置唯一的 IP 地址等网络参数，实现 IP 地址分配和网络主机网络接入配置任务的自动化管理。各种小型的本地网络中一般都设置了 DHCP 服务器，为本地的一个或多个子网提供 DHCP 服务。

当启用 DHCP 配置的主机加入网络时，它会向网络中发送广播请求。DHCP 服务器会自动应答，并提供 IP 地址、子网掩码、默认网关和 DNS 等网络参数，主机根据这些参数自动完成网络接口的配置。

7.2.2 主机名

主机名用于标识特定的网络计算机系统，使用主机名有 3 种典型场景。

- 通过远程登录启动了一个 Shell 后，通常会在命令提示符中显示本机主机名，用于区分不同的网络主机。例如本书中经常出现的命令提示符"[ict@openEuler22 ~]$"，其中的主机名是 openEuler22。
- 对于经常访问的其他网络主机，在/etc/hosts 文件中添加 IP 地址和自定义主机名的静态对应关系后，可直接使用自定义主机名进行快速访问。
- 有些网络应用需要使用本机或其他网络主机的标识，通过在/etc/hosts 文件中保持主机名与 IP 地址的对应关系，可避免在 IP 地址发生变化时对配置文件进行多处更改。例如，在网络应用中设置数据库服务器的登录信息时，使用主机名可能比使用 IP 地址更为稳妥，可应对数据库服务器因为搬迁等原因而改变 IP 地址的情形。

修改本机的主机名可使用 hostname 工具（使用该工具也可进行查询），或直接修改/etc/hostname 文件，分别介绍如下。

```
#查询本机的主机名
[ict@openEuler22 ~]$ hostname
openEuler22
#临时修改本机的主机名，并查询本机的主机名，重启后恢复到之前的主机名
[ict@openEuler22 ~]$ sudo hostname openEuler22.03LTS && hostname
openEuler22.03LTS
#修改 /etc/hostname 文件
[ict@openEuler22 ~]$ sudo sh -c "echo 'openEuler22' > /etc/hostname" && hostname
openEuler22
```

另外，还可使用 systemd 的 hostnamectl 或使用 NetworkManager 的 nmcli 来查询或修改本机的主机名，它们提供更多的功能选项。

修改其他网络主机的主机名，相当于为其他网络主机添加别名，可通过编辑/etc/hosts 文件实现。

```
[ict@openEuler22 ~]$ cat /etc/hosts
127.0.0.1    localhost localhost.localdomain
127.0.0.1    localhost4 localhost4.localdomain4
::1          localhost6 localhost6.localdomain6
10.211.55.1       gw
10.211.55.128     mysql-svr
```

该配置为本机设置了多个网络主机名，并为 IP 地址为 "10.211.55.1" 的主机设置了主机名 "gw"，为 IP 地址为 "10.211.55.128" 的主机设置了主机名 "mysql-svr"。

7.2.3　网络接口名

Linux 的网络接口命名规范主要有两种。

在早期的操作系统（例如 CentOS 6、Ubuntu 15 及之前的版本）中采用 biosdevname 命名规范，即由内核在启动过程中根据扫描物理设备的先后顺序自动连续编号，如 eth0、eth1 等。这种命名方法的结果是不可预知的，如第二块网卡的网络接口可能被命名为 eth0、第三块网卡的网络接口可能被命名为 eth1、第一块网卡的网络接口可能被命名为 eth2，并且在添加或更换网卡时可能会改变导致网络配置失效，不利于网络管理。

当前，openEuler、RHEL 和 CentOS 7 等已改用一致网络设备命名（Consistent Network Device Naming）规范，如 ens160、enp0s5 等。这种规范通过 dmidecode 采集硬件信息进行命名，网络接口名永久唯一化。在 openEuler 中，系统默认用于网络接口命名的服务是 systemd-udevd，相关的规则配置文件位于/lib/udev/rules.d/中，如 60-net.rules 等。采用一致网络设备命名规范的好处如下。

- 网络接口名是可预测的。
- 即使添加或删除网卡等硬件，已有的网络接口名也保持固定。
- 有缺陷的硬件可无缝更换，不会影响原有网络配置。

> 有一个名为 "lo" 的特殊网络接口，仅用于本地回环测试，其 IP 地址固定为 127.0.0.1。

在本章的实例中，openEuler 将名称为 enp0s5 和 enp0s6 的网络接口，分别用于对外的 WAN（Wide Area Network，广域网）和对内的 LAN（Local Area Network，局域网）。

7.3　管理网络

7.3.1　网络管理工具

Linux 的网络管理工具主要有 net-tools、iproute 和 NetworkManager 这 3 种。

net-tools 是经典的命令行工具包，它包括在各类图书、教程中曾广泛提及的 ifconfig、网络主机名、netstat、arp 和 route 等网络管理工具。net-tools 起源于 BSD 的 TCP/IP 工具箱，后来成为 Linux 内核中管理网络的工具，2001 年起停止更新。这些工具是分别独立开发的，使用风格各异，且已不适用于 Wi-Fi 和 InfiniBand（无限带宽）等新型网络架构的管理。

ChatGPT 所使用的网络架构，正是 InfiniBand。InfiniBand 是为大规模数据中心设计的软件定义网络架构，提供一种开放标准的高带宽、低时延、高可靠的网络互连，旨在实现高效的数据中心互连基础设施。InfiniBand 最突出的优势之一，就是率先引入了 RDMA（Remote Direct Memory Access，远程直接存储器访问）技术。 RDMA 可通过远程主机直接访问其内存中的数据，而无须多次复制，解决了网络传输中的数据处理延迟问题。

iproute（又称为 iproute2）是 Linux 管理控制 TCP/IP 网络和流量的新一代工具包。用户接口比 net-tools 的接口更加直观，各种网络资源（如连接、IP 地址、路由和隧道等）均使用合适的对象抽象来定义，使得用户可使用一致的语法去管理不同的网络对象。2000 年之后，iproute 逐渐成为各种 Linux 发行版的标准工具，如 Arch Linux、CentOS 7/8、RHEL 7 及以后版本等均已不再默认安装 net-tools，改用 iproute 作为默认工具。

NetworkManager 是基于 systemd 系统服务的可提供自动检测、配置并能连接到多种不同网络的统一工具，旨在让 Linux 用户更轻松地应对现代网络，尤其是无线网络的需求，能够自动发现网卡并配置 IP 地址。允许应用程序切换为在线或离线模式。NetworkManager 同时提供了 3 种管理工具，分别是命令行工具 nmcli、文本菜单工具 nmtui 和可与桌面集成的 GUI 工具 NetworkManager-applet。

在 openEuler 中，默认使用 iproute 和 NetworkManager 管理网络，下面分别予以简要介绍。

（1）iproute

iproute 是轻量级的网络管理工具，常用于网络的基本诊断和管理任务，支持 InfiniBand 等多种新型网络，可用于各种版本的 Linux。需要注意的是，与使用 net-tools 一样，使用 iproute 工具对网络进行的修改只是暂时的，系统重启后会失效。如需要修改在系统重启后依然有效，应在自动启动的脚本进行设置。

iproute 提供了一组命令集，其中常用的是 ip 和 ss。ip 用于网络接口配置，ss 用于列出网络连接状态信息。此外，还有 tc、bridge（桥接）等其他命令，执行命令 rpm -ql iproute|grep sbin|wc 可知相关工具一共有 21 个。

iproute 基本命令与 net-tools 命令的对应关系如表 7.1 所示。

表 7.1   **iproute 基本命令与 net-tools 命令的对应关系**

iproute 基本命令	net-tools 命令
ip address、ip link	ifconfig
ip route	route
ip neighbor	arp
ss	netstat

ip 命令可替代经典的 ifcnofig，用于实现网络接口的基本管理，包括启用和停用、地址配置和路由配置等，基本语法格式如下。

```
ip [ OPTIONS ] OBJECT { COMMAND | help }
```

其中 OBJECT 表示操作对象，可为 link、address 或 route 等；COMMAND 表示与 OBJECT 相关的操作命令，可用 help 来查询与指定的 OBJECT 上下文相关的帮助信息。OPTIONS 表示选项，常用的有 "-j"（以 JSON 格式输出，适用于脚本）、"-p, –pretty"（友好的输出，适用于用户）以及 "-d"（详细输出）。

ip 工具基本使用示例如下。

```
[ict@openEuler22 ~]$ ip link            #显示所有可用网络接口的列表
[ict@openEuler22 ~]$ ip link help       #显示命令 link 的帮助信息
[ict@openEuler22 ~]$ ip addr show dev lo #显示网络接口 lo 的 IP 地址
   1: lo: <LOOPBACK,UP,LOWER_UP> mtu 65536 qdisc noqueue state UNKNOWN group default
qlen 1000
        link/loopback 00:00:00:00:00:00 brd 00:00:00:00:00:00
        inet 127.0.0.1/8 scope host lo
            valid_lft forever preferred_lft forever
        inet6 ::1/128 scope host
            valid_lft forever preferred_lft forever
[ict@openEuler22 ~]$ ip -s link show lo  #显示网络接口 lo 的详细信息，包括流量
[ict@openEuler22 ~]$ ip route            #显示路由信息
```

ip 工具支持灵活的命令缩写，交互更为简便，即只要不存在歧义，可将命令从首字母开始缩写为任意长度的前缀。

- ip l 或 ip lin 都等效于 ip link，用于查看网络接口。
- ip a s 或 ip addr sh 都等效于 ip address show，用于查看 IP 地址。
- ip r 或 ip ro 都等效于 ip route，用于查看网关地址。

ss 可替代经典的 netstat，用于查看网络连接状态，其基本使用示例如下。

```
#显示所有套接字
[ict@openEuler22 ~]$ sudo ss -a
#显示套接字使用情况
[ict@openEuler22 ~]$ sudo ss -s
#显示所有 TCP 连接和相应的进程信息，以数字形式显示端口
[ict@openEuler22 ~]$ sudo ss -antp
```

iproute 提供非常简洁的基本网络管理功能，在网络分析和诊断等任务中应用非常普遍。但对于 Wi-Fi，仍然必须借助 wpa_supplicant 或 iwconfig 等其他工具才能建立无线连接。

（2）NetworkManager

在早期的 Linux 发行版中，几乎所有的网络服务都是由 network 服务实现的，从 RHEL 7

开始，红帽官方建议采用 NetworkManager 配置网络，而不建议再使用 network 服务这种传统的方式配置网络。不同网络的参数有所不同，特别是对于具有多个网络接口的服务器来说，需要配置的参数非常多，且易出错。传统的配置方式基本都是通过创建不同的网络接口配置文件，分别添加网络参数，然后重启 network 服务，再分别读取网络接口配置文件激活各个网络接口。因而 network 服务属于静态网络管理方法，操作过程中已经创建的网络连接会发生中断，在某些场景下可能导致不必要的损失。

而 NetworkManager 是一个动态的网络控制和配置守护程序，旨在提供统一的网络配置方法，所有的网络相关配置都使用同一种工具来实现，不再必须通过手动修改网络接口配置文件（但也支持传统的 ifcfg 配置文件）。它的主要优势如下。

- 统一管理更多网络连接类型，且同时提供 3 种交互接口。NetworkManager 支持的网络包括以太网、Wi-Fi、VLAN（Virtual Local Area Network，虚拟局域网）、移动宽带及 IP over InfiniBand 等。它的 GUI 接口支持与 GNOME 等图形界面集成，操作简单直观；CLI nmcli 可用于没有 GUI 的场景，且非常适合脚本处理而不是手动管理网络连接，甚至还可执行称为"调度程序脚本"的脚本，以自动响应网络事件。
- 配置灵活。例如，在配置 Wi-Fi 接口时，NetworkManager 会扫描并显示可用的 Wi-Fi 网络。用户可选择一个接口，NetworkManager 会显示所需的凭据，以在重新启动后提供自动连接。此外，NetworkManager 可配置网络别名、IP 地址、静态路由、DNS 信息和 VPN（Virtual Private Network，虚拟专用网络）连接，以及许多特定于连接的参数。用户可灵活修改配置选项以满足需要。
- 通过 D-Bus 提供 API，允许应用程序查询和控制网络配置和状态。应用程序可通过 D-Bus 检查或配置网络，支持开发对网络状态进行感知的应用。

下面使用命令行工具 nmcli 来进行网络管理，命令的基本语法格式如下。

```
nmcli OPTIONS OBJECT { COMMAND | help }
```

其中 OBJECT 可为 general、device、connection、networking 或 radio 之一。COMMAND 与 OBJECT 相关，可用 help 来查询与指定的 OBJECT 上下文相关的帮助信息。OPTIONS 表示选项，常用的有"-t, --terse"（以冒号分隔的简洁输出，适用于脚本）、"-p, --pretty"（友好的输出，适用于用户）以及"-h, --help"（查看帮助信息）。

可见，nmcli 的语法格式与 iproute 中 ip 的非常相似，并且 OBJECT 和 COMMAND 也支持缩写：只要给定的前缀是所有可能选项中的唯一选择即可，最少可只用一个字母。

> 需要注意的是，随着新选项的增加，缩写不能保证保持唯一。因此，为了脚本编写和长期兼容性，强烈建议使用完整的选项名称。

执行以下两条命令分别显示全局的帮助信息和与 general 上下文相关的帮助信息，请注意其中的不同。

```
[ict@openEuler22 ~]$ nmcli help
Usage: nmcli [OPTIONS] OBJECT { COMMAND | help }
```

```
OPTIONS
  -a, --ask                              ask for missing parameters
  -c, --colors auto|yes|no               whether to use colors in output
  -e, --escape yes|no                    escape columns separators in values
  -f, --fields <field,...>|all|common    specify fields to output
  -g, --get-values <field,...>|all|common shortcut for -m tabular -t -f
  -h, --help                             print this help
  -m, --mode tabular|multiline           output mode
  -o, --overview                         overview mode
  -p, --pretty                           pretty output
  -s, --show-secrets                     allow displaying passwords
  -t, --terse                            terse output
  -v, --version                          show program version
  -w, --wait <seconds>                   set timeout waiting for finishing
                                         operations


OBJECT

  g[eneral]      NetworkManager's general status  and operations
  n[etworking]   overall networking control
  r[adio]        NetworkManager radio switches
  c[onnection]   NetworkManager's connections
  d[evice]       devices managed by NetworkManager
  a[gent]        NetworkManager secret agent or polkit agent
  m[onitor]      monitor NetworkManager changes

[ict@openEuler22 ~]$ nmcli general help
用法: nmcli general {命令 | help }

命令 := { status | hostname | permissions | logging }

  status
  hostname [<主机名>]
  permissions
  logging [level <日志级别>] [domains <日志域>]
```

OBJECT 中常用的是 device 和 connection。device 代表网络接口，用于设置链路物理参数；connection 代表连接，用于设置网络逻辑参数。NetworkManager 将 connnection 与 device 分开管理，可实现按网络连接来管理网络接入方式，而不是按网络接口来管理，具体表现如下。

- 可将 connection 命名为更有描述性的 ID，如通过 con-name 命名为 wan-west、wan-south、lan 等，而不是使用 eth0 或 enp0s5 等物理标识。
- 可为一个 device 建立多个 connection，如 wifi-office、wifi-home 等，分别存储在独立的配置文件中。根据需要激活相应的 connection 即可完成连接切换，而不必在同一个网络配置文件中来回修改。

nmcli 基本使用示例如下。

```
[ict@openEuler22 ~]$ nmcli general       # 显示网络基本情况
[ict@openEuler22 ~]$ nmcli networking    # 显示网络的全部配置或状态信息，或启用、停用网络
[ict@openEuler22 ~]$ nmcli device        # 显示所有网络接口状态
```

```
[ict@openEuler22 ~]$ nmcli connection              # 显示所有网络连接状态
[ict@openEuler22 ~]$ nmcli con help                # 查看 connection 下的帮助信息
[ict@openEuler22 ~]$ nmcli c m help                # 查看 modify 下的帮助信息
[ict@openEuler22 ~]$ sudo nmcli c m enp0s5 connection.id wan   #修改连接名称为 wan
[ict@openEuler22 ~]$ sudo nmcli dev connect enp0s6   #启用网络接口
#在 enp0s6 上新建一个 lan 连接
[ict@openEuler22 ~]$ sudo nmcli c add con-name lan ifname enp0s6 type ethernet
```

与 connection 相关的选项中，type 和 id 极为常用。type 指定网络连接的类型，可选值为 ethernet、wifi、bluetooth、vlan、bridge、team、infiniband 等。id 用来标识 connection，在创建时可通过 con-name 指定，创建后可在 nmcli conn 命令输出结果中的 NAME 字段找到（也可使用其中的 UUID 字段来标识 connection）。

7.3.2　配置连接

网络连接的配置方式分为动态配置和静态配置。动态配置即使用 DHCP 方式，NetworkManager 创建的连接默认均使用 DHCP 方式自动完成网络接口配置。本小节主要介绍静态配置方式，以帮助读者更好地了解网络连接的配置内容及 iproute 和 NetworkManager 工具的主要使用方法。

（1）使用 iproute

iproute 提供了简单的方式完成添加、修改或删除 IP 地址，启用或停用网络接口，修改网络接口的 MAC（Medium Access Control，介质访问控制）地址等任务。以下示例简要说明如何分配 IP 地址、停用网络接口和修改 MAC 地址等。

```
# 分配多个 IP 地址，分别用于不同的网络服务
[ict@openEuler22 ~]$ sudo ip addr add 172.16.0.253/24 dev enp0s6
[ict@openEuler22 ~]$ sudo ip link set down enp0s6          # 停用某个指定的网络接口
# 修改网络接口的 MAC 地址
[ict@openEuler22 ~]$ sudo ip link set dev enp0s6 address 00:1c:42:b0:72:13
```

DNS 在/etc/resolv.conf 文件设置，默认网关可通过 7.3.4 小节中的方式来设置。对于无线连接，则需要使用 wpa_supplicant 等配置 SSID（Service Set Identifier，服务集标识符）等网络连接信息。

（2）使用 NetworkManager

NetworkManager 提供了 3 种工具来进行网络连接配置，下面简要介绍适用于脚本的 nmcli 工具。nmcli 的功能完整并且使用方式更为灵活，以下示例简要说明了如何修改 IP 地址、添加 IP 地址别名、修改默认网关、修改和添加 DNS 及修改连接为静态配置等。

```
[ict@openEuler22 ~]$ sudo nmcli c m lan ipv4.address 172.16.0.9/24      # 修改 IP 地址
[ict@openEuler22 ~]$ sudo nmcli c m lan +ipv4.addresses 172.16.0.10/24  # 添加 IP 地址别名
[ict@openEuler22 ~]$ sudo nmcli c m lan +ipv4.addresses 172.16.0.254    # 修改默认网关
[ict@openEuler22 ~]$ sudo nmcli c m lan ipv4.dns 172.16.0.53            # 修改 DNS
[ict@openEuler22 ~]$ sudo nmcli c m lan +ipv4.dns 8.8.8.8               # 添加 DNS
[ict@openEuler22 ~]$ sudo nmcli c m lan ipv6.method disabled            # 将 IPv6 禁用
[ict@openEuler22 ~]$ sudo nmcli c m lan ipv4.method manual  # 修改连接为静态配置，默认
```

```
                                                                        # 是动态配置
[ict@openEuler22 ~]$ sudo nmcli c m lan connection.autoconnect yes    # 开机启动连接
[ict@openEuler22 ~]$ sudo nmcli c up id lan                           # 激活连接
```

另外，nmcli 还可直接用于管理 Wi-Fi。以下示例简要说明如何为无线网络接口创建连接、设置 SSID 和 WPA2（Wi-Fi Protected Access 2，Wi-Fi 保护接入第 2 版）密码、开启 Wi-Fi 并切换 Wi-Fi 网络连接等。

```
# 创建两个不同的连接
[ict@openEuler22 ~]$ sudo nmcli con add con-name wifi-office type wifi \
> ssid "OFFICE" ifname wlp61s0
[ict@openEuler22 ~]$ sudo nmcli con add con-name wifi-home type wifi \
> ssid "HOME" ifname wlp61s0
# 设置 WPA2 密码为"openeuler"
[ict@openEuler22 ~]$ sudo nmcli con modify wifi-office wifi-sec.key-mgmt wpa-psk
[ict@openEuler22 ~]$ sudo nmcli con modify wifi-office wifi-sec.psk openeuler
[ict@openEuler22 ~]$ sudo nmcli con modify wifi-home wifi-sec.key-mgmt wpa-psk
[ict@openEuler22 ~]$ sudo nmcli con modify wifi-home wifi-sec.psk openeuler
# 开启 Wi-Fi
[ict@openEuler22 ~]$ sudo nmcli radio wifi on
# 切换连接到"OFFICE"网络
[ict@openEuler22 ~]$ sudo nmcli con up wifi-office
# 切换连接到"HOME"网络
[ict@openEuler22 ~]$ sudo nmcli con up wifi-home
```

7.3.3 ifcfg 文件

NetworkManager 的网络接口配置文件保存在/etc/sysconfig/network-scripts/目录中，文件名以 ifcfg-为前缀，后面是网络接口名或者连接名。7.3.2 小节中使用 nmcli 创建的 lan 连接的配置文件如下，稍做对比即可明白以下文本的含义。

```
[ict@openEuler22 ~]$ cat /etc/sysconfig/network-scripts/ifcfg-lan
TYPE=Ethernet
PROXY_METHOD=none
BROWSER_ONLY=no
BOOTPROTO=none
DEFROUTE=yes
IPV4_FAILURE_FATAL=no
IPV6INIT=no
NAME=lan
UUID=4b26d360-5832-4839-82a5-2ab7cc069882
DEVICE=enp0s6
ONBOOT=yes
IPADDR=172.16.0.9
PREFIX=24
IPADDR1=172.16.0.10
PREFIX1=24
GATEWAY=172.16.0.254
DNS1=172.16.0.53
DNS2=8.8.8.8
IPV6_DISABLED=yes
```

系统为每个网络接口创建一个默认的连接，管理员还可为每个网络接口创建更多的连接。每个网络连接对应一个配置文件，NetworkManager 系统服务及其 3 种工具都通过读写这些配置文件来管理网络接口，并为用户创建真正的网络连接。虽然这些配置文件可直接手动修改，但建议尽量使用 nmcli 等工具进行修改，以确保配置正确。

7.3.4　配置路由

使用 iproute 和 NetworkManager 工具均可方便地修改路由规则。需要注意的是，iproute 在设置 IP 地址时无法指定默认网关，必须通过添加路由来设置。

```
# 修改路由表，将默认网关设定为外网路由器 192.168.0.254
[ict@openEuler22 ~]$ sudo ip route replace default via 192.168.0.254 dev enp0s5
# 修改路由表，添加其他路由规则：所有目的地为 172.16.0.0/24 的数据包转发至内网路由器
[ict@openEuler22 ~]$ sudo ip route add 172.16.0.0/24 via 172.16.0.254 dev enp0s6
[ict@openEuler22 ~]$ sudo ip route del 172.16.1.0/24   # 删除静态路由
```

NetworkManager 可按连接设置路由规则，使用方式示例如下。

```
[ict@openEuler22 ~]$ sudo nmcli connection modify lan +ipv4.routes \
> "192.168.122.0/24 172.16.10.254"
```

此外，还可使用 nmcli 的编辑模式配置静态路由，简要示例如下。

```
[ict@openEuler22 ~]$ sudo nmcli con edit type ethernet con-name enp0s6
===| nmcli interactive connection editor |===
Adding a new '802-3-ethernet' connection
Type 'help' or '?' for available commands.
Type 'describe [<setting>.<prop>]' for detailed property description.
You may edit the following settings: connection, 802-3-ethernet (ethernet),
802-1x, ipv4, ipv6, dcb
nmcli> set ipv4.routes 192.168.122.0/24 172.16.10.254
nmcli>
nmcli> save persistent
Saving the connection with 'autoconnect=yes'. That might result in an
immediate activation of the connection.
Do you still want to save?[yes] yes
Connection 'enp0s5' (4b26d360-5832-4839-82a5-2ab7cc069882) successfully
saved.
nmcli> quit
```

7.3.5　诊断网络

（1）连通性诊断

ping 工具可探测本机与目标主机的连通性，用于诊断网络连接是否正常。

例如，在配置网络接口并启用连接后，用 ping 来探测网关或本地网络中其他主机，可判断本机的网络配置是否正确或物理连接是否正常；用 ping 来探测互联网上多个已知的有效主机，可判断本机的网络是否接入互联网。如果确认本地网络正常，还可用 ping 来判断目标主机的状态是否正常（但有些目标主机因为防火墙限制，可能不进行应答）。

示例 1：测试 TCP/IP 协议栈是否正常。

localhost 是本机的主机名，其 IP 地址为 127.0.0.1，即本地回环地址。如下命令和相应执行

结果表明，本机的 TCP/IP 协议栈已成功配置，具有网络连接功能。

```
[ict@openEuler22 ~]$ ping localhost
PING localhost (127.0.0.1) 56(84)字节的数据。
64 字节，来自 localhost (127.0.0.1): icmp_seq=1 ttl=64 时间 =0.087ms
64 字节，来自 localhost (127.0.0.1): icmp_seq=2 ttl=64 时间 =0.104ms
64 字节，来自 localhost (127.0.0.1): icmp_seq=3 ttl=64 时间 =0.079ms
```

示例 2：测试本机是否具有互联网连接。

8.8.8.8 是互联网公网上一个免费 DNS 的 IP 地址，如下命令和相应执行结果表明，本机的
网络已成功配置，并且可访问互联网资源。

```
[ict@openEuler22 ~]$ ping 8.8.8.8
PING 8.8.8.8 (8.8.8.8) 56(84)字节的数据。
64 字节，来自 8.8.8.8: icmp_seq=1 ttl=128 时间 =268ms
64 字节，来自 8.8.8.8: icmp_seq=2 ttl=128 时间 =312ms
64 字节，来自 8.8.8.8: icmp_seq=3 ttl=128 时间 =333ms
```

（2）路径追踪

如果远程（不在同一个 LAN）的目标主机无法访问，可通过 traceroute 工具来排查问题，
确认是目标主机的问题还是路径中某个网关的问题，从而快速定位并针对性解决问题。

traceroute 的主要功能是追踪数据包到目标主机的完整路径，其基本原理是发送小的数据包
到路径途中的路由器直到其返回，并从中获取该路由器的相关信息。这些小的数据包的 TTL
（Time To Live，存活时间）属性经过特殊设计，通过多次发送获取路径中所经过的每一个路由
器的相关信息。每次数据包由某一同样的出发点到达某一同样的目的地经过的实际路径可能会
发生变化，但一般来说是基本相同的。

traceroute 默认对路径中的每个路由器测试 3 次，输出结果中包括设备的域名（如存在）、
IP 地址和每次测试所用的时间。

traceroute 路径追踪示例如下。

```
[ict@openEuler22 ~]$ traceroute linux.org
traceroute: Warning: linux.org has multiple addresses; using 104.26.14.72
traceroute to linux.org (104.26.14.72), 64 hops max, 52 byte packets
 1 192.168.1.1 (192.168.1.1) 4.732 ms 2.461 ms 2.939 ms
 2 113.54.152.1 (113.54.152.1) 3.066 ms 4.298 ms 4.220 ms
 3 10.253.0.53 (10.253.0.53) 6.022 ms 8.407 ms 7.844 ms
 4 202.115.0.9 (202.115.0.9) 5.131 ms 7.031 ms 4.772 ms
 5 * * *
 6 202.115.255.214 (202.115.255.214) 11.538 ms **
…… （中间记录已省略）
17 172.71.212.2 (172.71.212.2) 80.780 ms
   172.71.216.2 (172.71.216.2) 80.594 ms 80.097 ms
18 104.26.14.72 (104.26.14.72) 79.714 ms 79.668 ms 79.148 ms
```

输出结果中，记录按序列号从 1 开始排列，每个记录称为"一跳"，每跳表示数据包经过一
个路由器。每行有 3 个时间，单位是 ms，表示从发出 3 个小数据包到收到目标路由器响应所耗
费的时间。有些行中出现星号，可能是由于目标路由器防火墙的阻挡未收到响应信息，或者由

于网络拥堵、物理设备性能等造成了网络延时。另外，解析中途路由器的域名时，也会存在延时，使用 "-n" 选项禁止 DNS 解析，可节省追踪时间。

> traceroute 巧妙地利用了 TTL 属性，通过向外发送带有逐次递增 TTL 的数据包，从而获取路径中每一跳的信息。测试第一跳设备时，设置数据包的 TTL 为 1，第二跳设备时，设置数据包的 TTL 为 2，依次类推。值得注意的是，以上示例中，由于目标主机拥有多个不同的 IP 地址，追踪所得的路径每次可能都有多处不同。

（3）网络性能测试

网络性能主要包括带宽、吞吐量、抖动和丢包率等，简单来说，就是传输大量数据时的实际速度。实施网络性能测试有助于发现网络问题，并进行针对性优化。简单的网络速度测试方法是使用 wget 或 scp 来传输一个大文件，并根据实际消耗的时长估算网络速度。如需了解网络性能的更多信息，可用 iperf3 命令。

iperf3 命令是一个免费开源的跨平台 IP 网络性能测试命令，可测试 TCP 和 UDP 最大带宽性能，具有多种参数，支持多种 UDP 特性，可提供带宽、延迟抖动和丢包率等详细数据，功能强大，应用广泛。它是一个 C/S（Client/Server，客户端/服务器）架构的测试命令，可在两台主机上同时运行以测试它们之间的网络性能。

iperf3 命令提供的多种选项和参数，可通过 iperf3 --help 查看。例如，指定-u 选项将使用 UDP 进行测试，可测试带宽、延迟抖动和丢包率等性能指标；指定--get-server-output 可获得服务端的报告等。需要注意的是，iperf3 服务端使用的端口应被添加到防火墙放行规则中，或暂时关闭服务端所在主机的防火墙。

> 关于防火墙的设置，参见 7.4 节相关内容。

7.3.6 实例 7-1：创建 VLAN

VLAN 是将一个物理的 LAN 在逻辑上划分成多个广播域的通信技术，常用于将大型网络分段并组织成较小的、可管理的单元，通过隔离和控制不同类型的网络流量，可提高网络性能并减少网络拥塞，同时还可降低未授权访问敏感数据的风险，提高网络安全性。

每个 VLAN 是一个广播域，VLAN 内的主机间可直接通信，而 VLAN 间的主机则不能直接互通，因而 TCP/IP 中的广播报文被限制在一个 VLAN 内，既提升了网络传输效率，又提升了传输安全性。与子网在网络层进行逻辑划分不同，VLAN 是在链路层进行划分的，可进一步限制广播报文的传输范围。支持 VLAN 的交换机设备根据报文中的 VLAN 标记信息分辨不同 VLAN 的报文，并允许报文在同一个 VLAN 内部相互传递。IEEE 802.1Q 协议规定，在以太网数据帧中加入 4 字节的 VLAN 标签（VLANTag，简称 Tag），用以标识 VLAN 信息。

以下简要说明如何使用 nmcli 创建 VLAN。

（1）创建基本 VLAN 接口

创建一个名为 vlan10 的基本 VLAN 接口，它使用 enp0s6 作为其父接口，并使用 VLAN ID 为 10（VLAN ID 的允许取值范围是 0～4094）的标记数据包。

```
[ict@openEuler22 ~]$ sudonmcli con add type vlan con-name vlan10 \
> dev enp0s6 vlan.id 10
```

（2）配置 IP 地址

新创建的连接 vlan10 默认使用 DHCP 动态配置，如需要指定固定 IP 地址，可执行如下命令。

```
[ict@openEuler22 ~]$ sudo nmcli con mod vlan10 ipv4.addresses '192.0.2.1/24' \
> ipv4.gateway '192.0.2.254' ipv4.dns '192.0.2.253' ipv4.method manual
```

（3）激活连接

```
[ict@openEuler22 ~]$ sudo nmcli con up vlan10
```

（4）验证设置

```
[ict@openEuler22 ~]$ ip -d addr show vlan10
4: vlan10@enp1s0: <BROADCAST,MULTICAST,UP,LOWER_UP> mtu 1500 qdisc noqueue
state UP group default qlen 1000
    link/ether 52:54:00:72:2f:6e brd ff:ff:ff:ff:ff:ff promiscuity 0
    vlan protocol 802.1Q id 10 <REORDER_HDR> numtxqueues 1 numrxqueues 1
    gso_max_size 65536 gso_max_segs 65535
    inet 192.0.2.1/24 brd 192.0.2.255 scope global noprefixroute vlan10
       valid_lft forever preferred_lft forever
    inet6 2001:db8:1::1/32 scope global noprefixroute
       valid_lft forever preferred_lft forever
    inet6 fe80::8dd7:9030:6f8e:89e6/64 scope link noprefixroute
       valid_lft forever preferred_lft forever
```

可在 LAN 的另一台主机上，按以上方法再创建同一个 VLAN ID 的 VLAN 接口，并分别分析这两台主机在 VLAN 内部的通信和它们与 VLAN 外部主机的通信。

7.4 网络防火墙

网络防火墙，是控制外部网络带来的安全风险的有效管理手段，如图 7.4 所示。服务器上运行着多种网络服务，有些服务，如公网的域名服务器、新闻服务等，是用于向所有网络用户开放的；有些服务，如打印机共享、文件共享等，只供内部使用；有些服务，如私有数据库服务，面向公网开放；等等。服务器必须保障开放服务的正常运行以及内部服务的私密性，负责专门管理这类网络访问安全控制的技术就是防火墙。

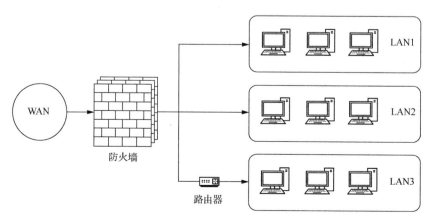

图 7.4　防火墙工作示意

　　防火墙是整个数据包进入主机前的第一道关卡，是一种位于内部网络与外部网络之间的网络安全屏障，主要有包过滤防火墙、应用代理防火墙、状态检测防火墙等，其中包过滤防火墙工作在网络层，保护系统应对非法访问或入侵攻击等网络安全风险的效率高，该应用非常普遍。本节介绍包过滤防火墙技术及其两种主流的管理工具。

　　包过滤防火墙（以下简称防火墙）的工作原理是在网络层对流入或流出的数据包进行审查，只允许符合防火墙规则的数据包通行，从而降低来自网络的非法访问或入侵攻击等安全风险。防火墙规则是系统管理员预定义的数据包通行条件，规则一般的定义类似"如果数据包头符合这样的条件，就这样处理这个数据包"。数据包头中的信息包括源地址、目的地址、传输协议（如 TCP、UDP、ICMP）和服务类型（如 HTTP、FTP 和 SMTP）等。当数据包与规则匹配时，iptables 就根据规则所定义的方法来处理这些数据包，如放行（ACCEPT）、拒绝（REJECT）和丢弃（DROP）等。这些规则存储在内核空间的包过滤表中，由内核的包过滤引擎负责审查并执行。

　　包过滤引擎最初于 1992 年出现在 BSD，被称为 BPF（Berkeley Packet Filter，伯克利包过滤器），是 UNIX 类操作系统中链路层的一种原始接口，提供原始链路层封包的收发。Linux 2.4 在内核中实现全新的包过滤引擎 netfilter，由一些数据包过滤表组成，这些表包含内核用来控制数据包过滤的规则集。配置防火墙的主要工作就是设定规则，并通过防火墙管理工具向包过滤引擎中添加、修改和删除规则。

　　Linux 有多种防火墙工具，主流的有 iptables 和 firewalld，都基于 netfilter 包过滤引擎实现，已广泛应用于各种 Linux 发行版。以下简要介绍这两种防火墙工具，它们在许多系统中都已同时安装为系统服务，但只能启动其中的一种作为默认的防火墙管理工具，查看、启动或停止直接使用 systemctl 实现即可。需要注意的是，相关示例中的防火墙规则操作均需要 root 权限。

7.4.1　iptables

　　iptables 的前身是 FreeBSD 系统中的 ipfirewall，其移植到 Linux 内核中后，成为可在网络层对数据包进行检测的一款简易访问控制工具，当 Linux 内核发展到 2.x 时更名为 ipchains，可定义更多规则并共同发挥作用，紧接着改名为 iptables，支持"四表五链"、包状态监测，实现了更加精细、更强大的包过滤、包重定向、NAT 及流量管理等功能，成为可代替昂贵商业防火墙的开源解决方案。

　　iptables 内置了 4 个表和 5 条链。表（table）提供特定的功能，4 个表是 filter 表、nat 表、mangle 表和 raw 表，分别用于实现包过滤、NAT、包重构（修改）和数据跟踪处理。链（chain）是数据包传播的路径，5 条链按进入网络接口后的流经顺序依次为 PREROUTING 链、INPUT 链、FORWARD 链、OUTPUT 链和 POSTROUTING 链。每一条链其实就是众多规则的检查清单，可包含一条或数条规则。当数据包到达一条链时，iptables 就会从链中第一条规则开始检查该数据包是否满足所定义的条件。如果满足，系统就会根据该条规则所定义的方法处理该数据包；否则 iptables 将继续检查链中的下一条规则，如果该数据包不符合链中任意一条规则，iptables 就会根据该链预先定义的默认策略来处理数据包。

图 7.5 使用箭头展示了用户访问服务器时，服务器主机上 iptables 的包处理流程，按照箭头的顺序就可将其梳理为一条大的带有分支的链条，在每个需要进行操作的模块处都标有名称和相应的括号，括号内的就是 iptables 的 4 个表，而每个模块都可视为一条链。

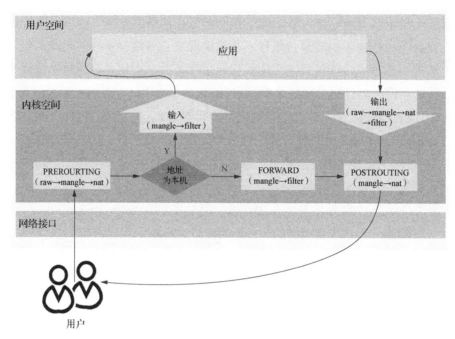

图 7.5　iptables 的表和链

iptables 规则的设置用法繁多，为方便读者对 iptables 规则的设置有初步的了解，以下以脚本的形式列举几种常见规则的操作示例。示例中，服务器主机的两个以太网接口 eth0 和 eth1 分别是外网接口和内网接口，HTTP 服务实际上运行在 IP 地址为 192.168.1.80 的内网主机上。每条规则的用途在上一行的注释中进行了简要说明，感兴趣的读者可参阅更多资料深入学习。需要注意的是，除非规则特别指明，filter 表为规则的默认表。

```
#!/bin/sh
# 清除当前所有规则
iptables -F
# 转发访问 80 端口的数据包到内部主机，相当于"反向代理"服务
iptables -t nat -A PREROUTING -i eth0 -p tcp --dport 80 -j DNAT --to 192.168.1.80:80
# 开放 sshd 服务端口 22
iptables -A INPUT -i eth0 -p tcp --dport 22 -j ACCEPT
# 拒绝访问防火墙的新数据包，但允许响应连接或与已有连接相关的数据包，即允许防火墙内主动发起外部连接
iptables -A INPUT -p tcp -m state --state ESTABLISHED,RELATED -j ACCEPT
# 丢弃流入的所有其他数据包
iptables -A INPUT -j DROP
# 启用内部网段的 NAT：将内部地址转换为外网接口默认地址，相当于"路由器"服务
iptables -t nat -A POSTROUTING -s 192.168.1.0/28 -j MASQUERADE -o eth0
```

iptables 系统服务启动后，先执行以上脚本，验证后可用 iptables-save > /etc/sysconfig/iptables

把当前规则保存下来，则下次系统启动时会自动加载。

在工作中的服务器上修改 iptables 规则，可能导致网络连接丢失，引起业务错误。iptables 将过滤规则写入内核，然后 netfilter 再根据规则过滤数据包，修改规则后需要刷新全部策略，刷新后会关闭已经建立的网络会话，因而被称为静态防火墙管理工具。

> iptables 系列工具，由于存在规则语法复杂、存储处理效率低等问题被广为诟病，如今已被 netfilter 的新项目 nftables 替代。nftables 将 iptables、ip6tables、arptables、ebtables 等一系列工具集成到了一个框架下，在性能方面获得大幅提升。在 CentOS 8 中，nftables 取代 iptables 成为默认的 Linux 网络包过滤工具。openEuler 默认同时安装了 iptables、nftables 和 firewalld 这 3 种工具。

7.4.2　firewalld

firewalld（firewall daemon），是 CentOS 7 发布的一个动态防火墙管理工具，支持网络区域所定义的网络连接及接口安全等级，可灵活定制规则且无须中断连接。它提供了更为高层的抽象接口，如支持基于网络区域（Zone）和服务（Service）进行包过滤规则的操作，极大地简化了防火墙的管理。openEuler 等操作系统采用 firewalld 作为默认防火墙工具。

firewalld 采用 iptables 作为后端，主要有两层设计，即核心层和顶部的 D-Bus 层，架构如图 7.6 所示。核心层负责处理配置和后端，如 iptables、ip6tables、ebtables、ipset 和模块加载器，顶部的 D-Bus 层是更改和创建防火墙配置的主要方式。所有 firewalld 提供的在线工具都使用该层的接口，例如 firewall-cmd、firewall-config 和 firewall-applet。firewall-offline-cmd 不是与 firewalld 对话，而是直接使用带有 I/O 处理程序的 firewalld 核心来更改和创建 firewalld 配置文件。firewalld 运行时可使用 firewall-offline-cmd，但不建议使用它，因为它只能在大约 5s 后更改防火墙中可见的永久配置。

firewalld 同时提供 CLI 的 firewall-cmd 和 GUI 的 firewall-config，以下简要介绍基于 firewall-cmd 的基本管理操作。

（1）简单管理

以下示例只设定了两条规则，分别开放 HTTP 服务和 SSH 服务的相关端口，允许从所有网络接口访问这两个服务，其他所有流入数据包都会被拒绝。

```
# 开放端口 80，允许访问 HTTP 服务
[root@openEuler22 ~]# firewall-cmd --add-port=80/tcp
# 开放端口 22，允许访问 SSH 服务 3h，超时后自动关闭
[root@openEuler22 ~]# firewall-cmd --add-port=22/tcp --timeout=3h
# 删除端口 8080 的规则
[root@openEuler22 ~]# firewall-cmd --remove-port=8080/tcp
# 丢弃 ICMP 消息，不向 ping 工具发送应答
[root@openEuler22 ~]# firewall-cmd --add-rich-rule='rule protocol value=icmp drop'
# 启用内部网段的 NAT：将内部地址转换为外网接口默认地址，相当于"路由器"服务
[root@openEuler22 ~]# firewall-cmd --add-masquerade
# 加载以上规则
[root@openEuler22 ~]# firewall-cmd --reload
```

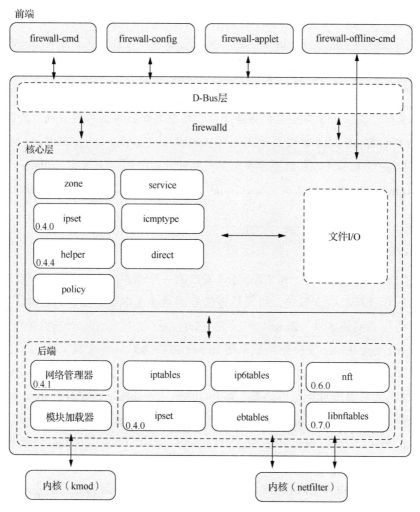

图 7.6　firewalld 的设计架构

实际上，以上操作都是针对当前的默认区域进行的。

（2）基于 Zone 管理

Zone 是针对不同的可信任程度而预先定义好的一组规则，管理员根据当前服务器所在网络连接或来源（内网或公网等）来激活不同的 Zone。

每一个 Zone 都会按照设定的规则集合对流入和流出的所有数据包进行全面审查，根据审查结果决定数据包的通行许可。对于没有显示规则匹配的数据包，则由 Zone 的 Target 指定通行许可。Target 有 4 个选项：default、ACCEPT、REJECT 和 DROP。default 即默认行为（与 REJECT 类似，但稍有不同，如允许 ICMP 消息等）。ACCEPT 表示接收数据包。REJECT 表示拒绝数据包，并回复拒绝消息。DROP 表示拒绝数据包，且不会回复任何消息。

firewalld 预设了 9 个 Zone，相关设置保存在/usr/lib/firewalld/zones/目录中。执行以下命令可列出全部 Zone。

```
[root@openEuler22 ~]# firewall-cmd --get-zones
```

表 7.2 按可信任程度递减的顺序列出了这些 Zone 及其描述。

Zone	描述
trusted（信任）区域	信任所有主机，允许所有网络流量连接
home（家庭）区域	基本信任所有主机，允许外部发起的 ssh、mdns、samba-client 和 dhcpv6-client 请求流量，以及内部主动发起的相关流量
internal（内部）区域	基本信任所有主机，默认值与 home 的相同
work（工作）区域	基本信任所有主机，允许外部发起的 ssh、mdns、dhcpv6-client 请求流量，以及内部主动发起的相关流量
dmz（隔离）区域	允许外部发起的 ssh 请求流量，以及内部主动发起的相关流量，可有限地访问内部资源
external（外部）区域	不信任其他主机，允许外部发起的 ssh 流量，以及内部主动发起的相关流量，并默认将转发到此区域的 IPv4 传出流量进行地址转换，启用路由器功能
public（公共）区域	默认的 Zone，不信任其他主机，允许外部发起的 ssh 流量，以及内部主动发起的相关流量
block（限制）区域	任何来自外部的请求都被拒绝，允许内部主动发起的相关流量
drop（丢弃）区域	任何外来的请求都被丢弃，不做任何响应，只允许内部主动发起的相关流量

表 7.2　　　　　　　　　　　　　　　Zone 及其描述

审查流入的数据包时，firewalld 根据以下原则决定使用哪个 Zone 的策略去匹配。

- 如果用数据包的源 IP 地址成功匹配到某个 Zone 的源规则，则依据这个 Zone 的源规则进行审查。一个源 IP 地址只能属于一个 Zone，不能同时属于多个 Zone。
- 如果用数据包流入的网络接口（interface）成功匹配到某个 Zone 的接口规则，则依据这个 Zone 的规则进行审查。一个网络接口只能属于一个 Zone，不能同时属于多个 Zone。
- 如果以上规则均未匹配成功，则依据默认 Zone 的规则进行审查。

每个网络接口或数据源可配置为其中的一个 Zone，安装后所有的网络接口默认 Zone 均为公共区域。

```
# 列出默认 Zone 的相关配置，包括 Zone 名称、网络接口、所有规则等
[root@openEuler22 ~]# firewall-cmd --list-all
# 列出指定 Zone 的相关配置，包括 Zone 名称、网络接口、所有规则等
[root@openEuler22 ~]# firewall-cmd --list-all --zone=public
# 查询网络接口所属的 Zone
[root@openEuler22 ~]# firewall-cmd --get-zone-of-interface=enp0s5
```

Zone 也可由用户自定义，将指定的网络接口或访问源加入其中。下面的示例为访客建立一个新的 Zone，根据路由器为访客分配的 IP 地址范围，仅允许 http 和 dns 的访问流量。最后一条命令使配置立即生效。

```
[root@openEuler22 ~]# firewall-cmd --new-zone=visitors
[root@openEuler22 ~]# firewall-cmd --zone=visitors --add-source=10.10.2.0/24
[root@openEuler22 ~]# firewall-cmd --zone=visitors --add-service=http
[root@openEuler22 ~]# firewall-cmd --zone=visitors --add-service=dns
[root@openEuler22 ~]# firewall-cmd --reload
```

（3）基于服务（Service）操作

firewalld 用服务来描述一个网络服务的本地端口、协议、源端口、目的地等相关信息，便于防火墙规则的设置。在/usr/lib/firewalld/services/目录中存放着 183 个预设的服务配置模板，如 SSH 服务的服务配置如下。

```
<?xml version="1.0" encoding="utf-8"?>
<service>
  <short>SSH</short>
```

```
    <description>Secure Shell (SSH) is a protocol for logging into and executing commands
        on remote machines. It provides secure encrypted communications. If you plan on
        accessing your machine remotely via SSH over a firewalled interface, enable this
        option. You need the openssh-server package installed for this option to be useful.
    </description>
    <port protocol="tcp" port="22"/>
</service>
```

参照这些服务配置模板新建或修改的服务配置文件，应该保存在/etc/firewalld/services/中，这个目录中的文件会被优先使用。例如，要将 SSH 服务默认的 22 端口变更为 2222 端口，可把/usr/lib/firewalld/ssh.xml 复制为/etc/firewalld/services/ssh.xml，并修改其中的 port 为 2222。

7.4.3　实例 7-2：配置 firewalld

本实例结合 Zone 和 Service 配置简单的防火墙规则。假定主机的两个以太网接口 enp0s5 和 enp0s6 分别是外网接口和内网接口，将外网的 Zone 设定为 work，内网的 Zone 设定为 internal，前者只能访问 HTTP 服务，后者可访问 HTTP 服务和 SSH 服务。

```
# 设置默认 Zone
[root@openEuler22 ~]# firewall-cmd --set-default-zone=work
# 设置 Zone 的默认目标
[root@openEuler22 ~]# firewall-cmd --zone=work --set-target=DROP
# 为网络接口指定某个 Zone，网络接口只能属于一个 Zone
[root@openEuler22 ~]# firewall-cmd --zone=work --change-interface=enp0s5
[root@openEuler22 ~]# firewall-cmd --zone=internal --add-interface=enp0s6
# 开放端口 80，允许外网访问 HTTP 服务
[root@openEuler22 ~]# firewall-cmd --add-service=http --zone=work
# 禁止外网访问 SSH 服务
 [root@openEuler22 ~]# firewall-cmd --remove-service=ssh --zone=work
# 开放端口 22，允许内网访问 HTTP 和 SSH 服务
[root@openEuler22 ~]# firewall-cmd --add-service=http,ssh --zone=internal
# 丢弃 ICMP 消息，不向 ping 工具发送应答
[root@openEuler22 ~]# firewall-cmd --add-rich-rule='rule protocol value=icmp drop'
--zone=work
# 启用内部网段的 NAT：将内部地址转换为外网接口默认地址，相当于"路由器"服务
[root@openEuler22 ~]# firewall-cmd --add-masquerade --zone=work
# 加载以上规则
[root@openEuler22 ~]# firewall-cmd --reload
```

需要注意的是，以上关于 firewalld 的示例中，设置的规则都属于运行时规则，只是暂时有效。如果需要它们在系统重新启动后依然生效，需要将它们设置为永久性规则，做法是在每条规则的尾部添加选项"--permanent"，或者在所有规则的最后添加如下命令。

```
# 将修改后的某些规则持久化保存
firewall-cmd --runtime-to-permanent
```

> Linux 的防火墙技术是 UNIX 设计哲学"提供机制，而非策略"的一个成功案例。netfilter 包过滤引擎在内核空间提供"机制"，不同的防火墙管理工具 iptables 和 firewalld 等在用户空间提供不同的"策略"，为用户提供更多的选择。

相较而言，iptables 过滤规则精细、功能丰富，但属于静态防火墙管理工具，且掌握难度较大；firewalld 属于动态防火墙管理工具，使用简单、界面友好，更适合一般防火墙管理。用户应根据系统的实际网络环境和应用安全需要，选择适当的防火墙管理工具，持续有效地控制网络安全风险。

7.5　经典网络工具

在 UNIX 的小工具设计哲学影响下，涌现出了诸多小巧又强大的网络工具，它们对于深入使用 Linux——无论是软件开发还是系统维护，都具有非常大的帮助。本节仅选取几款非常实用的命令行工具，提纲挈领地介绍，希望引起读者的注意。

7.5.1　SSH 安全连接

SSH 服务端和客户端工具是所有 UNIX 类操作系统的标准配置，甚至 Windows 从 2018 年起也发布了原生的 OpenSSH 服务和工具。ssh 工具最为广泛的用途是登录远程主机上执行命令，在云计算和物联网时代，已成为系统运维和开发者的日常工具。本小节简单介绍 ssh 工具的基本用法、文件传输、端口转发和安全隧道等主要功能。

早期的互联网通信都是采用明文传输的，包括远程登录（telnet）、远程复制（scp）等，一旦数据被其他用户截获，内容就会完全暴露。事实上，在网络传输的很多节点上，都可截获这些内容，如客户端或服务器所在的局域网（同一个广播域）上，或者路由途中的各个路由器上，都可轻而易举地获得这些数据，包括用户名、密码和文件内容等。1995 年，芬兰学者塔图·于勒（Tatu Ylonen）设计了 SSH 协议，并发布了用于在网络上实现加密通信的工具，随后该工具迅速获得广泛传播并成为商业软件。

OpenSSH 是 OpenBSD 项目下的一个 SSH 开源实现，也是目前非常流行的 SSH 实现，成了几乎所有操作系统的标准配置。OpenSSH 的基本原理是通过创建秘密隧道实现通信双方之间的安全连接，在不信任、不安全的开放网络中为用户提供安全的远程通信环境。它使用多种密码学算法和协议来保护网络通信数据的机密性和完整性，同时支持公钥身份验证和密钥管理。

openEuler 默认已安装 OpenSSH 相关工具并启用 OpenSSH 服务，既是 OpenSSH 服务器，可接受来自其他主机的连接请求，也是 OpenSSH 客户端，可使用 SSH 连接其他提供 OpenSSH 服务的主机。

> 作为 OpenSSH 服务器，openEuler 可在其他主机上通过 OpenSSH、PuTTY、MobaXterm 或 Xshell 等 OpenSSH 协议工具远程连接或登录使用。

任何网络服务，理论上都可通过 SSH 协议实现安全传输，用于客户主机的典型应用场景如下。

- 远程登录：使用 ssh 登录远程的主机，通过 CLI 与系统交互，执行系统维护或软件开发等任务。

```
[ict@openEuler22 ~]$ ssh ict@localhost
```

执行以上命令，在输入密码并通过身份验证后，将进入 SSH 的远程终端，执行 exit 可退出本次登录。

- 远程命令：使用 ssh 直接下达命令到远程主机，并返回远程的输出信息。

```
[ict@openEuler22 ~]$ ssh ict@localhost who
```

- 远程复制：使用 scp 将文件或目录直接从本地主机复制到远程主机，或者从远程主机复制到本地主机，或者直接从一个远程主机复制到另一个远程主机。

```
[ict@openEuler22 ~]$ scp -r demo/ ict@localhost:/tmp/
```

- 远程编辑：在编辑器中直接编辑远程主机上的文件，支持这种功能的编辑器有 Emacs 和 VisualStudio Code 等。在 Emacs 中打开文件"//ssh:ict@openEuler22:/home/ict/foo.c"即可直接编辑远程主机上的文件；在 Visual Studio Code 中安装 Remote 插件，即可在导航栏中直接连接远程主机并挂载全部目录。

- X11 转发：使用 ssh -Y 将远程主机上的 X11 客户端请求转发到本地主机上的 X11 服务器，即将远程主机上的 GUI 应用程序的界面显示在本地系统上。

```
[ict@MacbookAir ~]$ ssh -Y ict@openEuler22 xeyes
```

xeyes 是安装在 openEuler22 上的工具，可通过 dnf install -y xeyes 提前安装。

- 端口映射：使用 ssh -L 将本地主机的端口映射为远程主机的端口，或使用 ssh -R 将远程主机的端口映射为本地主机的端口，或将远程主机的端口映射为另一个远程主机的端口，可创建多种形式的隧道，也可实现从外网到内网的反向代理、穿透防火墙等功能。

```
# 将 MacbookAir 的 80 端口映射为 openEuler22 的 80 端口，即在 MacbookAir 上访问
# http://localhost:80 时，实际上访问的是 openEuler22 的 80 端口，可绕过 80 端口防火墙限制
[ict@MacbookAir ~]$ ssh -fNL 80:localhost:80 ict@openEuler22
# 将 openEuler22 作为跳板，将 MacbookAir 的 80 端口映射为 openEuler22 可访问的另一个内部
# 主机的 80 端口，即实现隧道功能
[ict@MacbookAir ~]$ ssh -fNL 80:192.168.2.2:80 ict@openEuler22
# 将 openEuler22 的 80 端口映射为 openEuler22 可访问的另一个内部主机的 80 端口，即实现反向代理
# 功能
[ict@MacbookAir ~]$ ssh -fNR 80:192.168.2.2:80 ict@openEuler22
```

- 远程挂载：使用 sshfs 挂载远程主机的目录为本地主机的目录，实现远程文件目录资源的共享访问。

```
# 将 openEuler22 主机上的目录/home/ict 挂载为本地主机的/mnt/ict
[ict@MacbookAir ~]$ sshfs ict@openEuler22:/home/ict/ /mnt/ict
```

OpenSSH 为客户端提供了很多便利、安全的访问方式。在本地的~/.ssh/ssh_config 中设置远程主机的别名、登录用户名、端口等信息，登录时更方便。用户上传公钥到目标主机后，则无须使用密码即可登录或直接执行 ssh 命令。通过 ssh-kengen 生成公钥后，即可使用 ssh-copy-id 工具将其上传到远程主机，之后即可直接访问该远程主机。上传公钥文件的方法也可使用以下命令完成。

```
# 将本地的公钥文件上传到 openEuler22 主机，并添加到授权公钥中
[ict@MacbookAir ~]$ cat ~/.ssh/id_rsa.pub | ssh ict@openEuler22 'cat >> ~/.ssh/
authorized_keys'
```

此外，用户还可设置开启转发 X11、开启端口映射、设置跳板机等选项。

7.5.2 wget 文件下载

wget 是一个经常使用的命令，用于从网络上自动下载文件。它是自由软件，广泛用于下载软件、备份数据及从远程服务器恢复备份。wget 支持 HTTP、HTTPS 等常见的网络协议，并且可以使用 HTTP 代理。

wget 命令支持丰富的选项，主要特点如下。

- 支持自动下载：可在用户退出系统后继续在后台执行，完成下载任务，这在下载大量数据时非常有用。
- 支持递归下载：可跟踪 HTML 页面上的链接并依次下载，创建远程 Web 服务器的本地镜像，完全重建原始站点的目录结构。
- 支持断点续传：如果下载中断，可从上次中断的地方继续下载，而不需要从头开始。
- 简单易用：通过简单的命令行参数即可使用，支持脚本自动化。

wget 命令的功能强大且易于使用，是系统维护者和软件开发者常用的下载命令之一。

7.5.3 curl 网络交互

curl 是一个功能强大的命令，全称为"CommandLine URL"，其设计目标为在无须用户参与的情况下与各种网络服务进行自动交互，完成指定的任务。它可发出 HTTP、HTTPS、FTP 等网络请求，分析响应数据并进行后续处理，常用于下载文件、提交表单、发送 API 请求等多种场景。curl 命令支持多种协议，并提供了丰富的选项和参数，可以灵活地控制数据传输和请求的各种细节。

它支持的协议包括 DICT、FILE、FTP、FTPS、Gopher、Gophers、HTTP、HTTPS、IMAP、IMAPS、LDAP、LDAPS、MQTT、POPv3、POPv3S、RTMP、RTMPS、RTSP、SCP、SFTP、SMB、SMBS、SMTP、SMTPS、Telnet 和 TFTP 等。curl 命令支持自定义各种请求参数，因此非常擅长模拟 Web 请求。此外，curl 命令还支持安装许多 SSL/TLS 库，也支持通过网络代理访问，如 SOCKS。curl 命令同样支持让数据发送变得更容易的 gzip 压缩技术。

curl 命令支持多种操作系统和平台，可以在不同的环境下协同使用。除了基本的文件下载、上传等基本数据传输功能之外，还有以下特色功能。

- API 测试和调试：curl 命令可以用来测试和调试各种 API。通过 curl 命令，可以模拟各种请求方法和请求参数，检查 API 的响应结果和状态码，方便进行自动化测试和故障排查。在开发过程中，通过抓包工具将 HTTP 请求的 curl 命令保存下来，然后使用 curl 模拟客户端发送 HTTP 请求给服务端，以便对服务端进行测试和调试，可实现客户端和服务端在调试上的解耦，使得问题排查更加方便。
- 简单的网络爬虫：对于一些公开的、结构简单的数据，可以使用 curl 命令来抓取。curl

可模拟多种不同的浏览器客户端行为，自动进行身份认证，可使用 curl 命令自动获取众多网页上的特定数据。

- 网络监控：curl 命令可以用来监控网络状态和性能。通过发送 HTTP 请求并记录响应时间、传输速度等指标，可以帮助用户了解网络性能并进行故障排查。
- 自动化任务：curl 命令可以与其他命令行工具和脚本语言结合使用，实现自动化任务。例如，使用 curl 命令将数据从 Web 服务器的 API 中获取，然后使用 Shell 脚本进行处理和存储。

以下示例演示如何用 curl 命令分段下载并合并得到一个完整的大文件，以 openEuler 的安装光盘镜像文件为例。

先用选项 "-I" 获取文件头信息，从中获知目标文件大小为 773849088 字节。

```
[ict@openEuler22 ~]$ curl -I https://mirrors.×××/openeuler/openEuler-22.03-LTS-\
> SP2/ISO/x86_64/openEuler-22.03-LTS-SP2-netinst-x86_64-dvd.iso
HTTP/2 200
server: nginx/1.25.3
date: Mon, 01 Jan 2024 13:55:26 GMT
content-type: application/octet-stream
content-length: 773849088
last-modified: Fri, 30 Jun 2023 08:50:28 GMT
etag: "649e9754-2e200000"
accept-ranges: bytes
strict-transport-security: max-age=63072000; preload
```

然后分 3 段下载该文件，得到 3 个文件片段。

```
[ict@openEuler22 ~]$ curl -r 0-200000000 -o dvd-part1 https://mirrors.×××.cn/\ >
openeuler/openEuler-22.03-LTS-SP2/ISO/x86_64/openEuler-22.03-LTS-SP2-netinst-x86_64-
dvd.iso & [ict@openEuler22 ~]$ curl -r 200000001-600000000 -o dvd-part2 https://mirrors.
×××.cn/\ > openeuler/openEuler-22.03-LTS-SP2/ISO/x86_64/openEuler-22.03-LTS-SP2-netinst-
x86_64-dvd.iso & [ict@openEuler22 ~]$ curl -r 600000001--o dvd-part3 https://mirrors.
×××.cn/openeuler/\ > openeuler/openEuler-22.03-LTS-SP2/ISO/x86_64/openEuler-22.03-LTS-SP2-netinst-
x86_64-dvd.iso &
```

最后合并这 3 个文件片段，得到目标文件。

```
[ict@openEuler22 ~]$ cat dvd-part1 dvd-part2 dvd-part3 >dvd.iso
```

7.5.4 tcpdump 抓包

tcpdump 是流行的命令行抓包命令，可抓取和分析经过系统的所有流量数据包（涵盖 TCP/IP 协议族的各种数据包），通常被用于网络故障分析以及入侵检测等安全排查。它支持针对网络层、协议、主机、端口的过滤，并提供 and、or、not 等逻辑语句来过滤无用的信息，功能十分强大。由于它是命令行工具，因此适用于在远程服务器或没有图形界面的设备中收集数据包，便于事后分析，也可用 cron 等定时命令创建定时任务启用它。

以下命令将抓取 1 个包，并以 ASCII 字符显示包的内容。

```
[ict@openEuler22 ~]$ sudo tcpdump -c 1 -A
dropped privs to tcpdump
tcpdump: verbose output suppressed, use -v[v]... for full protocol decode
listening on enp0s5, link-type EN10MB (Ethernet), snapshot length 262144 bytes
```

```
13:32:35.127281 IP openeuler22.03.shared.ssh > 10.211.55.2.61139: Flags [P.], seq
2340642970:2340643030, ack 4109906054, win 501, options [nop,nop,TS val 567481514
ecr 479656271], length 60
EJ.p..@.@...
.7.
.7.......`...0......$.....
!......0%g.A. ..).n87.9.M..;j.i.......p...
w..H..{....H..'gr.......C
1 packet captured
8 packets received by filter
0 packets dropped by kernel
```

以下命令将抓取网络接口 enp0s5 上目标端口为 80 且来自 192.168.0.7 的数据包，并将其写入 ict.cap 文件。

```
[ict@openEuler22 ~]$ tcpdump tcp -i enp0s5 dest port 80 and src net 192.168.0.7
-w ./ict.cap
```

通过 tcpdump 命令抓取数据包的分析比较麻烦，可将数据包保存为.cap 文件，即可用 GUI 工具 Wireshark 进行分析。Wireshark 现已支持 Windows、Linux 和 macOS 等多种操作系统。

7.5.5 Netcat 网络助手

Netcat 是一款功能强大的网络实用程序，可作为监听程序，还可传输文件，也可用作黑客辅助程序。具体地说，Netcat 可读写 TCP 或 UDP 网络连接，作为一个可靠的后端工具能被其他的应用程序或脚本直接驱动。同时，它可建立几乎任何类型的连接，具有一些非常有趣的内建功能，如端口扫描等，是一个功能丰富的网络调试工具和安全分析工具。

最初的 Netcat 是在 1995 年发布的，尽管它很受欢迎，但一直没有得到维护，有时甚至很难找到 v1.10 源码的副本。该工具的灵活性和实用性促使 Nmap 项目开发了 Ncat，这是一种现代的重新实现，它支持 SSL、IPv6、SOCKS 和 HTTP 代理、连接代理等。此外，Netcat 还有多种变体，如 socat、OpenBSD 的 nc、Cryptcat、Netcat6、pnetcat、sbd 和 GNU Netcat 等。

Ncat 是对 Netcat 的一个重新实现，同时使用 TCP 和 UDP 进行通信，是一种可靠的后端工具，可立刻为其他应用程序和用户提供网络连接。Ncat 支持 IPv4 和 IPv6，可为用户提供几乎没有限制的网络实用功能。

在 SSH 不可用或没有账户的情况下，两台主机的用户可使用 Ncat 实现文件传输。

```
# 将/mnt/ict 目录打包，监听 9999 端口准备发送
[ict@openEuler22 ~]$ tar -cvf -/mnt/ict | ncat -l 9999
# 连接 9999 端口接收文件包，并解包到当前目录
[ict@openEuler22 ~]$ ncat -n localhost|tar -xvf-
```

在 SSH 不可用或没有账户的情况下，可直接连接两台主机的程序，用户可用其开启一个远程 Shell。

```
# 监听连接，并传输 echo 程序的执行结果
[ict@openEuler22 ~]$ ncat -l --exec "/bin/echo Hello openEuler!" &
[1] 45235
# 创建连接，获得远程应用的执行结果
[ict@openEuler22 ~]$ ncat localhost
Hello openEuler!
```

7.5.6　Nmap 探测器

Nmap（Network mapper）是一款开放源码的网络探测和安全审核工具。它的设计目标是快速地扫描大型网络，用它扫描单个主机也没有问题。Nmap 以新颖的方式使用原始 IP 报文来发现网络上有哪些主机，那些主机提供什么服务（应用程序名和版本），那些服务运行在什么操作系统（包括版本信息）上，那些操作系统使用什么类型的报文过滤器/防火墙，等等。虽然 Nmap 通常用于安全审核，但许多系统管理员和网络管理员也用它来做一些日常的工作，如查看整个网络的信息、管理服务升级计划，以及监视主机和服务的运行。

可通过 Nmap 扫描使用-p 指定的端口、端口列表或端口范围，如-p 80,-p 3389,22,或-p 1-65536

```
[ict@openEuler22 ~]$ nmap localhost -p-
Starting Nmap 7.92 at 2023-11-27 15:59 CST
Nmap scan report for localhost (127.0.0.1)
Host is up (0.000048s latency).
Not shown: 65532 closed tcp ports (conn-refused)
PORT      STATE SERVICE
22/tcp    open  ssh
80/tcp    open  http
9090/tcp open zeus-admin

Nmap done: 1 IP address (1 host up) scanned in 1.83 seconds
```

通过 Nmap 扫描端口时，默认仅显示端口对应的服务，使用-sV 选项可显示服务版本，使用-O 选项可显示操作系统信息等。

```
[ict@openEuler22 ~]$ nmap localhost -p 80 -sV -O
TCP/IP fingerprinting (for OS scan) requires root privileges.
QUITTING!
[ict@openEuler22 tmp]$ sudo nmap localhost -p 80 -sV -O
Starting Nmap 7.92 at 2023-11-27 15:54 CST
Nmap scan report for localhost (127.0.0.1)
Host is up (0.00010s latency).

PORT STATE SERVICE VERSION
80/tcp open http nginx 1.21.5
Warning: OSScan results may be unreliable because we could not find at least 1 open
and
  1 closed port
Device type: general purpose
Running: Linux 2.6.X
OS CPE: cpe:/o:linux:linux_kernel:2.6.32
OS details: Linux 2.6.32
Network Distance: 0 hops

OS and Service detection performed. Please report any incorrect results at
  https://nmap.org/×××/ .
Nmap done: 1 IP address (1 host up) scanned in 7.79 seconds
```

7.6　本章小结

本章介绍了互联网中使用的 TCP/IP 网络模型及相关基本概念，还介绍了在 openEuler 系统中进行网络管理时使用的主要工具及其基本使用方法。现在，读者应该已经可在服务器或嵌入式设备中连接网络、传输文件，甚至进行一些简单故障的诊断了。计算机网络本身是一个涵盖内容非常广泛的领域，从基本原理到网络开发和高级管理，都非常值得深入学习。本章仅涉及常见的 TCP/IP 网络，还有很多不同类型的专用网络应用在特殊的工业场景，如工业控制网络、ATM（Asynchronous Transfer Mode，异步传输模式）网络等。这些知识留待读者进一步了解。

思考与实践

1. TCP 与 UDP 有哪些差别？如果使用 UDP 进行通信，中途掉包会有什么后果？

2. 在互联网中，主机名和域名有什么关系？如何通过域名找到主机的 IP 地址？

3. 根据系统的实际情况，用 firewalld 配置防火墙策略。

4. 如果发现使用的计算机上 QQ 等工具能够正常登录，但网页打不开，该如何一步一步诊断其中存在的问题？

5. 若发现上网速度很慢，该如何诊断网络的问题？如果在这一过程中发现某机器占用了大部分带宽，该如何定位该机器？

第 8 章
服务器操作系统管理

学习目标

① 了解服务器操作系统的用途
② 了解几种典型服务器操作系统

③ 掌握 openEuler 服务器操作系统的主要管理功能和相关方法
④ 了解管理工具背后的优秀设计思想

人们在享受网络信息、电商购物和移动出行时，离不开具有高可靠性的服务器操作系统。值得注意的是，服务器操作系统不仅可用于为超级计算机系统提供大规模开放服务，随着计算机性能、存储成本和互联网络的快速变化，也可用于中小企业的邮件系统、数据存储等内部生产环境，以及源码版本管理、项目过程管理等开发环境，还可用于在个人计算机上构建家用的存储照片、视频等小规模文件服务器。

相比桌面操作系统或嵌入式操作系统，服务器操作系统对于系统的并发性、稳定性、安全性和可维护性等都具有更高的要求。本章主要介绍典型服务器操作系统、Linux 服务器操作系统的优势、openEuler 服务器操作系统的主要管理功能和相关方法，以及相关工具背后的优秀设计思想。本章的大多数内容，如用户管理、硬盘分区管理、软件包管理及计划任务等，同样适用于个人桌面操作系统和嵌入式操作系统的高级用户和开发者。

8.1 典型服务器操作系统

服务器操作系统是具有管理大型计算资源能力的复杂操作系统，是企业 IT 系统的基础架构平台，用于提供高性能、高稳定性的大规模应用服务，如搜索服务、电商购物服务、金融支付服务及在线游戏服务等。

服务器操作系统与互联网络共同成长，已历经长足的发展，并不断推陈出新。不少曾经非常流行的服务器操作系统已退出历史舞台，包括 Solaris 等各类商业版 UNIX 系统、FreeBSD 等免费 UNIX 类操作系统及 Novell NetWare 等其他服务器操作系统。与此同时，多种新型服务器操作系统不断涌现。服务器操作系统也可安装于一般服务器或高性能 PC 上，用于提供中小规模的应用服务。

当前，主流的服务器操作系统主要有两类，一类是 Windows Server，另一类是 GNU/Linux 的服务器发行版。

8.1.1　Windows Server

人们经常使用的 Windows 系统，实际上只是一种面向 PC 的桌面操作系统。除了桌面版本的 Windows 系统，微软公司还发布了面向服务器的 Windows 操作系统。

Windows Server 是微软公司在 2003 年推出的服务器操作系统，是集成了多种网络功能而且具有原生 GUI 交互操作能力的服务器操作系统，为网络应用服务提供了一个基础平台。该操作系统允许用户共享文件和服务，同时为管理员提供对网络、数据存储和应用程序的控制，主要用于业务环境中，主要有 3 种发行版。

- Windows Server Standard：这是最常用的版本，适用于中小型企业和组织。该版本提供了基本的服务器功能，包括文件和打印服务、Web 服务、应用程序服务器等。它支持最多两个物理处理器和最多 24 个逻辑处理器，以及最多 64GB 的内存。该版本的价格适中，能够满足大多数基本需求。

- Windows Server Datacenter：这个版本是为大型企业和数据中心设计的。它提供了与 Windows Server Standard 相同的所有功能，但支持更高的硬件限制，例如支持更多的处理器和内存。该版本还提供了额外的功能，如高级网络功能、自动部署和更新等。对于需要处理大量数据和高负载的应用场景，该版本是理想的选择。

- Windows Server Essentials：这个版本是专为小型企业设计的简化版。它提供了基本的服务器功能，并且简化了安装和管理过程，使得小型企业能够更容易地设置和维护服务器。该版本的价格相对较低，适合预算有限的小型企业。

Windows Server 通常被视作一种快速、简便的完整解决方案。由于具有与 Windows 相似的界面，Windows Server 十分易于上手使用，安装、配置简单，可极大降低使用者的学习成本。如果希望实现在远程管理服务器，只需要使用系统自带的远程桌面客户端工具即可直观地访问服务器的图形界面。此外，Windows 平台具有广泛应用的开发工具和大量的开发者，可低成本、快速开发应用并部署上线。

例如采用面向网站开发的 ASP（Active Server Pages，活动服务器页面），可快速开发包含小型嵌入式程序（即脚本）的网页，这些网页可被服务器高效处理，获得良好的服务性能。再如工业界广泛采用的.NET 开发框架，同样可在 Windows Server 中快速部署；通过付费还可获得及时的技术支持，进一步降低了对使用者的技术要求。

经过持续的开发和优化，Windows Server 在稳定性和可维护性等方面得到了极大的提升，但在安全性、伸缩性、并发性和维护性等方面还有待提升。

此外，Windows Server 的许可证费用高，使用数据库软件等各种软件中间件也必须支付更多费用。

8.1.2　主流 Linux Server

Linux 在 PC 桌面操作系统市场上表现或许不佳，但在服务器领域的增长势头迅猛，已成为服务器和超级计算机的首选操作系统。近年来，相关调查报告指出，Linux 在服务器领域已经占据约 75% 的市场份额，甚至微软公司也将 Linux 用于其云计算服务。事实上，自 2017 年以来，全球运行最快的 500 台超级计算机无一例外，都运行着 Linux。

Linux 广泛应用于服务器领域，主要原因在于 Linux 具有开放、安全、稳定、灵活等优异特性，企业级用户不但可获得高性能和高可靠性，还可大幅降低运营成本。另外，从维护者角度来看，它强大的 CLI 和脚本编写能力提供了高度的灵活性和自动化，大大降低了系统的维护难度。

服务器领域非常受欢迎的 Linux 版本主要有以下 3 种。

（1）RHEL

RHEL（Red Hat Enterprise Linux）是全球领先的企业级 Linux 操作系统，已获得数百个云服务及数千个硬件和软件供应商的认证。RHEL 自发布以来，一向以稳定、可靠和高性能著称，兼具开源码灵活性和开源社区创新能力，为混合云部署提供持续灵活、一致、稳定的基础平台。2022 年，RHEL 9 发布，旨在满足混合云环境的需求，可以轻松从边缘部署到云端。RHEL 9 可以在 KVM、VMware 等虚拟机管理程序、物理服务器或云环境上无缝配置为来宾计算机，或者作为从 Red Hat UBI 构建的容器。

根据 RHEL 的条款，用户必须购买 RHEL 的授权或申请试用后，才可在指定期限内使用 RHEL，享受持续的技术支持、升级更新等服务，确保系统的安全和可靠运行。

（2）CentOS（Stream）

CentOS（Community Enterprise Operating System）是 RHEL 的免费社区发行版，自 2004 年发布以来，凭借其开源、免费、稳定的特性深受用户喜爱。大量擅长 Linux 运维且不愿支付 RHEL 授权费的企业用户选择了 CentOS，在节省资金的同时获得企业级 Linux 服务器操作系统。

2020 年 12 月，红帽公司宣布，将在 2021 年 12 月 31 日和 2024 年 6 月 30 日分别终止对 CentOS 8 和 CentOS 7 的服务支持，并将 CentOS 转变为 CentOS Stream。CentOS Stream 是一个滚动更新的发行版，定位于 RHEL 的上游开发平台。这意味着 CentOS 将不再是 RHEL 的发行版，而是 RHEL 的预览版，难以满足对于稳定性、安全性要求极高的企业用户的需要。

（3）Ubuntu Server

Ubuntu 是基于 Debian 的 Linux 发行版，是已广泛应用于个人计算机、智能手机、服务器、云计算及智能物联网设备的开源操作系统。Ubuntu Server 免费发布，具有企业级的稳定性、弹性和安全性，定期更新。Ubuntu Server 每 6 个月发布一个新版本，此外还发布 LTS 版本，从发布日期起的整整 5 年内，为这些版本提供不断更新的补丁程序。Ubuntu Server 20.04 LTS 被视作最稳定和安全的 Linux 发行版之一，非常适合跨公共云、数据中心和边缘的生产部署。

8.1.3　兴起中的 openEuler

服务器操作系统是"十四五"期间国家重点关注、要求实现自主研发和自主演进的基础软件。CentOS 停止维护，用户迁移已成定局，以 openEuler 为代表的开源操作系统迎来发展新机遇。以阿里云、华为、麒麟软件、统信软件为代表的中国技术力量不断取得核心突破，以 openEuler 社区为代表的中国开源社区正在构建以自主技术为核心的产业生态，国内的服务器操作系统主要有 openEuler、统信服务器操作系统、中标麒麟高级服务器操作系统等，有效应对了 CentOS 停止维护所带来的安全隐患。

openEuler 是基于开源技术的、开放的企业级 Linux 操作系统软件，具备高安全性、高可扩展性、高性能等技术特性，支持鲲鹏处理器和容器虚拟化技术，适用于端、边、云等多种计算场景，提供了面向数字基础设施的新一代软件平台。作为服务器操作系统，openEuler 具有以下主要特性。

- 高性能：支持 CPU 多核加速技术、高性能虚拟化/容器技术等多个功能特性，可大幅提升系统性能，满足客户业务系统的高负载需求。
- 高可靠性：为客户业务系统提供可靠性技术保障，同时，满足行业关键标准（UNIX 03、LSB、IPv6 Ready、GB 18030 等）认证要求。
- 高安全性：openEuler 是目前最安全的操作系统之一，已通过公安部信息安全技术操作系统安全技术标准认证（GB/T 20272—2006），遵从德国 BSI PP 标准认证（CC EAL4+），最大限度保障系统安全。

公开资料显示，自 2019 年 12 月 31 日开放源码以来，openEuler 迅速成长为国内最具活力的开源社区之一，吸引了超过万名贡献者、300 多家合作伙伴，建立近百个 SIG，其发展速度放眼全球都是极快的。

openEuler 自 2021 年捐赠至开放原子开源基金会后高速发展，已大量应用于国计民生行业，在服务器操作系统国产替代的大趋势下成为用户首选。目前国内外已经有几十家主流操作系统厂商基于 openEuler 提供商用发行版，截至 2023 年 12 月，openEuler 系统累计装机量超过 610 万，IDC 预测，2023 年 openEuler 系统在中国服务器操作系统市场的份额达到 36.8%。

开源后，openEuler 实现了跨越式发展，成长为中国第一服务器操作系统，并在技术创新、生态发展、社区合作、商业落地上建立了完善的发展体系，形成了产业正循环。openEuler 成为中国首个达成市场份额第一的基础软件，这是中国基础软件产业发展的重要里程碑，为数字中国打造了坚实可靠的软件底座。

> 本章后续内容基于 openEuler 讲解服务器操作系统的主要管理功能和相关方法。

8.2　用户和用户组

用户和用户组管理是多用户操作系统的基本功能之一，更是所有服务器操作系统都必须拥有的功能。实际上，即使是个人使用的系统，也有必要建立多个用户或用户组，提升系统的操作安全性。另外，基于文本数据的用户管理机制是 UNIX 文本文化的又一个优秀案例。

Linux 的用户和用户组，主要作用有两点。

- 系统按用户提供存储资源，并保护用户资源不被其他用户非法访问、改写或删除。

- 系统按用户和用户组的身份运行软件程序，授权相应的合法资源，并保护程序不被其他用户程序干扰或破坏。

Linux 提供了简单、高效的用户和用户组管理机制，可实现对系统资源的访问控制，并方便对用户和用户组进行添加、修改和删除。

8.2.1 用户管理

用户的类型通常有 3 种，分别是 root 用户、普通用户和虚拟用户，用于不同的角色。root 用户也称为超级用户，拥有系统的完全控制权，几乎可不受限制地控制所有资源，应谨慎使用；普通用户，也称为一般用户，仅限对主目录等已获授权的文件进行有限访问；虚拟用户，也称为系统用户，如 sshd、nginx、mysql 等，仅供文件权限管理使用，不允许登录系统。

系统中安装的服务软件，一般会以虚拟用户身份运行。例如数据库系统 MySQL 一般以 mysql 用户身份来运行，Web 服务器软件 Apache 则会以 apache 用户身份运行，这样在避免使用 root 用户带来安全风险的同时，可保护自身的资源不被其他用户非法使用。

Linux 提供了简单、高效的用户和用户组管理机制，并可方便地添加、修改和删除用户和用户组。需要注意的是，执行这些操作必须拥有 root 权限。

（1）添加用户

添加用户就是在系统中创建一个新的用户账号，包括用户号、用户名、用户组、主目录和 Shell 路径等信息，必须拥有 root 权限才能添加用户。

添加用户的小工具是 useradd，命令语法格式如下，其中 username 为待添加用户的用户名，options 为可选参数，省略时采用系统的默认配置，详细用法可通过命令 useradd --help 了解。

```
useradd [options] username
```

例如要新建一个用户名为 openEuler 的用户，以 root 身份执行如下命令。

```
[root@openEuler22 ~]# useradd openEuler
```

可使用 id 命令查看新建的用户信息，命令如下。

```
[root@openEuler22 ~]# id openEuler
  uid=1000(openEuler) gid=1000(openEuler) groups=1000(openEuler)
```

在设置用户密码前，新用户还不能登录系统。以 root 身份执行 passwd 命令可设置用户密码，命令如下。

```
[root@openEuler22 ~]# passwd openEuler
```

为了提升用户安全性，用户密码需要满足以下要求。

- 长度至少为 8 个字符。
- 至少包含大写字母、小写字母、数字和特殊字符中的任意 3 种。
- 不能和用户名一样。
- 不能使用字典词汇。

根据提示两次输入新用户的密码，即可完成密码设置，现在用户 openEuler 就可登录系统了。

（2）修改用户

添加用户之后，也可对用户的以下信息进行修改：用户密码、登录 Shell、主目录、有效期等。拥有 root 权限的用户可以修改任何用户的信息，其他所有用户都只能修改自己的信息。

修改用户的小工具是 usermod，使用该工具可将用户的登录 Shell 从默认的 Bash 修改为 tcsh，也可将用户的登录 Shell 修改为 nologin 以禁止用户登录。例如，执行以下命令可修改 openEuler 用户所属的用户组和登录 Shell。

```
[root@openEuler22 ~]# usermod -g wheel -s /sbin/nologin openEuler
```

此外，还可对用户的主目录、UID 和有效期等进行修改，详细用法可通过命令 usermod --help 了解。

（3）删除用户

对于不再使用系统的用户，可删除用户的相关信息，必须拥有 root 权限才能删除用户。删除用户的小工具是 userdel，详细用法可通过命令 userdel --help 了解。

在 Windows 等许多操作系统中，验证用户登录所必需的用户数据都存储于二进制文件中。在 UNIX 类操作系统中，用户数据依然采用文本文件存储，每个用户占据一行、不同字段以冒号分隔，以下是从/etc/passwd 中选择的几行。

```
root:x:0:0:root:/root:/bin/bash
bin:x:1:1:bin:/bin:/sbin/nologin
daemon:x:2:2:daemon:/sbin:/sbin/nologin
ict:x:1002:1002::/home/ict:/bin/bash
nginx:x:986:986:Nginx web server:/var/lib/nginx:/sbin/nologin
```

采用二进制文件存储也许会节省一定的存储空间，事实上因用户数据总体上很少，所以压缩的空间极为有限。但采用文本文件存储可带来很多好处：可使用任何文本编辑器查看和修改数据，而不必使用专用工具；还可使用 grep 等多种小工具对数据进行搜索、过滤等各种处理。

与用户管理有关的信息文件如表 8.1 所示。

表 8.1　　　　　　　　　　与用户管理有关的信息文件

文件	描述	备注
/etc/passwd	用户账号信息文件	用户密码用 x 占位表示，实际存储在/etc/shadow 文件中
/etc/shadow	用户账号信息加密文件	用户密码实际存储文件
/etc/group	组信息文件	用户所属组信息
/etc/default/useradd	定义添加用户的默认属性文件	
/etc/login.de fs	系统广义设置文件	
/etc/skel	默认的初始配置文件目录	

8.2.2　用户组管理

为了便于对多个用户进行集中管理或分配资源，Linux 的每个用户至少都隶属于一个用户组。在添加用户时，如果没有指定用户组，useradd 会为该新用户建立一个新的组，组名与用户名相同。

用户组管理，主要包括用户组的添加、修改和删除，与用户管理相似，也是由多个小工具分别完成的，必须拥有 root 权限才能管理用户组。

添加用户组的命令是 groupadd，命令语法格式如下，其中 options 为相关参数，省略时采用系统的默认配置，groupname 为用户组名，详细用法可通过命令 groupadd --help 了解。

```
groupadd [options] groupname
```

例如，执行以下命令可新建一个名为 groupexample 的用户组。

```
[root@host ~] groupadd groupexample
```

修改用户组的命令是 groupmod，可修改用户组名和 GID 等信息；删除用户组的小工具是 groupdel，具体使用方法可参考帮助文档。

此外，还有多个与用户组有关的小工具，如 gpasswd 可将用户加入某个用户组或从某个用户组中移除，newgrp 可将隶属于多个用户组的登录用户从某用户组切换到另一个用户组的身份继续交互。

与用户组信息有关的文件如表 8.2 所示。

表 8.2 与用户组信息有关的文件

文件	描述
/etc/group	用户组信息文件
/etc/gshadow	用户组信息加密文件

8.2.3 实例 8-1：批量添加用户

如果需要一次性添加多个用户，逐个添加是相当烦琐的。例如，为开发团队的 50 名成员分别建立账号，或者为班级中的 100 名学生分别建立账号。这时利用 Linux 的 Shell 脚本语言，结合管道和重定向等功能，编写一段简单的脚本，即可实现批量添加用户。这正是 Shell 的强大能力之一，GUI 难以用简单方法做到。

```
#!/bin/sh
USER_LIST="test_user1
test_user2
test_user3"
echo "$USER_LIST" | while read name; do
    useradd $name
    echo "12345678" | passwd --stdin $name &> /dev/null
    #userdel "$name"
    done
```

这个脚本利用管道和重定向技术，将 USER_LIST 中的每一行字符串作为一个用户名，使用 useradd 添加用户，并使用 passwd 将从标准输入读取的字符串 12345678 设定为用户的默认密码。整个过程自动进行，不需要人工干预。

8.3 硬盘与逻辑卷

在使用系统的过程中，可能会遇到文件系统空间不足的问题。如何有效利用硬盘和管理文件系统，是开发者和服务器维护者都必须掌握的重要技能。硬盘是文件系统的存储介质，是操作系统管理的重要资源。操作系统一般对硬盘进行分区管理，满足不同文件系统的使用需要。更进一步，为了便于对文件系统进行动态扩容、缩减等灵活管理，多种操作系统都提供了称为逻辑卷的抽象存储方案，将一个或多个物理硬盘组织为一个单独的逻辑设备，支持更为灵活的存储空间分配和管理。

从软件设计角度来看，逻辑卷是抽象封装和分层设计等软件思想的典型案例。

8.3.1　硬盘分区

物理硬盘按照硬盘材质可分为机械硬盘和固态硬盘两种类型；按照接口类型又可分为 M.2 接口的硬盘、SATA 接口的硬盘、SAS 接口的硬盘等类型。硬盘分区可将硬盘驱动器划分为多个逻辑存储单元，这些单元称为分区。

Linux 分区的命名格式一般为 "/dev/xxyN"，命名规则大致如下。

- "xx"：代表设备类型，通常以 "hd" 代表 IDE、USB 等类型的硬盘，"sd" 代表 SSD、SATA 或 SCSI 等类型的硬盘。
- "y"：设备的位置编号，同一接口类型的第一个设备以 a 或 0 表示，第二个设备以 b 或 1 表示，以此类推。
- "N"：分区的位置编号，同一设备上的第一个分区以 1 表示，第二个分区以 2 表示，以此类推。

> 从命名规则中可以看出，硬盘分区也是 Linux 系统目录/dev/中的文件。事实上，甚至整个物理硬盘都可当作文件直接访问。使用 dd 命令可直接读写物理硬盘或硬盘分区，包括备份文件系统、复制硬盘等。

将硬盘划分为多个分区有利于管理和使用。例如把硬盘分成 sda1、sda2、sda3、sda4 和 sda5 等分区，sda1 可为 Windows 系统分区，sda2 可为 Linux 系统分区，sda3 可为 Windows 应用分区，sda4 可为 Windows 数据分区，sda5 可为 Linux 的用户分区，等等。可将不同分区格式化为不同文件系统格式，以满足不同的应用需求。

此外，分区管理还有利于数据的安全。分区可将系统文件与用户文件分开，有利于保障系统数据和用户文件各自的使用安全，还可降低数据损失的风险。硬盘坏道、错误操作、重装系统等都有可能造成数据损失，经过分区后，就可将损失限制在出现错误的一个分区之内。例如，如果需要重新安装 Windows，只需要格式化 sda1 分区并安装系统即可，无须破坏其他分区及其中的系统文件和用户文件。

8.3.2　MBR 和 GPT

通常所说的"硬盘分区"就是指通过修改硬盘分区表的信息将硬盘划分为多个分区，硬盘分区方案主要有传统的 MBR（Master Boot Record，主引导记录）和流行的 GPT（GUID Partition Table，全局唯一标识分区表）两种。

MBR 分区最大可支持 2TB 硬盘，一般多用于 32 位系统。MBR 存在于硬盘驱动器开始部分的一个特殊启动扇区，这个扇区包含启动加载器代码和硬盘分区信息表，一共 512 字节。启动加载器代码是一小段代码，用于引导启动分区中的操作系统。硬盘分区信息表只有 64 字节，每个分区用 16 字节描述，最多支持 4 个主分区。如果需要更多的分区，只能通过创建"扩展分区"，并在扩展分区中创建多个"逻辑分区"实现。

GPT 分区是一个正逐渐取代 MBR 分区的新标准，它和 UEFI（Unified Extensible Firmware Interface，统一可扩展固件接口）相辅相成——UEFI 用于取代 BIOS（Basic Input/Output System，基于本输入输出系统），而 GPT 则用于取代 MBR。GPT 表示每个分区都有一个 GUID（Globally Unique Identifier，全局唯一标识符），相较于用 sda1 等分区编号更具可移植性，便于文件系统的识别和管理。另外，GPT 分区的大小几乎没有限制，最大可支持 18EB，主分区的数量充足，多达 128 个。因而 GPT 中没有扩展分区和逻辑分区的概念，都是主分区。

基于硬盘硬件和系统应用的实际需要，选择适当的分区方案后，可使用 fdisk 等工具完成硬盘分区。在操作系统的安装过程中，如果用户没有明确指定，安装器可能会按默认分区方案自动进行分区并格式化各个分区。针对不同的分区，可按需要分别建立各自的文件系统，如通过 mkfs 等硬盘工具来格式化分区。格式化后的分区使用 mount 等工具挂载到根文件系统后，即可使用。

8.3.3 实例 8-2：分区创建与挂载

本实例演示在硬盘上创建分区、格式化并挂载文件系统的全过程。

fdisk 是命令行工具，使用时必须拥有 root 权限，可单步交互式执行。如执行 fdisk /dev/sdb 后，进入交互界面，命令 m 可给出帮助信息，如 p 为输出当前硬盘的参数和分区等信息，q 为退出分区工具等。

如果需要对一批硬盘进行同样的分区划分，还可用编写脚本的方式来进行，避免大量重复的操作。以下示例脚本利用了重定向和 Here 文档技术。重定向屏蔽了信息输出，Here 文档用来自动接收命令，自动接收命令的终止标识是遇到字符串"CMDS_END"，这时会退出 fdisk。

将硬盘/dev/sdb 划分为 3 个 Linux 分区，分区大小分别为 12GB、4GB 和硬盘剩余的全部空间，其中第二个分区类型为 Linux 交换分区。脚本的具体含义如下：第一行的命令 g 表示采用 GPT 分区方案；第二行的 n 表示新建一个分区；空行表示使用有关新分区的默认参数，如分区编号、起始扇区编号等；+12G 表示默认起始扇区之后的硬盘空间大小为 12GB，至此第一个分区划分完成。接下来是第二个分区，前 4 条命令含义与新建第一个分区的命令相同，接下来的命令 t 表示硬盘份额类型，19 表示设定分区类型为 Linux 交换分区，至此第二个分区划分完成。第三个分区没有指定分区大小，意味着使用默认的参数，即硬盘剩余的全部空间，至此第三个分区也划分完成。接下来的命令 p 表示输出当前的分区表信息，确认正确后，必须用命令 w 将分区表写入硬盘，否则并不会生效。

```
[root@openEuler22 ~]# fdisk /dev/sdb >/dev/null << CMDS_END
g
n
```

```
+12G
n


+4G
t
19
n



p
w
CMDS_END
```

使用脚本的好处是，在所有硬盘上进行相同的分区操作时，不用逐个等待手动输入，大大提高了操作效率。需要注意的是，其中的换行代表着按"Enter"键，不可删除；另外，不同 Linux 发行版的 fdisk 的行为可能会存在细微差别，以上脚本中的命令可能需要做出调整。

以下示例在硬盘分区/dev/sdb1 上创建 Ext4 文件系统，并将其挂载到/mnt 目录。

```
[root@openEuler22 ~]# mkfs -t ext4 /dev/sdb1
[root@openEuler22 ~]# mount /dev/sdb1 /mnt/
```

这种临时挂载的文件系统仅在当时有效，操作系统重启后即消失。如果需要在系统重启后自动挂载文件系统，可在/etc/fstab 中注册该文件系统的信息。

/etc/fstab 是专门用来存放文件系统的静态信息的文本文件，系统启动后会根据其中的配置信息来自动挂载各个文件系统。可使用 Vim 等编辑器，在此文件的末尾添加如下内容：

```
/dev/sdb1 /mnt ext4 defaults 0 0
```

上述内容的含义如下所示。

- sdb1：分区设备名。
- mnt：文件系统的挂载点。
- ext4：文件系统的类型。
- defaults：挂载选项，此处以"defaults"为例。
- 前一个 0：备份选项，设置为"1"时，系统自动对 Ext4 文件系统进行备份；设置为"0"时，不进行备份。此处以"0"为例。
- 后一个 0：扫描选项，设置为"1"时，系统在启动时自动对 Ext4 文件系统进行扫描；设置为"0"时，不进行扫描。此处以"0"为例。

需要特别注意的是，如果 fstab 文件中的信息存在错误，可能导致系统启动时出现无法登录等严重问题。mount 工具提供了 fstab 文件验证功能，指定参数--fake 或-f 时，mount 不会真正调用系统调用来加载文件系统，但会解析 fstab 文件中的每一个文件系统的挂载信息；指定参数 -v 选项可输出详细的信息，根据这些信息可判断 fstab 是否存在错误。

因此修改/etc/fstab 文件后，执行命令 mount -afv 可验证 fstab 文件。如果没有给出错误信息，可重新启动系统，该文件系统将自动挂载。

在 fstab 的第一列使用分区设备名作为分区标识符时存在一个问题，如果硬盘因为某种原因变更了分区设备名（例如硬盘换到了另外一个接口，名称变为/dev/sdc，这种情况时有发生），文件系统挂载会失败。分区还有另外一种标识——即 UUID（Universally Unique IDentifier，通用唯一识别码），UUID 以 4 个连字符分隔为 5 段的 32 个十六进制字符表示，确保 UUID 不会重复。GUID 是 UUID 标准的一种实现。

使用 blkid 工具可查询硬盘分区的 UUID 和文件系统的类型等信息，执行以下命令可查看/dev/sdb3 的相关信息。

```
[root@openEuler22 ~]# blkid /dev/sdb3
```

输出信息中，UUID 表示/dev/sdb3 的 GUID，fstype 为文件系统的类型标识。如果输出的 UUID="8f61dc87-472b-4a8d-b289-238e66a73f56"，则关于/dev/sdb3 的挂载记录如下。

```
UUID=8f61dc87-472b-4a8d-b289-238e66a73£56 /mnt ext4 defaults 0 0
```

此外，在 Ubuntu 等安装有 GNOME 桌面工具的 Linux 发行版中，也可通过 GUI 的硬盘工具来分区和创建文件系统。这些工具可自动识别到插入计算机的 USB 等类型的移动硬盘，并自动将其挂载到系统中。

卸载文件系统的工具是 umount，参数可以是设备文件名或文件系统的挂载点，支持与 mount 类似的多个选项，如"-f"表示强制执行等。卸载文件系统时经常会失败。

```
[ict@openEuler22 ~]$ sudo umount /boot
umount: /boot:目标忙.
```

失败原因是某些进程正在使用这个文件系统中的文件，例如用户的当前工作目录还处于这个文件系统中（即 Bash 打开了某个目录文件）。这时可用 lsof 列出使用该文件系统的所有进程，采取相应的结束措施或执行 kill 强行终止进程，即可成功卸载该文件系统。

```
[ict@openEuler22 ~]$ lsof /boot
COMMAND    PID USER    FD     TYPE DEVICE SIZE/OFF NODE NAME
bash     44170 ict     cwd     DIR    8,2     4096    2 /boot
lsof     44737 ict     cwd     DIR    8,2     4096    2 /boot
lsof     44738 ict     cwd     DIR    8,2     4096    2 /boot
```

8.3.4 逻辑卷

在硬盘上划分多个分区并分别建立文件系统，已经可以很好地利用硬盘上的存储空间了，但在应用中不能动态扩大文件系统容量。例如，经过一段时间的使用后，发现某个分区的容量不足，这时必须增加新的硬盘或更换一块更大容量的硬盘，但增加硬盘并不能扩大另一硬盘上的文件系统，更换硬盘需要将原硬盘上的分区卸载并全部复制过来，卸载分区意味着服务中断，这对于生产环境中的服务器是不可接受的。针对这个问题，Linux 提供了 LVM（Logical Volume Management，逻辑卷管理）解决方案。

LVM 通过在硬盘和文件系统之间添加一个逻辑层，来为文件系统屏蔽底层硬盘分区结构，提高硬盘分区管理的灵活性。在传统的硬盘管理机制中，文件系统直接对底层的物理硬盘分区进行读写。在 LVM 中，文件系统与抽象的逻辑卷交互，由逻辑卷负责底层的物理硬盘操作，因而文件系统并不直接访问物理硬盘分区。当向文件系统中增加一个物理硬盘时，只需将硬盘添加到逻辑卷中，即可实现文件系统的动态扩容。相当于用逻辑卷替换了物理分区，而逻辑卷是可动态调整大小的。因此，LVM 使文件系统不再受限于物理硬盘的大小，可分布在多个硬盘上，支持动态扩容。图 8.1 所示为 Linux 的 LVM 存储管理架构和创建流程。

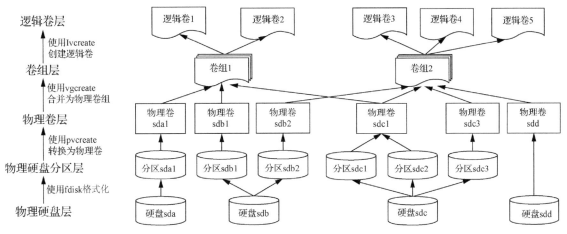

图 8.1　Linux 的 LVM 存储管理架构和创建流程

为了帮助读者理解 LVM 的原理，介绍 LVM 中 4 个基本的概念。

- PE（Physical Extend，物理扩展）块：LVM 的基本单位，指物理硬盘上的一块存储空间，默认大小是 4MB。
- PV（Physical Volume，物理卷）：LVM 的基本存储逻辑块，由若干个 PE 块组成，可直接在整个硬盘或硬盘分区上创建，创建物理卷的过程就是将硬盘或分区划分为若干个 PE 块的过程。
- VG（Volume Group，卷组）：由若干个物理卷组成，存放了来自不同物理卷中的许多 PE 块，意味着来自不同物理硬盘或分区上的存储空间都被抽象为一个 PE 池，屏蔽了底层物理硬盘细节。
- LV（Logical Volume，逻辑卷）：在卷组上创建，可创建一个或多个，创建逻辑卷其实就是从卷组中划定指定数量的 PE 块，不同的逻辑卷可格式化成不同的文件系统，挂载后即可使用。

相比传统的硬盘分区，逻辑卷的主要优势是可动态调整空间大小，例如从不同的硬盘上添加新的存储空间，或者释放存储空间，从而支持逻辑卷上的文件系统动态扩容或收缩。

> 在卷组上创建逻辑卷的作用，与在物理硬盘上创建硬盘分区的作用类似，但硬盘分区必须来自同一个物理硬盘上的连续空间，而逻辑卷组则没有这个限制，逻辑卷中的 PE 块可来自不同的物理硬盘，这是逻辑卷可动态增加物理存储空间的原因。

8.3.5　实例 8-3：逻辑卷创建与挂载

本实例以 openEuler 操作系统环境为例，简要介绍用 LVM 管理逻辑卷的基本方式，包括创建和使用逻辑卷等，所有操作均需要 root 权限。

1. 创建逻辑卷的主要流程

相关的 LVM 软件包默认已安装在 openEuler 中，可通过 rpm -ql lvm2 命令来确认。如已安装，会显示已安装的全部文件，其中包括/etc/lvm 目录下的配置文件和/usr/sbin/目录下的多个相关工具。

创建逻辑卷的主要流程可分为以下 3 步。

（1）创建物理卷

物理卷可直接在硬盘上创建，也可在单个硬盘分区上创建，创建工具是 pvcreate。

以下示例为将/dev/sdb、/dev/sdc2 创建为物理卷。

```
[root@openEuler22 ~]# pvcreate /dev/sdb /dev/sdc2
```

使用 pvdisplay 或 pvs 可查看物理卷的详细信息，包括物理卷名称、所属的卷组、物理卷大小、物理块大小、总物理块数、可用物理块数、已分配物理块数和 UUID 等。此外，使用 pvchange 可修改物理卷的属性，使用 pvremove 可删除物理卷。

（2）创建卷组

创建卷组，将前面创建的物理卷都加入这个卷组中，并为卷组起一个名字，创建工具是 vgcreate。

以下示例为创建卷组 vg1，并将物理卷/dev/sdb 添加到卷组中，还可使用 vgdisplay 或 vgs 查看卷组的信息。

```
[root@openEuler22 ~]# vgcreate vg1 /dev/sdb
```

使用 vgextend 可向卷组中添加新的物理卷，即动态扩展卷组的容量。

以下示例为扩展 vg1，将物理卷/dev/sdc2 添加到卷组中。

```
[root@openEuler22 ~]# vgextend vg1 /dev/sdc2
```

此外，还可使用 vgchange 修改卷组的属性，使用 vgreduce 命令删除卷组中的物理卷来减小卷组容量，使用 vgremove 命令删除卷组。

（3）创建逻辑卷

在物理层面的卷组存储池中，可创建逻辑卷，创建工具是 lvcreate。

以下示例为在卷组 vg1 中创建 200MB 的逻辑卷，并命名为 lv1。

```
[root@openEuler22 ~]# lvcreate -L 200M -n lv1 vg1
```

使用 lvdisplay 可查看逻辑卷的信息，包括逻辑卷空间大小、读写状态和快照信息等属性。注意，新创建的逻辑卷的设备文件为/dev/vg1/lv1。

至此，已成功创建了逻辑卷，这个逻辑卷的设备文件可用于创建一个新的文件系统。使用 lvremove 工具可删除逻辑卷，但如果逻辑卷上的文件系统处于未挂载状态，删除逻辑卷会丢失逻辑卷上的全部数据，务必谨慎操作。

2. 使用逻辑卷

使用逻辑卷可以进行文件系统创建操作，在逻辑卷上创建文件系统的过程与在硬盘分区上创建文件系统的过程非常相似，不同之处在于使用的设备名是逻辑卷对应的设备文件名。

以下示例为在逻辑卷 lv1 上创建 Ext4 文件系统。

```
[root@openEuler22 ~]# mkfs.ext4 /dev/vg1/lv1
```

使用与硬盘分区上的文件系统相同的挂载方法,可将逻辑卷上的文件系统挂载到系统。理论上,逻辑卷上的文件系统可在不损坏、不丢失数据的情况下动态调整容量。但为了数据安全,建议在保存有重要数据的逻辑卷上谨慎进行此操作。

扩充文件系统的主要流程分为两步:先增加逻辑卷的存储空间,再增加文件系统的容量。

增加逻辑卷的存储空间的工具是 lvextend,该操作不会中断应用程序对逻辑卷的访问。

以下示例展示了为逻辑卷 lv1 增加 2GB 空间。

```
[root@openEuler22 ~]#  lvextend -L +20G /dev/vg1/lv1
[root@openEuler22 ~]#  lvs
```

增加 Ext4 文件系统的容量的工具是 resize2fs,增加 XFS 文件系统的容量的工具是 xfs_growfs,增加其他文件系统的容量需要使用其他的工具。

以下示例展示了为文件系统/dev/vg1/lv1 增加 20GB 空间。

```
[root@openEuler22 ~]#  resize2fs /dev/vg1/lv1
[root@openEuler22 ~]#  df -h
```

收缩文件系统的主要流程也分为两步:先收缩文件系统的容量,再收缩逻辑卷的存储空间。这与扩充文件系统的操作顺序刚好相反。收缩逻辑卷的存储空间的工具是 lvreduce,该操作可能会删除逻辑卷上已有的数据,所以在操作前必须进行确认。收缩文件系统的容量的工具与增加文件系统的容量的工具相同。

除了支持动态调整存储空间大小外,逻辑卷还提供快照功能,可将数据回滚到之前的快照状态,支持数据恢复功能。快照就是将逻辑卷当时的数据记录下来,如同拍照存储一样,以后数据有任何改动,原始数据都会被移动到快照区,没有被改变的区域则由快照区与文件系统共享。这些优势特性都是传统的硬盘分区系统所不具备的。

因此,LVM 通过在物理硬盘分区之上建立一个抽象的逻辑层,将若干个硬盘组织为一个存储池,在这个抽象的存储池上建立多个空间可动态调整的逻辑卷,极大地提高了硬盘空间管理的灵活性。当系统存储空间不足时,不必卸载文件系统并将其从旧的硬盘复制到新的硬盘上,而只需要将新添加的物理硬盘补充到这个存储池中,实现直接跨越硬盘式扩展逻辑卷空间,进而在线扩充逻辑卷的文件系统。

8.4　软件包

应用程序是为操作系统添加新功能的主要方式,因此软件的管理机制不仅直接影响操作系统的性能、安全和维护等方方面面,还影响用户的使用体验。如今,智能手机用户在应用商店中,只需要简单地用手指点击或拖曳即可完成一个软件的安装或卸载,然而在个人计算机或服务器上,情况往往要复杂得多。

软件包管理工具起源于 BSD,为了节省用户在维护软件上所花费的时间而发明,是 UNIX 设计哲学中工具思想的体现。

在包括 Windows、UNIX、Linux 等在内的绝大多数操作系统中，应用程序都由一些文件组成，用户通常需要在运行应用程序之前把这些文件放到文件系统中的特定地方，然后应用程序才能运行起来。在没有软件包管理器的情况下，用户如果想成功安装程序，需要完成一系列麻烦的工作。

例如，Windows 10 以前的系统中，安装新软件的一般流程如下。

- 寻找软件官方发布地址，或通过某软件管家寻找软件。
- 手动下载安装包。
- 解压或直接运行软件安装程序。
- 根据提示进行操作，完成安装，删除安装包。

这种方式比较烦琐、效率低且安全风险大。直到 2020 年 5 月，在 Microsoft Build 开发者大会上，微软发布了用于 Windows 系统的、官方支持的软件包管理器 WinGet，终于改变了这一安装方式。另外，开源的 Scoop 是另一款优秀的适用于 Windows 平台的命令行软件包管理工具。简单来说，Scoop 可通过命令行工具（PowerShell、命令提示符窗口等）实现软件（包）的安装、管理等，通过简单的一行代码实现软件的下载、安装、卸载、更新等操作。

对于支持文件权限属性的 UNIX 类操作系统来说，情况更为复杂：这些系统都是真正的多用户系统，必须能追踪每个文件的所有者，以确定文件是否可被访问或改写。因此，安装软件时除了需要把各个文件复制到权限合适的目录中，还需要对各个文件设置合适的权限并指明所有者。对于稍微复杂的软件，涉及文件数量会非常庞大，手动处理极为烦琐。

此外，软件的卸载和升级也很复杂：安装好的软件需要能够安全、独立地卸载和升级。通常情况下，升级就是卸载掉旧版本软件然后重新安装新版本软件——只是需要注意在卸载旧版本软件前保留各种配置文件，装好新版本软件后再把这些文件放回去。软件能否卸载干净、能否顺利升级，可能还涉及软件的依赖库等一系列问题，这些问题在 Windows 中通常难以处理得很好。

软件包管理，就是为了解决应用程序的安装、升级和卸载难题。FreeBSD 在 20 世纪 80 年代起就已经提供了优秀的包管理器，GNU/Linux 在发行初期也实现了自己的包管理器。但真正进入大众视野的，是在 2007 年随第一代 iPhone 发布的 App Store 和随后的 Android 的应用市场。简单来说，包管理器是一种在命令行中进行应用程序安装、升级和卸载的管理工具。

包管理器的功能非常丰富，不同的操作系统有不同的具体实现。一般来说，其主要功能包括根据关键字检索软件包、自动下载软件包、验证软件包、自动安装软件包、清除临时文件等，特别是在安装过程中还会根据当前环境自动下载并安装全部的依赖软件，既保障了软件的安全性，又提升了用户的体验。

不同操作系统使用的包管理器及软件包格式不尽相同。macOS 同时提供了基于 CLI 的 Homebrew 和基于 GUI 的 App Store 来管理软件包；FreeBSD 使用 pkg 管理.tgz 格式的软件包，Debian 和 Ubuntu 使用 apt 管理.deb 格式的软件包；RHEL、CentOS 和 openEuler 等则主要使用 DNF 管理.rpm 格式的软件包。尽管在实际的实践中，Linux 发行版通常只会使用到其中的一种。然而，如果需要在一个混合的 Linux 环境下工作，例如工作站运行的是一种发行版，同时需要与运行另外一种发行版的服务器进行交互,那么最好同时熟悉几种常见的包管理器。

包管理器使用的软件包都是二进制包,这种包由直接可执行的软件组成,安装效率高。此外,操作系统还可使用应用程序的源码包,在本地开发环境中经过编译后再安装,主要优点是可进行个性化定制、运行效率高。

软件包管理要求具有 root 权限,以下以 openEuler 环境为例,介绍 RPM 包管理、DNF 包管理和源码包管理这 3 种常见的软件包管理方式。

8.4.1 RPM 包管理

RPM(Red Hat Package Manager)最初是由 Red Hat 开发的,获得了成功的应用。随着越来越多的发行版(甚至非 Linux 发行版的其他系统)开始用 RPM 来管理软件,RPM 的含义变成了 RPM Package Manager(RPM 包管理器)。

RPM 提供了管理应用程序的完整功能,兼容性好,支持大多数 Linux 发行版。它维护了一个已安装软件包及其版本的数据库,支持安装、升级、卸载软件包,还支持从源码编译二进制 RPM 包。二进制 RPM 包命名格式为 name-version-release.arch.rpm,表示软件名称-版本号-发行版号.处理器架构。

RPM 包的管理命令是 rpm,功能丰富,支持的选项非常多,表 8.3 仅列出常见选项,可通过 rpm --help 查询帮助信息。

表 8.3   **rpm 工具常用选项**

选项	功能描述	选项	功能描述
-i	指定安装的 RPM 包	-V	查询已安装的 RPM 包的版本信息
-h	使用 "#"(hash)符号显示详细的安装过程及进度	-p	查询/校验一个 RPM 包的文件
-v	显示安装的详细过程	-ql	列出 RPM 包内的文件信息
-U	升级指定的 RPM 包	-qi	列出 RPM 包的描述信息
-q	查询系统是否已安装指定的 RPM 包或查询指定 RPM 包内容信息	-qf	查找指定文件属于哪个 RPM 包
-a	查看系统中已安装的所有 RPM 包	-Va	校验所有的 RPM 包,查找丢失的文件

以下示例为用 rpm 安装本地 RPM 包。

```
[root@openEuler22 ~]# rpm -hvi /tmp/downloads/samba-4.17.5-8.oe2203sp2.aarch64.rpm
```

RPM 包管理器的缺点也很明显,如果安装时不能自动解决依赖问题,卸载软件时还需要对依赖软件进行优先处理,否则会导致其他软件无法正常使用。此外,需要手动从网络上搜寻和下载 RPM 包。

Yum 工具是采用 Python 语言开发的一个 RPM 前端工具,可从指定的服务器自动下载 RPM 包并进行安装,作为软件仓库对软件包进行管理,相当于一个 RPM 包 "管家";同时能够解决 RPM 包之间的依赖关系,提升了安装效率,是一个更好的 RPM 包管理器。但 Yum 存在性能差、内存占用过多、依赖解析速度慢、用户体验差等问题,并且这些问题长期得不到解决。

针对这些问题,DNF 工具应运而生。

8.4.2　DNF 包管理

openEuler 等多种 Linux 发行版已采用 DNF 作为包管理工具。DNF 是新一代的 RPM 包管理器，现已被视作目前最健壮的包管理工具之一。它基于 C 语言库 libsolv 和 hawkey 等进行开发，克服了 Yum 包管理器的一些瓶颈问题，大幅改进了内存占用、依赖分析、运行速度等多方面的性能。

DNF 可从软件库自动下载软件包，自动处理依赖关系以安装或卸载软件包、软件包组，以及将软件包更新到最新版本。此外，DNF 提供了兼容 Yum 的命令，还为扩展和插件提供了 API。

表 8.4 列出了 DNF 的软件包查询、安装、升级和卸载等常见操作，DNF 还支持 history、autoremove 等更多操作，可通过 dnf --help 查看帮助文档。

表 8.4　　　　　　　　　　　　　　　　DNF 包管理器命令

命令举例	功能描述
dnf search string	可通过包名称、缩写或描述关键词来搜索希望安装的软件，执行如下命令可查询所有与 nginx 有关的软件包
dnf info string	显示一个或多个软件包信息
dnf install string	安装一个或多个软件包，并自动安装或更新依赖软件
dnf list string | installed	列出指定软件包或所有已安装软件包的信息
dnf remove string	卸载软件包的过程比较复杂，DNF 会自动分析相关的依赖软件包，不再被任何其他软件包使用的依赖软件包会一同被卸载
dnf update string	更新所有的软件包及其依赖，指定软件包名或软件包组名即可更新相应的软件包，DNF 还将自动更新软件包的全部相关依赖软件包

DNF 还支持对软件包组的管理。软件包组是服务于共同的目的的一组软件包，例如系统工具集、开发工具集、科学计算集等。dnf 命令可对软件包组进行安装/删除等操作，操作非常高效，具体用法可通过 dnf group --help 查看帮助文档。

执行如下命令可方便地查看包管理器提供的软件包组清单。

```
[root@openEuler22 ~]# dnf group list
Last metadata expiration check: 22:49:03 ago on Sun Nov 12 03:28:40 2023.
Available Environment Groups:
   Minimal Install
   Server
   Virtualization Host
Available Groups:
   Container Management
   Development Tools
   Headless Management
   Legacy UNIX Compatibility
   Network Servers
   Scientific Support
   Security Tools
   System Tools
   Smart Card Support
```

还可列出在一个软件包组中必须安装的包和可选包。执行如下命令可列出开发工具集 Development Tools 的具体软件组成。

```
dnf group info 'Development Tools'
```

软件包组的安装和卸载非常简单。例如安装 Development Tools 相应的软件包组，命令如下。

```
[root@openEuler22 ~]# dnf group install "Development Tools"
```

或者，

```
[root@openEuler22 ~]# dnf group install development
```

卸载 "Development Tools" 时，只需要把上述安装命令中的 install 改为 remove 即可；另外，使用 dnf group update 命令即可完成软件包组的更新。

DNF 自动下载、更新软件包所依赖的软件源和默认行为等 "幕后" 信息，都保存在配置文件之中，配置涉及两种方式。

一种是使用配置文件/etc/dnf/dnf.conf，该文件主要包含两部分。

- "main" 部分保存着 DNF 的全局设置。
- "repository" 部分用于设置软件源信息，可有一个或多个 "repository"。

另一种是使用/etc/yum.repos.d 目录中的 repo 源相关文件，通过它们也可设置不同的 "repository"。"repository" 可以是网络 URL（Uniform Resource Locator，统一资源定位符），也可以是本地文件路径。例如将 openEuler 的 ISO 文件挂载为本地目录，即可加入 "repository"。

```
[ict@openEuler22 ~]$ sudo sh -c 'mkdir /var/repo && mount -o loop \
> openEuler-22.03-LTS-SP2-x86_64-dvd.iso /var/repo/'
[ict@openEuler22 ~]$ file /var/repo/RPM-GPG-KEY-openEuler
/var/repo/RPM-GPG-KEY-openEuler: PGP public key block Public-Key (old)
```

在/etc/yum.repos.d 目录下创建一个名为 "openEuler22.03-local.repo" 的仓库文件，配置一个新的软件源如下。

```
[OS]
name=openEuler 22.03-LTS -OS
baseurl=file:///var/repo/
enabled=1
metadata_expire=-1
gpgcheck=1
gpgkey=file:///var/repo/RPM-GPG-KEY-openEuler


[everything]
name=openEuler 22.03-LTS -Everything
baseurl=file:///var/repo/
enabled=1
metadata_expire=-1
gpgcheck=1
gpgkey=file:///var/repo/RPM-GPG-KEY-openEuler
```

在实际使用过程中，可根据网络环境和系统使用途径的需要，配置适合的软件源。执行以下命令可显示当前配置的全部软件源。

```
[root@openEuler22 ~]# dnf repolist
[root@openEuler22 ~]# dnf update
```

8.4.3 源码包管理

源码包是更为通用且灵活的软件包管理方式，适合专业开发者或对性能有高要求的生产场景。

使用 DNF 等管理器安装软件简单、高效，已成为绝大多数用户的优先选择。但这些包管理器实际使用的是二进制包，可能会存在以下问题。

- 二进制包版本过低，编译参数不适合当前业务。
- 欲安装的软件尚未发布软件包或不支持当前系统。
- 二进制包缺乏某些特性。
- 需要优化编译参数，提升软件某方面的性能。

如果软件是开源发布的，则可通过源码包的形式安装，解决以上问题。源码包安装的一般步骤如下。

- 下载源码包并解压（校验包完整性）。
- 查看 README 和 INSTALL 文件（其中记录了软件的安装方法及注意事项）。
- 创建 Makefile 文件（通过执行 ./configure 脚本命令生成）。
- 编译，通过 make 命令将源码自动编译成二进制文件。
- 执行 make install 安装软件。

> 安装命令用来将编译生成的二进制文件安装到对应的目录中，默认的安装路径为 /usr/local/，相应的配置文件位置一般为 /usr/local/etc 或 /usr/local/***/etc。

openEuler 的源码包安装方式可参考实例 6-1，其中给出了 QEMU 5.0.0 的安装全过程。

大部分操作系统使用的源码包管理方式是类似的，都是在本地开发环境中编译、安装。值得一提的是，FreeBSD 的 Ports 是一套设计非常优雅的源码包机制。Ports 是一组文本描述文件，基于 Makefile，可实现软件相关文件的下载、提取、修补、编译和安装等全流程的自动化处理。Ports 的优点是所有软件包都可提前制作补丁文件，并优化编译参数，然后全流程自动完成，无须干预；缺点是下载、编译时间长，对本地存储和计算资源要求比较高。

> 有兴趣的读者，可深入了解 FreeBSD 的 Ports 系统，它是基于源码包和 Makefile 打造的软件管理系统，非常巧妙。另外，Makefile 的作用在 FreeBSD 中可谓发挥到了极致，在源码树顶层目录中执行 make world 即可编译整个操作系统自身！

因此，相对于二进制包来说，源码包的移植性较好，仅需要发布一份源码包，用户经过编译即可正常运行，而且可高度自定义，最大限度发挥本机性能。但不是所有软件都以源码包形式发布，另外编译配置、依赖关系可能非常烦琐，对非开发者不友好。

8.5 系统服务

在操作系统中，有一些应用程序以特殊的方式运行，它随着系统启动在后台自动启动，随着系统关闭自动退出，通常可在本地或通过网络为用户持续提供一些服务。这就是操作系统的系统服务，不同的操作系统，对于系统服务可能有不同的创建和管理方式。

在 Windows 中，通过任务管理器可发现多个系统服务，如输入法服务、打印机服务等。有的服务已经自动启动，可根据需要将其手动停止；有的服务处于停止状态，可根据需要将其手动启动。

在 Linux 中，系统服务也称为守护程序，脱离 Shell 在后台运行。第 7 章中用于系统网络管理的 NetworkManager 网络服务、用于防御外部网络攻击的防火墙服务，以及后面即将讲解的 SSH 服务、计划任务服务、日志系统服务、安全审计服务等都属于系统服务。这些系统服务是操作系统功能的重要扩展，既要高效地为用户和应用程序提供服务，又要具有简便的管理手段，因此需要采取高效的机制来实现这些系统服务。

当前主流 Linux 发行版的系统服务机制是 systemd，它克服了传统的 Sysvinit 的固有缺点，提高了系统服务的启动速度。目前，许多主流 Linux 发行版都采用 systemd 作为其默认的初始化系统，包括 Ubuntu、Debian、Fedora Linux、CentOS、openEuler 等。

systemd 也是 UNIX 设计哲学中"提供机制，而非策略"的优秀案例。

8.5.1　systemd

在 Linux 早期的服务管理中，init 是内核初始化结束后创建的第一个进程，进程 ID 通常是 1。内核按照硬编码的文件名启动它，如果内核不能启动它，将会导致内核崩溃。init 启动自身后，通过调用/etc/init.d 目录中的配置脚本，启动更多的系统服务。另外，可通过 service 工具启动或停止这个目录中的系统服务。init 是其他所有进程直接或间接的"祖先"，并自动监护所有孤儿进程，它也是一个守护进程，会一直运行到系统关闭。在 init 机制下，系统服务逐个串行启动，总体耗时长，且系统服务脚本编写复杂。

systemd 即 system daemon，是为了代替传统的 Sysvinit 而开发的，支持基于守护进程的按需启动策略及快照和系统状态恢复，实现了各服务间基于从属关系的更为精细的逻辑控制，拥有更高的并行性能，提供了强大的管理和监控服务的能力。systemd 支持通过特定事件（如插入特定 USB 设备）和特定端口数据触发的按需（on-demand）任务，使得特定的服务只有在被请求时才启动，减少了系统启动时的进程数，从而允许更多的进程并行启动。系统服务在/etc/systemd/system/目录下的不同 service 文件中配置，通过 systemctl 工具完成启动、停止或重新启动等监管操作，可使系统服务的创建和管理更为简单高效。

systemd 可管理多种系统资源，每种资源分别称为一个 Unit。Unit 文件统一了过去多种不同的系统资源配置格式，例如服务的启停、任务定时、设备挂载和网络配置等系统资源配置格式。这些不同格式的系统资源配置文件分别使用不同的文件扩展名，如.service 文件用来管理系统服务，.mount 文件用来管理自动挂载的文件系统资源，.socket 文件用来管理基于系统或网络数据消息触发启动的服务。另外，systemd 用 target 替代了运行级别的概念，提供了更高的灵活性。

传统的 init 是由一系列简单、精巧的服务构成的集合，配置相对复杂，但是配置过程透明。systemd 则是一个包含很多功能的庞大系统，配置简单，对于这个转换，各方争论不一，有人喜欢它的功能强大、操作简单，有人批评它不符合 UNIX 设计哲学。

8.5.2 systemctl

systemd 的管理命令是 systemctl，必须拥有 root 权限才可管理系统服务。执行命令 systemctl status 可查看当前运行的全部系统服务。

添加系统服务非常简单。对于支持 systemd 的软件，在将其安装到系统时，会自动将它的服务配置文件添加到/usr/lib/systemd/system/目录中。以 httpd 为例，用 dnf 命令完成安装后，httpd 的系统服务配置脚本存储为/usr/lib/systemd/system/httpd.service。执行以下命令可将 httpd 添加为系统服务。

```
[ict@openEuler22 ~]$ sudo dnf install -y httpd
[ict@openEuler22 ~]$ systemctl enable httpd
Created symlink /etc/systemd/system/multi-user.target.wants/httpd.service →
/usr/lib/
    systemd/system/httpd.service.
```

可见以上命令的作用是将 httpd 的系统服务配置脚本在系统服务目录/etc/systemd/system 中建立一个软链接。实际上，systemd 只需要监控在这一个系统服务目录中的配置脚本。关于软链接类似的用法，在 Linux 中比比皆是。

将软件添加到系统服务后，软件在下次开机时会自动启动。执行以下命令，可立即启动该系统服务。

```
[ict@openEuler22 ~]$ systemctl start httpd
```

服务启动后，可通过以下命令查看服务状态是否正常。

```
[ict@openEuler22 ~]$ systemctl status httpd
```

要终止已经启动的系统服务，可执行如下命令。

```
[ict@openEuler22 ~]$ systemctl stop httpd
```

如果修改了正在运行的系统服务相关的配置并希望立即生效，可执行如下命令重新启动该系统服务。

```
[ict@openEuler22 ~]$ systemctl restart httpd
```

如果指定的系统服务当前处于关闭状态，执行上述命令后，服务也会被启动。

要禁用某个系统服务，可执行如下命令。

```
[ict@openEuler22 ~]$ systemctl disable httpd
```

systemd 还通过 systemctl 工具提供关机、重启、休眠等系统维护功能，以及更多系统服务管理功能，具体用法可执行 systemctl --help 查看帮助文档。

8.5.3 .service 文件

systemd 的服务配置文件称为.service 文件，可使用文本编辑器修改，操作简单灵活。

在 Windows 中，需要通过修改注册表添加服务；或通过服务管理工具 sc 创建一个本地服务，不过可指定的参数较少。

```
sc create TestService binpath= "D:\Test\TestService.exe" start= auto displayname=
"TestService"
```

UNIX 类操作系统则通过创建文本配置文件来实现，具有更高的灵活性。早期的 Linux 采用 Sysvinit 管理服务，通过 service 使用服务的配置脚本程序；创建用户自定义服务时，需要编写较为复杂的配置脚本。systemd 通过 systemctl 来使用服务配置脚本，脚本编写更简单。

.service 文件内容包括 3 个部分：[Unit]、[Service]和[Install]区块。以 httpd 的.service 文件为例。

```
[ict@openEuler22 ~]$ cat /usr/lib/systemd/system/httpd.service
[Unit]
Description=The Apache HTTP Server
Wants=httpd-init.service
After=network.target remote-fs.target nss-lookup.target httpd-init.service
Documentation=man:httpd.service(8)
[Service]
Type=notify
Environment=LANG=C
ExecStart=/usr/sbin/httpd $OPTIONS -DFOREGROUND
ExecStartPost=/usr/bin/sleep 0.1
ExecReload=/usr/sbin/httpd $OPTIONS -k graceful
# Send SIGWINCH for graceful stop
KillSignal=SIGWINCH
KillMode=mixed
PrivateTmp=true
[Install]
WantedBy=multi-user.target
```

（1）[Unit]区块

[Unit]区块的 Description 字段给出当前服务的简单描述，Documentation 字段给出帮助文档位置，After 字段和 Before 字段给出启动顺序，Wants 字段和 Require 字段给出依赖关系。

（2）[Service]区块

[Service]区块定义如何启动当前服务。Type 字段定义启动类型，ExecPre 字段定义启动服务之前执行的命令，ExecStart 字段定义启动服务时执行的命令，ExecReload 字段定义重启服务时执行的命令，KillMode 字段定义如何停止服务，等等。

（3）[Install]区块

[Install]区块定义如何安装配置文件，即怎样做到开机启动。WantedBy 字段表示该服务所在的 Target。Target 的含义是服务组，表示一组服务，替代了 Sysvinit 的 runlevel。例如 WantedBy=multi-user.target 指的是，该服务所在的 Target 是 multi-user.target。这个设置非常重要，因为执行 systemctl enable 命令时创建的软链接，就会放在/etc/systemd/system 目录下面的 multi-user.target.wants 子目录中。

可见，基于 systemd 创建系统服务非常简单，只需要编写简单的.service 文件即可，读者可自行尝试。

8.5.4　SSH 服务

SSH 服务是 Linux 最常用的系统服务之一，用于提供远程登录、远程管理等安全远程会话功能。openEuler 默认已安装 OpenSSH 服务器来提供 SSH 服务，/usr/sbin/sshd 是服务守护程序。

OpenSSH 服务器的配置文件是/etc/ssh/sshd_config，可设置诸多的安全控制选项，例如可禁止 root 用户登录、允许 X11 转发、允许或禁止指定用户等。

```
# 禁止 root 用户远程登录
PermitRootLogin no
# 禁止空密码
PermitEmptyPasswords no
# 允许指定用户（白名单）
AllowUsers ict
# 禁止指定用户（黑名单）
DenyUsers tom
# 超时 300s 自动断开连接
ClientAliveInterval 300
# X11 转发有风险，非必要可关闭
X11Forwarding no
```

更改配置后，执行 systemctl restart sshd 重启服务，使新配置立即生效。

此外，Linux 提供了基本的系统登录安全控制机制，如采用/etc/hosts.deny 和/etc/hosts.allow 分别作为黑名单和白名单；还可在 OpenSSH 的配置文件/etc/ssh/sshd_config 中进行访问控制策略配置。

> systemd 作为 Linux 中 PID 为 1 的根进程，在系统中发挥着关键的作用。它通过在幕后完成大量的复杂工作，将系统服务简单地呈现给用户。这种机制解决了各种系统服务的创建和管理等共性问题，使用户只需要实现具体的服务功能（即策略），对用户极为友好。

8.5.5 实例 8-4：安装 LAMP 组合

多年来极为流行的建站组合是 LAMP，即 Linux、Apache、MySQL 和 PHP（Page Hypertext Preprocessor，页面超文本预处理器）这 4 种技术的组合，它们分别提供操作系统、HTTP 服务器、数据库服务器和动态网页脚本引擎，可为建设多种网站提供性能优异的基本服务。

本实例在 openEuler 中安装 LAMP 组合。这个组合中，有两点不同：操作系统采用 openEuler，数据库则采用 MariaDB。由于许可证原因，MariaDB 更为开放，是 MySQL 的优秀替代品。

（1）安装软件包

Apache 对应的软件包名为 httpd，MariaDB Server 和 PHP 对应的软件包名分别为 mariadb-server 和 php。此外，为了允许 php 直接访问数据库，还需要安装软件包 php-mysqlnd。

```
[ict@openEuler22 ~]$ sudo dnf install -y httpd mariadb-server php php-mysqlnd
```

（2）启用系统服务

```
[ict@openEuler22 ~]$ sudo systemctl enable mariadb
Created symlink /etc/systemd/system/mysql.service → /usr/lib/systemd/system/
mariadb.service.
Created symlink /etc/systemd/system/mysqld.service → /usr/lib/systemd/system/
mariadb.service.
Created symlink /etc/systemd/system/multi-user.target.wants/mariadb.service →
/usr/lib/
    systemd/system/mariadb.service.
[ict@openEuler22 ~]$ sudo systemctl restart httpd mariadb
```

（3）确认服务成功启用

```
[ict@openEuler22 ~]$ sudo systemctl status httpd mariadb
```

可见，DNF 自动下载并解决了很多的软件依赖问题，为软件安装提供了极大的便利。只需要通过以上简单的几个步骤，即可在 openEuler 上建成功能强大的 LAMP 组合。在实例 8-6 中，将基于 LAMP 组合建立一个强大的网站。

（4）访问 Apache

确认防火墙已开放 HTTP 服务，即 80 端口，查看 openEuler 的 IP 地址，然后在其他主机的浏览器中访问网址，如 "http://10.211.55.26/"，若显示 Apache 的测试页面（见图 8.2），则表明 Apache 可正常访问。

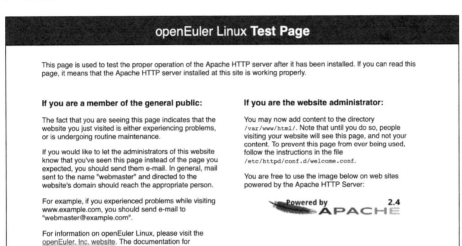

图 8.2　Apache 的测试页面

8.6　计划任务

与系统服务在后台持续运行不同，还有一些应用程序需要定时或周期性地多次运行，每次运行完相应任务后即退出。例如，在生产环境中的服务器上定期备份数据，或定时进行系统重启等系统维护工作。为了简化这类任务的重复操作，减少人工干预，UNIX 类操作系统提供了计划任务功能，用于在指定的时刻执行指定的任务。

Linux 创建计划任务的工具是 at 和 crontab，分别适用于单次任务和周期任务。有意思的是，负责管理计划任务的程序本身一般都是作为系统服务在后台运行的。计划任务作为单独工具的设计，是 UNIX 设计哲学的又一个成功案例。

8.6.1　单次任务

at 命令允许用户使用一套相当灵活的时间描述方法，用于指定单次任务的启动时间。

非常简单的时间格式是 hh:mm（小时:分钟），假如该执行 at 命令时，这个时间已过去，就在第二天执行。时间可采用 12 小时制，并加上 AM 或 PM 来说明是上午还是下午。指定的日期跟在指定的时间后面即可，日期的格式为 month day（月 日）、mm/dd/yy（月/日/年）或 dd.mm.yy（日.月.年），或者 today（今天）、tomorrow（明天）。at 还允许使用 midnight（深夜）、noon（中午）、teatime（下午茶时间，一般是下午 4 点）等比较模糊的词语来指定时间。

上面介绍的都是绝对计时法，at 命令还允许使用相对计时法，这对于不久就要执行的命令是非常方便的。相对计时法的指定格式为 now + count time-units。now 表示当前时间，count 表示时间单位的数量，time-units 表示时间单位，可以是 minutes（分钟）、hours（小时）、days（天）、weeks（星期）。

为了避免用户恶意执行大量计划任务，Linux 为 at 命令提供了简单的权限控制机制，即黑名单和白名单，分别保存在/etc/at.deny 和/etc/at.allow 中。如果白名单文件存在，那么只有其中的用户才可执行计划任务；如果白名单文件不存在，黑名单文件存在，那么只有黑名单中的用户不能执行计划任务；如果两个文件都不存在，那么只有 root 用户可执行计划任务。一般只有黑名单文件存在，即允许大多数用户执行计划任务。注意，root 用户不受黑名单限制。

下列示例为创建单次任务。

1min 后在/tmp 目录中创建一个空文件。如果系统中不支持 at 命令，请先使用 dnf install at 安装并使用 systemctl start atd 启动相关服务。

```
[root@openEuler22 ~]# at now+1minutes
warning: commands will be executed using /bin/sh
at> touch /tmp/at_test.txt
at> <EOT>
job 1 at Fri Nov 15 00:00:00 2023
```

上面的 EOT 是按组合键"Ctrl+D"后的交互结束标志。

8.6.2 周期任务

周期任务是由默认启动的 cron 系统服务来提供的，用户可使用 crontab 命令提交周期任务。

cron 是 UNIX 类系统中最为实用的工具之一，它在系统后台自动运行，持续地在/etc/crontab 文件和/etc/cron.*/目录中检查系统级周期任务，以及在/var/spool/cron/crontabs 目录中检查用户级周期任务。为了避免因出现差错导致周期任务意外失败或带来无效的运行负载，这些周期任务的配置文件都不应用编辑器直接修改，而应使用 crontab 工具来维护周期任务的设定。

crontab 提供了完善的功能，可添加、修改或删除周期任务，使用简单。执行 crontab -e 即可进入周期任务编辑模式。每一行都代表一项任务，共有 6 个字段，前 5 个字段是时间字段，最后一个字段是命令字段，格式如下：

```
*  *  *  *  *  command
|  |  |  |  |  |
|  |  |  |  |  | .---- command 要执行的命令，可以是系统命令，也可以是自己编写的脚本文件
|  |  |  |  | .------- day of week (0 -6) (Sunday=0 or 7) OR sun,mon,tue,wed,thu,fri,sat
|  |  |  | .---------- month (1 -12) OR jan,feb,mar,apr … 表示月份
|  |  | .------------- day of month (1 - 31) 表示日期
```

```
|  .--------------- hour (0 - 23) 表示小时
.------------------- minute (0 -59)表示分钟
```

crontab 支持使用 4 种特殊的操作符来为一个字段指定多个值。

- 星号（*）：为字段指定所有可用的值，例如在小时字段中，星号等同于每个小时；在月份字段中，星号则等同于每个月。
- 逗号（,）：为字段指定包含多个值的列表，例如在分钟字段中，0,15,30,45 表示每 15min 执行一次。
- 短横线（-）：为字段指定一个值的起止范围，例如 1-5 等同于 1,2,3,4,5。
- 斜线（/）：此操作符指定了一个步进值，例如在小时字段中，*/2 表示每 2h 执行一次。

命令字段可以是简单的系统命令，也可以是采用管道和重定向的复合命令，还可以是用户的自定义脚本。

下列示例为创建周期任务。

每周六凌晨的 0 点～8 点，每 2h 重新启动 nginx 网络服务。

```
59 0-8/2 * * 6 nginx restart
```

每月 1 日和 15 日的零点，启动备份脚本，并屏蔽所有输出信息。

```
0 0 1,15 * * /home/openEuler/bin/backup.sh > /dev/null 2>&1
```

crontab 的选项-l 和-r 分别可列出或删除用户已提交的周期任务。另外，cron 系统服务也支持黑名单和白名单机制，存储文件分别为/etc/cron.deny 和/etc/cron.allow，应用规则与 at 的应用规则类似。

> "只做一件事情，并做到极致"——计划任务工具 at 和 crontab，都是这条 UNIX 设计哲学原则的绝佳诠释。

8.7　系统安全

在网络高度发达的今天，人们的生产、生活已与很多网络服务紧密相关。除了来自网络外部的安全风险外，服务器操作系统自身的安全更为关键。特别是对于大规模网络服务来说，如果突然发生服务中断或服务器数据泄露等安全问题，就会造成极大的不便甚至是难以估量的损失。实际上，服务器的运行安全和数据安全，都是以服务器操作系统的安全为前提和保障的。

本节以 openEuler 为例，介绍有关 GNU/Linux 操作系统的一些基本安全措施。操作系统的安全，即所谓的系统安全，涉及两个方面，一是操作系统自身所设计的安全机制，二是服务器管理者所采取的安全措施。发展到今天的主流操作系统，自身都具有比较好的安全性，对于服务器用户来说，更重要的是应采取哪些安全措施。

8.7.1　root 权限

root 用户具有系统约定的最高级别用户权限，可几乎不受限制地访问任何系统资源。由于 root 用户的用户名是 root，一般把 root 用户所拥有的权限称为 root 权限。只要获得 root 权限，就可占有服务器的控制权，可对服务器"为所欲为"。因此，服务器的 root 权限是网络黑客与 root 用户争夺的焦点。

root 用户在使用系统的过程中，处处面临风险。例如，登录密码泄露、意外修改或删除了重要的系统文件、运行了其他用户恶意植入的木马程序、意外赋予某些程序额外的权限等。因此除非有必要，即使是在 PC 上，一般不使用 root 身份登录系统。

> 正是出于安全方面的考虑，在 UNIX 类操作系统的搜索路径中，即 Shell 的 $PATH 环境变量中，不会有当前目录。否则，与系统工具同名的恶意程序如果被 root 用户意外执行，恶意程序即可获得 root 权限。

在必须使用 root 权限时，一种替代方法是使用 sudo 工具临时提升权限。sudo 可让普通用户以 root 权限执行任务，前提是当前普通用户已经获得 root 用户的授权。

例如，一个已经获得授权的普通用户可运行如下命令。

```
[ict@openEuler22 ~]$ sudo dnf update
```

授权方式是在/etc/sudoers 文件中指定用户名或用户组以及可执行的命令等信息。实际上，sudo 的配置完全可指定某个已经列入/etc/sudoers 文件的普通用户可以做什么，不可以做什么。最简单的做法是使用 sudo 的默认配置，只需要将一个普通用户加入 wheel 组或 admin 组即可。

另一种替代方法是执行 su 命令。命令 su 是 "switch user" 的缩写，意为切换用户，可从授权的普通用户切换为 root 用户，也可由 root 用户切换回普通用户，具体使用方法可使用 su --help 查看帮助文档。

实际上，对于管理较为严格的服务器，往往直接禁用 root 用户的远程 SSH 登录权限。管理员以普通用户身份登录后，可使用以上临时提升权限的方法，完成需要 root 权限的任务。

> 对于某些极为重要的系统文件，可在一定程度上限制 root 权限，避免意外操作。例如 chattr 工具可修改文件的特殊属性，使文件只能追加内容或不可改写等，即使是 root 用户也同样受到限制。文件的特殊属性可使用 lsattr 查看。

8.7.2 文件特殊权限机制

本小节介绍 Linux 中的两类文件特殊权限机制，一类用于临时提升用户权限，另一类用于提供精细的文件访问控制。

细心的读者也许会发现，Linux 中有些命令和目录存在特殊权限。例如，修改密码的命令 passwd，所有的用户都可用它来变更自己的密码，并将其写入系统中的用户信息文件 /etc/shadow，但普通用户对这个文件却不具有读写权限。再如，系统设置了一个目录/tmp，专门用来存放各种临时文件。任何应用程序都可在其中写入临时文件，也就意味着应用程序对这个目录具有写权限，但却无法读取其他用户产生的临时文件。

如果查看 passwd 和/tmp 的文件权限，会发现它们的权限位有一些不同。

```
[ict@openEuler22 ~]$ ls -ld /usr/bin/passwd /tmp
drwxrwxrwt 17 root root 4096 Nov 15 17:28 /tmp
-rwsr-xr-x 1 root root 63744 Feb 7 2020 /usr/bin/passwd
```

实际上，特殊权限共有 3 种：SUID（Setuid）、SGID（Setgid）和 SBIT（Sticky Bit）。

- SUID 权限：用户执行权限位上以字母 s 表示，通过 SUID 权限，普通用户可在执行某些特定程序时，拥有与程序所有者相同的权限。也就是说，该程序在执行时，会自动获取其所有者的权限，而不是执行者的权限。这通常用于一些需要 root 权限才能执行的程序。

- SGID 权限：组执行权限位上以字母 s 表示，通过 SGID 权限，执行者可在执行某个程序时，获得该程序所属组的权限，而不是执行者所在组的权限。通常，SGID 权限用于一些需要共享访问权限的目录，如一个共享的工作目录。

- SBIT 权限：执行权限位上以字母 t 表示，SBIT 权限通常用于某些共享的目录，它可防止普通用户删除其他用户创建的文件。也就是说，一旦一个目录被设置了 SBIT 权限，只有该目录的所有者和 root 用户才能删除该目录中的文件。这样就可避免普通用户意外删除其他用户创建的文件，保证了文件的安全性和完整性。

passwd 命令具有 SUID 特殊权限，而它的所有者是 root 用户，因此即使被普通用户执行，它仍然拥有 root 权限，从而可改写系统级的用户密码信息文件。/tmp 目录具有 SBIT 特殊权限，可有效保护各个用户自身临时文件的安全性（这些文件不至于被其他用户改写或删除而影响程序的正常运行）。

特殊权限同样通过 chmod 赋予，但必须要谨慎。系统管理员应该定期用 find 命令列出具有特殊权限的文件，及时发现意外赋权文件。以下命令将从根目录开始查找具有 SUID 权限位且所有者为 root 的文件并输出它们，屏蔽所有错误信息输出。

```
[ict@openEuler22 ~]$ find / -perm -u=s -type f 2>/dev/null
```

特殊权限的目的是在一些局部资源上提升用户权限，主要用于赋予用户必要的临时 root 权限，仅作用于某些具体的文件。相比用 su 或 sudo 在系统的全部资源上使用 root 权限，这种机制更为安全。但这些特殊权限只适用于 passwd 和/tmp 等极少的特殊文件，因此对系统的安全性提升而言，仍有极大的局限性。

Linux 还提供了一类文件特殊权限机制，即 ACL（Access Control List，访问控制列表），是为了提供精细的文件访问控制。传统的文件权限机制比较简单，难以满足大型组织对文件资源访问控制的不同需求。例如，一个大型组织中的 NFS 或 Samba 文件共享服务，需要设置很多非常复杂的配置和权限才能满足对文件资源访问控制的不同需求。

ACL 可实现对文件直接设定不同具体用户的权限，与标准的用户、用户组和其他用户 3 种角色授权机制相结合，可灵活地实现复杂的文件访问控制要求。简单地说，ACL 支持向多个用户或用户组授予读、写或执行权限，这些额外的用户和用户组分别被称为指定用户和指定用户组。用户可对属于自己的文件和目录设置 ACL。

设置 ACL 的主要命令是 getfacl 和 setfacl，分别用于查看和修改文件的 ACL 授权。

下列示例展示了如何设置 ACL 授权。

为 guest 用户授予 some_file 文件的读写权限，查看 some_file 的 ACL 授权，并删除对 guest 用户的授权，命令如下。

```
[ict@openEuler22 ~]$ setfacl -m u:guest:rw ~/some_file
[ict@openEuler22 ~]$ getfacl ~/some_file
[ict@openEuler22 ~]$ setfacl -x u:guest ~/some_file
```

需要注意的是，使用 ACL 功能需要在文件系统上启用 ACL 挂载属性，并启动相应的系统服务。

8.7.3　SELinux

从 8.7.1 小节和 8.7.2 小节介绍的内容可见，当用户拥有 root 权限时，几乎可不受限制地访问全部系统资源，存在较大的安全风险。在 Linux 的这种权限管理机制中，决定一个资源能否被访问的条件是用户对某个资源是否拥有对应的权限，权限管理的主体是用户，因而被称为 DAC（Discretionary Access Control，自主访问控制）。为了有效限制 root 权限，需要新的权限管理机制。

Security-Enhanced Linux（安全增强型 Linux）简称 SELinux，是一个优秀的 Linux 安全子系统，主要作用就是最大限度地减少系统中服务进程可访问的资源（最小权限原则）。SELinux 在内核中实现了一种称为 MAC（Mandatory Access Control，强制访问控制）的权限管理机制，这种管理机制的主体是进程，决定一个资源能否被访问的条件除了上述用户权限因素之外，还需要判断当前进程是否拥有对这类资源的访问权限。即使是以 root 身份运行的进程，一般也只能访问到它需要的资源。如果 root 用户运行的程序存在安全漏洞，影响范围也只在其允许访问的资源范围内，风险得到了有效的控制。

SELinux 的配置文件位于/etc/selinux/config，修改后将在下次系统启动时生效。默认配置文件主要有两个项目，一个是 SELinux 的运行状态，另一个是 SELinux 的运行类型。

```
# This file controls the state of SELinux on the system.
# SELINUX= can take one of these three values:
#       enforcing -SELinux security policy is enforced.
#       permissive -SELinux prints warnings instead of enforcing.
#       disabled -No SELinux policy is loaded.
SELINUX=enforcing
# SELINUXTYPE= can take one of these two values:
#       targeted -Targeted processes are protected,
#       mls -Multi Level Security protection.
SELINUXTYPE=targeted
```

配置文件表明，SELinux 有 3 个运行模式。

- disabled：禁用模式，SELinux 被关闭，不应用任何策略规则。系统默认使用 DAC 方式。
- permissive：宽容模式，如果违反安全策略，SELinux 并不会真正地拒绝执行，而是记录一条日志信息。
- enforcing：强制模式，SELinux 的正常状态，会拒绝执行违反安全策略的操作。

SELinux 的默认运行模式为 enforcing，提供了比标准 Linux 更高级别的访问控制和安全保护，但它较难配置和管理。一些用户发现启用 SELinux 后反而可能会带来一些困扰，它导致他们访问某些文件或应用程序时遇到了麻烦。此外，由于 SELinux 根据其预定义的策略来执行访问控制，这使得它很难与某些程序或服务进行集成，因而往往被设置为禁用或宽容模式。

```
[openEuler@host ~]# sed -i 's/SELINUX=enforcing/SELINUX=disabled/' /etc/selinux/
config
[openEuler@host ~]# setenforce 0
```

上述命令分别禁用 SELinux 和将 SELinux 临时改变为宽容模式。在宽容模式下，并不会真正拒绝执行违反安全策略的操作，但可在 SELinux 的日志中查看违反安全策略的访问记录，日志默认文件为/var/log/audit/audit.log。

上述放弃 SELinux 安全机制的做法实际上并不是一个好主意，不如熟练掌握 semanage 工具并正确运用，以真正强化系统的安全性。

> macOS 采取了另一种策略来限制 root 权限——在正常运行模式下，被系统标记有特殊属性的系统文件，即使拥有 root 权限也无法执行修改、删除操作，必须重新启动系统，在"恢复模式"下运行，部分修改、删除操作才会被允许。这种做法为个人的桌面系统提供了强有力的保护，可保障系统不会被用户意外损坏，甚至是木马程序也无法篡改系统。但服务器需要长期运行，重新启动系统才能对系统进行维护的做法并不方便。
>
> FreeBSD 系统提供的一项用于提升安全性的工具是 jail。jail 不仅将文件系统的访问虚拟化，还将用户账号、FreeBSD 的网络子系统，以及一些其他系统资源均虚拟化，把进程限制在仅由必要资源组成的一个虚拟环境中。jail 虚拟环境中的 root 用户都是虚拟的，因此可有效控制系统安全。Linux 上的 Docker 是与 jail 类似的虚拟化技术，可将可能存在安全风险的应用部署在 Docker 容器中运行，以提升主机系统的安全性。

8.7.4　日志系统

操作系统往往都采用日志记录大量有关计算机系统运行状态的重要信息，这对性能优化、故障诊断、安全审计等服务器操作系统管理任务至关重要。UNIX 类操作系统提供了非常优秀的日志体系设计和灵活易用的解决方案，将日志记录这一个工作做到了极致，值得嵌入式系统用户、应用开发者深入了解。本小节将简要解释 Linux 日志是什么，它们位于何处、如何使用它们，以及它们背后的优秀软件设计思想。

日志是确保系统安全的关键。系统一般都在远程运行着大量的后台系统服务，并且几乎常年处于无人值守的状态，及时了解在服务器上发生的情况能更好地保障安全。例如，硬盘空间即将用完，有用户在尝试登录但多次失败（特别是登录名为 root 的情况），出现持续的大量访问连接请求，或者连续访问多个服务端口，所有这一切都可能发生在远程的服务器上。要了解系统运行状态，最好的途径是定期查看系统日志（也称为日志巡检）。

dmesg 命令是最为常用的日志查看工具，用来查看内核级别的日志。dmesg 命令的功能是读取内核环形缓冲区（ring buffer）中的日志信息，包括系统启动时的信息、硬件检测、驱动加载、运行时错误等。这些信息提供了关于系统内部运作的详细信息，有助于诊断问题和调试系统。虽然 dmesg 命令不直接读取日志文件，但可将 dmesg 命令的输出重定向到一个文件中，或者使用其他命令（如 grep）来过滤和搜索特定的消息。

除了内核级别的日志，还有范围更广的系统级日志和应用程序级日志，一般记录于相应的

245

各种日志文件中，这需要高效、灵活的日志工具来实现。

在 Linux 中，日志有 3 个主要服务：journald、rsyslog 和 logrotate。它们将内核事件、后台服务、用户操作等所有重要信息都记录在相关的日志文件中，为系统安全分析提供依据，并为开发者提供非常友好的编程接口，以支持更多应用程序按统一规则记录自己的日志。

（1）journald

journald 是 systemd 提供的专用系统日志管理服务。它的设计初衷是克服现有 syslog 服务存在的日志内容易被伪造和日志格式不统一等缺点，改用二进制格式存储日志信息。此外，它提供 journalctl 命令来查看日志信息，将来自不同系统服务的日志输出为相同格式的文本，便于分析和二次处理。

journald 收集自系统启动以来的日志信息，主要包括内核通过内核函数 printk 输出的内容、系统服务输出到 STDOUT/STDERR 的内容和用户进程调用 syslog 输出的内容。

journalctl 命令提供了非常丰富的选项，支持按内核启动日志、系统日志、用户日志、起止时间、grep 模式匹配、不同输出格式等查看 journald 日志，具体使用可通过 journalctl-h 查看帮助信息。

```
[ict@openEuler22 ~]$ journalctl -g 'passwd'
Nov 18 16:12:41 sshd[39618]: Failed publickey for root from 10.211.55.2 port 61859 ssh2: RSA S>
Nov 18 16:12:44 sshd[39618]: Accepted password for root from 10.211.55.2 port 61859 ssh2
Nov 18 16:12:44 sshd[39618]: pam_unix(sshd:session): session opened for user root(uid=0) by (u>
Nov 18 17:53:31 sshd[39618]: pam_unix(sshd:session): session closed for user root
Nov 18 17:53:39 sshd[39988]: Accepted key RSA SHA256:hGHK3gU7ggO0bzOTBltPT7wzECsEq04XE4/1UEIYN>
Nov 18 17:53:39 sshd[39988]: Accepted publickey for ict from 10.211.55.2 port 61184 ssh2: RSA >
Nov 18 17:53:39 sshd[39988]: pam_unix(sshd:session): session opened for user ict(uid=1002) by
Nov 17 21:26:54 sudo[24391]: openEuler : TTY=tty1 ; PWD=/home/openEuler ; USER=root ; COMMAND=>
Nov 17 22:39:48 passwd[28998]: pam_unix(passwd:chauthtok): password changed for ict
```

journald 有两点限制：存储空间有限，默认配置为 4GB，超过后日志会被循环删除；系统重启后所有的日志都会消失。

存在以上限制的原因是 journald 将日志数据存放在/run/log/journal 目录中。这个路径位于 Linux 的临时文件系统，而这个文件系统是内核从内存区域上映射生成的。

可见，journald 是一个日志采集服务，专注于高效地接收从各种系统进程中发送的日志记录请求，最小限度地影响这些任务的执行，保障系统运行效率。

日志的持久化存储和后续分析等工作，交给了另一个服务——rsyslog。

（2）rsyslog

rsyslog 的全称是 rocket-fast system for log（火箭快速系统日志），负责日志数据的格式化处理和转发存储，实现日志从内存到其他目的地的高速传输。rsyslog 提供了高性能、高安全性和模块化的设计，具有可自定义的细粒度输出格式控制，使用高精度时间戳，支持排队操作以及过滤所有消息部分。rsyslog 的核心功能包括从多种不同的日志信息来源接收日志；过滤日志并重新格式化输出；将日志转发到多种形式的目的地。

　　rsyslog 具有高弹性，既适用于大规模企业级应用，也适用于小型系统，其软件架构如图 8.3 所示。rsyslog 分别用不同的输入模块接收不同日志系统的日志，日志信息经预处理模块后进入主队列，通过功能强大的过滤模块处理后，进入并行的执行队列，可通过不同的输出模块将日志信息转发到不同的目的地。输入模块支持 file、kmsg、klog、journal、tcp/udp 等，输出模块支持 file、pipe、journal、tcp/udp、mysql 等，而且这两种模块均可扩展，支持更多格式的输入和输出。

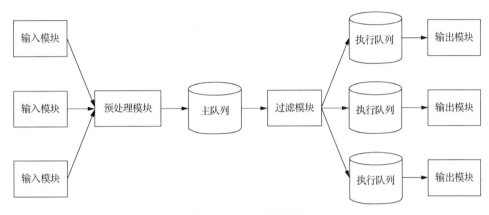

图 8.3　rsyslog 软件架构

rsyslog 的配置文件是/etc/rsyslog.conf，主要包括 3 个部分。

- 设置全局（GLOBAL）：定义全局设置，如定义 rsyslog 的工作目录，用于保存临时辅助性文件，以及设置默认时间戳格式等。
- 模块（MODULES）设置：配置接收日志信息的模块，如加载 imuxsock 模块用于接收 logger 命令发送的日志信息，加载 imjournal 模块用于访问 systemd journal 的日志信息等。
- 规则（RULES）设置：配置日志信息的具体转发规则，规则由 Selector（选择器）和 Target（目标）两部分组成。

　　Selector 的基本格式为“facility.priority”，其中“facility”表示日志设施（即日志信息来源），主要有 authpriv（登录认证）、cron（计划任务）、kern（内核）、mail（邮件系统）、user（用户应用程序）、local（自定义日志）等；“priority”表示日志的级别，从低到高有 debug、info、notice、warn、error、crit、alert、emerg 等，日志的级别低于 Selector 中指定的级别则不会转发。Selector 可同时指定多个 facility，用逗号分隔即可，Priority 为“none”表示不记录。

```
*.info;mail.none;authpriv.none;cron.none                    /var/log/messages
cron.*                                                      /var/log/cron
```

　　Target 主要有文件、日志服务器地址、管道、用户名或数据库等，应用非常广泛的是文件，即将日志转发到本地文件进行持久性存储。在企业级应用中，可根据需要将在线交易等大规模业务日志转发到高性能的数据库服务器中进行存储。

　　下列示例为应用程序输出日志到 journald。

以下简短的 C 语言程序，通过调用 syslog 函数向日志系统中输出一条消息。

```
#include <syslog.h>



int main(int argc, char *argv[]) {
        syslog(LOG_NOTICE, "Hello, open Euler!");
        return 0;
}
```

编译运行程序后，可通过 journalctl 查看这条消息。另外，根据 rsyslog 的默认转发规则，在日志文件/var/log/messages 中也可看到这条记录。

```
[ict@openEuler22 ~]$ gcc -o log_test log_test.c && ./log_test && journalctl -r|head
-n3
 Nov 18 18:05:09 openEuler22.03 log_test[40151]: Hello,openEuler!
 Nov 18 18:01:01 openEuler22.03 CROND[40099]: (root) CMDEND (run-parts /etc/
cron.hourly)
 Nov 18 18:01:01 openEuler22.03 run-parts[40109]: (/etc/cron.hourly) finished
0anacron
```

> 值得开发者注意的是，对于不支持日志功能的环境，例如某些嵌入式系统，也可采用 log4c、EasyLogger 等其他的日志框架来实现日志功能，为应用提供详细的日志记录，便于问题追溯和缺陷修复。

rsyslog 作为系统服务自动启动，依照配置文件的设置，把所有收集到的日志，分别转发存储在/var/log 目录下的各个日志文件或目录中。openEuler 系统中常见的日志文件或目录如表 8.5 所示。

表 8.5　　　　　　　　openEuler 系统中常见的日志文件或目录

日志文件或目录	日志内容描述
audit	包含 audit daemon 的审计日志。例如 SELinux 开启状态下的审计日志
auth.log	包含系统授权信息，包括用户登录和使用的权限机制等
boot.log	一般包含系统启动时的日志，包括自启动的服务、守护进程启动和停止相关的日志
btmp	记录所有失败登录的信息，是二进制文件，可使用 lastb 查看
cron	与系统计划任务相关的日志，如每次 cron 任务被激活时的详细记录
daemon.log	包含各种系统后台守护进程的日志信息
dnf.log	记录包括 dnf 安装命令、清除软件包等信息的日志
lastlog	记录所有用户的最近登录信息。非文本文件，可使用 lastlog 进行查看
maillog	记录电子邮件服务器相关的日志信息
message	记录系统启动后的信息和错误日志，是 Linux 中最常用的日志之一。一般系统整体运行信息都会记录在该日志中，包括系统启动期间的日志及 mail、cron、daemon、kern 和 auth 等涉及安全的系统服务的关键信息
sercure	记录用户登录访问等验证和授权方面的信息。例如，sshd 的所有信息记录（其中包括失败登录）
utmp	记录登录系统的用户信息，是二进制文件，使用 w 或 who 命令可查看哪些用户已进入系统，哪些用户使用命令显示这个日志文件等
wtmp	utmp 的历史信息，永久记录每个用户的登录、注销，以及系统的启动、停机事件，是二进制文件，使用 last 命令查看

随着系统持续运行，系统中的各种日志文件的大小都在快速增长，这会带来不利的影响。一方面，单个日志文件太大造成日志分析太慢；另一方面，所有日志文件可能会占用大量硬盘空间，

导致系统无法运行。实际上，过于久远的日志信息可能并无用处，如何及时清理日志文件、控制存储规模，是日志系统面临的一个问题。有效解决这个共性问题的是另一个工具——logrotate。

（3）logrotate

logrotate 是一种日志轮替服务，将一段时间以前的记录打包到其他存档文件中，而主日志文件重新开始记录，可实现在一定的存储空间等约束条件下滚动存储的效果。

logrotate 是基于 cron 作为周期任务来运行的，对应脚本文件为/etc/cron.daily/logrotate，日志轮转在后台周期性地自动进行。logrotate 的默认配置文件为/etc/logrotate.conf，可在/etc/logrotate.d 目录里创建针对更多日志文件的轮替配置文件，配置的主要参数如表 8.6 所示。

表 8.6 logrotate 配置的主要参数

参数	说明
rotate n	n 为数字，为保留的日志文件的个数，0 指不备份
daily	按日轮替
weekly	按周轮替
monthly	按月轮替
compress	对旧的日志进行压缩
create	建立的新日志的权限模式、所有者和所属组，如 create 0640 root adm

firewalld 的日志滚动配置已随软件包自动安装，设置为每周滚动一次，忽略日志文件不存在的警告，滚动模式为复制清空，保留 4 周的备份，文件超过 1MB 才滚动。完整配置文件如下。

```
[ict@openEuler22 ~]$ cat /etc/logrotate.d/firewalld
/var/log/firewalld {
    weekly
    missingok
    rotate 4
    copytruncate
    minsize 1M
}
```

> 思考：logrotate 在滚动日志的过程中需要清空当前的日志文件，它是怎么做到不影响程序正常的日志输出的呢？

logrotate 是 UNIX 类操作系统的优秀设计之一，Linux 系统都已默认安装。它是一个精巧的服务，通过文件周期性自动滚动的机制，为日志系统解决了如何及时清理日志文件、控制存储规模等共性问题，使用简单。

由此可见，Linux 的完整日志系统主要由 journald、rsyslog 和 logrotate 这 3 个服务组成，分别专注于日志的信息采集、过滤转发和滚动存储，它们分工协作。

从系统管理人员的视角来看，丰富的日志可帮助他们更好地掌握系统的运行状态。至少需要掌握 rsyslog 和 logrotate 才能驾驭日志系统，也许显得复杂了一些，但熟悉后就会体验到这种组合机制的便利性和高效性（可自动处理大量的日志文件，包括压缩、删除、发送邮件等）。同样的服务，在几乎所有的 Linux 上都可使用，几十年中可能都只会发生少许的变化。

从软件设计角度来看，人们没有选择把日志文件的滚动功能扩充到 rsyslog 中，而是让 rsyslog 专注于日志的高效转发。转发的核心任务是高效过滤日志并将其转发到多种不同目的地，而且本地文件存储也不是必需的，因此把 rsyslog 变得更复杂、更庞大并不是一个好的做法。于是人们重新制作一个新的服务，让它专注于日志轮转这一件事情，解决所有日志文件都面临的这一共性问题。这正是 UNIX 设计哲学"只做一件事，并做到极致"的另一个成功案例。另外，应用程序开发者应该正确运用日志功能，留下可追溯的运行记录，便于更好地优化、修复软件。

8.7.5 安全审计

Linux 提供了大量的日志文件，可用于查看系统的运行状态或用户对系统的重要操作，但是对于用户的一般操作行为，却无法留下日志记录，例如用户对某些重要的业务数据文件或共享目录进行的修改操作等。为用户解决这个问题的机制是安全审计（Audit）。

Audit 子系统是 Linux 安全体系的重要组成部分，它根据用户的需要可靠地收集系统中任何与安全相关（或与安全无关）的事件信息并记录在日志中，即对这些额外关注的事件进行审计。rsyslog 只能收集系统服务和各种其他应用程序主动发送的日志记录，记录的事件是固定的，无法按照管理任务的需要进行自定义，在系统安全方面存在局限性。而 Audit 子系统在内核运行，几乎能够记录系统中的各种动作和事件，如系统调用、文件修改或删除、程序的执行等。用户可设定一系列规则，对关注的事件进行审计，Audit 子系统跟踪这些事件并自动生成日志记录，为系统安全管理提供保障。

本小节简要介绍 Audit 审计功能的使用。openEuler 中审计功能作为系统服务（auditd），已默认启动运行，使用的审计管理工具是 auditctl。添加临时审计规则的语法格式为 auditctl -w path -p permission -k key，其中 path 为需要审计的文件或目录，permission（权限）为 r、w、x、a（即读、写、执行、修改）的组合，key 为添加到日志记录中的标志字符串（用于区分来自哪条规则）。

以下示例添加一条审计规则，用于跟踪/etc/rsyslog.conf 文件的变化，并在审计记录中查看结果。

```
# 添加一条审计规则
[root@openEuler22 ~]# auditctl -w /etc/rsyslog.conf -p wa -k change_rsyslog
# 查看当前审计规则
[root@openEuler22 ~]# auditctl -l -w /etc/rsyslog.conf -p wa -k change_rsyslog
# 修改目标文件的时间戳
[root@openEuler22 ~]# touch /etc/rsyslog.conf
# 查看审计日志
[root@openEuler22 ~]# grep change_rsyslog /var/log/audit/audit.log |tail -n1
type=SYSCALL msg=audit(1700338339.646:3790): arch=c00000b7 syscall=56 success=yes
exit=3
 a0=ffffffffffffff9c a1=ffffdb68e8a1 a2=941 a3=1b6 items=2 ppid=48049 pid=48131
auid=1002
 uid=0 gid=0 euid=0 suid=0 fsuid=0 egid=0 sgid=0 fsgid=0 tty=pts0 ses=62 comm="touch"
 exe="/usr/bin/touch" subj=unconfined_u:unconfined_r:unconfined_t:s0-s0:c0.c1023
 key="change_rsyslog"ARCH=aarch64 SYSCALL=openat AUID="ict" UID="root" GID="root"
 EUID="root" SUID="root" FSUID="root" EGID="root" SGID="root" FSGID="root"
```

Audit 提供了一种轻量级的安全审计机制，可记录系统中发生的更多重要事件。它并不能像 SELinux 那样为系统提供额外的强制安全措施，而仅跟踪系统中发生的某些事件并将其记录在日志中，供用户进行追踪分析并采取安全措施。

8.8　系统管理与维护实例

8.8.1　实例 8-5：使用 Cockpit 管理系统

Cockpit 是一个开源的图形化 Linux 管理和监控工具（见图 8.4），通过友好的 Web 服务界面提供丰富的系统管理功能，简化了日常管理任务，为 Linux 系统管理者提供了一个强大的"驾驶座舱"。CentOS 8 和 RHEL 8 将 Cockpit 作为默认服务器管理工具，Cockpit 主要功能特性如下。

- 支持用户管理、系统服务管理、网络管理、存储管理、防火墙、检查日志及虚拟化等功能。
- 支持系统监控，包括存储信息查看、网络状态监控、Docker 容器监控等。
- 支持一次性管理多个服务，实现自动化和批处理。
- 提供 Web 页面的 Shell 终端。
- 提供界面友好的仪表盘。

以下示例安装 Cockpit 软件包并设置防火墙规则。完成后在浏览器地址栏输入"http://IP:9090"并按"Enter"键即可访问 Cockpit 管理界面，其中"IP"用 openEuler 主机的 IP 地址替代。

```
[root@openEuler22 ~]# dnf install -y cockpit
# GUI 还可安装更多桌面插件
# dnf install -y cockpit-docker cockpit-machines cockpit-dashboard cockpit-storaged
# 启动 Cockpit 服务，并设置开启自启
[root@openEuler22 ~]# systemctl enable --now cockpit.socket
# 防火墙设置，添加 Cockpit 服务，加载后可从其他主机访问
[root@openEuler22 ~]# firewall-cmd --permanent --zone=public --add-service=cockpit
# 加载规则
[root@openEuler22 ~]# firewall-cmd --reload
```

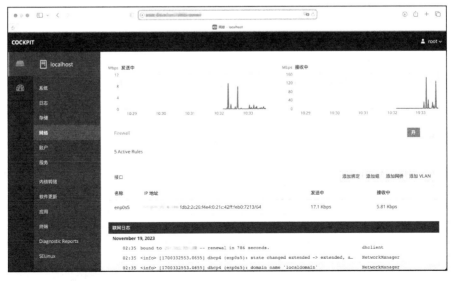

图 8.4　Cockpit 管理界面

8.8.2 实例 8-6：WordPress 博客建站

WordPress 是一款免费开源的 CMS（Content Management System，内容管理系统），具有功能强大、扩展性强、建站成本低等诸多优点，目前已经成为全球最为流行的 CMS 建站程序之一。有统计数据表明，每 5 个网站中就有 2 个网站是使用 WordPress 搭建的，并且它的市场占有率持续增长。

本实例基于实例 8-4 安装的 LAMP 组合来安装 WordPress，经过简单的几步，读者即可成为 WordPress 博客站点的管理员。

> 需要注意的是，要确认 openEuler 的防火墙已开放 HTTP 服务，并查看实际 IP 地址，替换本实例使用的 10.211.55.26。

（1）创建数据库

设置 MariaDB 数据库的管理员密码，如"654321"。

```
[ict@openEuler22 ~]$ sudo mysqladmin -uroot password '654321'
```

用 MySQL 客户端连接本机的 MariaDB 数据库，用管理员账号登录，输入以上设置的密码。

```
[ict@openEuler22 ~]$ mysql -uroot -p
Enter password:
Welcome to the MariaDB monitor. Commands end with ; or \g.
Your MariaDB connection id is 45
Server version: 10.5.16-MariaDB MariaDB Server

Copyright (c) 2000, 2018, Oracle, MariaDB Corporation Ab and others.

Type 'help;' or '\h' for help. Type '\c' to clear the current input statement.

MariaDB [(none)]>
```

创建名为"wordpress"的数据库，建议不要直接使用数据库管理员账户操作 WordPress，而是新建一个专门的数据库用户，如"wordpress"用户。

```
MariaDB [(none)]> create database wordpress;
Query OK, 1 row affected (0.001 sec)

MariaDB [(none)]> create user wordpress;
Query OK, 0 rows affected (0.001 sec)

MariaDB [(none)]>
```

授予用户"wordpress"对数据库"wordpress"的全部访问权限，密码为"123456"。

```
MariaDB [(none)]> GRANT ALL PRIVILEGES ON wordpress.* TO 'wordpress'@'localhost'
    -> identified by '123456';
Query OK, 0 rows affected (0.002 sec)

MariaDB [(none)]> quit
Bye
```

（2）准备 WordPress 软件包

下载并解压 WordPress 的最新软件包（解压到 apache 的网站内容目录中）。

```
[ict@openEuler22 ~]$ wget https://×××/latest-zh_CN.zip
[ict@openEuler22 ~]$ sudo unzip latest-zh_CN.zip -d /var/www/html/
```

运行 HTTP 服务的用户是 apache，因此赋予用户 apache wordpress 目录下全部文件相应的权限。

```
[ict@openEuler22 ~]$ sudo chown -R apache:apache /var/www/html/wordpress/
[ict@openEuler22 ~]$ sudo chmod -R 755 /var/www/html/wordpress/
```

（3）配置数据库连接

需要注意的是，执行这一步时必须确认 SELinux 已临时关闭，否则无法自动创建配置文件。

```
[ict@openEuler22 ~]$ sudo setenforce 0
```

在具有图形界面且可访问以上 IP 地址的浏览器中进入数据库连接信息的配置页面。

阅读相关说明，单击"现在就开始！"按钮，进入配置页面（见图 8.5），"数据库名"必须输入"wordpress"，"用户名"和"密码"分别为步骤（1）中创建的用户"wordpress"和密码"123456"，单击"提交"。

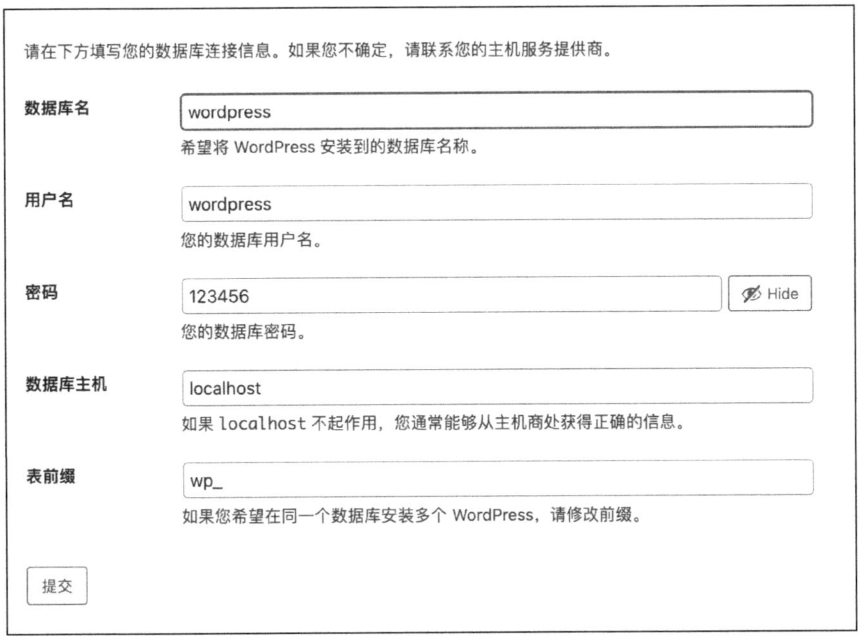

图 8.5　WordPress 配置页面

提交后，若出现"运行安装程序"页面，表明配置文件已自动创建成功，单击"运行安装程序"按钮，进入步骤（4）。

如果出现错误提示，如配置文件创建失败或数据库连接信息不正确等，仔细阅读提示，重新填写正确的数据库连接信息或者手动创建数据库连接配置文件。

在 wordpress 目录中创建数据库连接配置文件"/var/www/html/wordpress/wp-config.php"，输入内容（注释可省略）。

```
<?php
/** The name of the database for WordPress */
define( 'DB_NAME', 'wordpress' );
/** Database username */
```

```
define( 'DB_USER', 'wordpress' );
/** Database password */
define( 'DB_PASSWORD', '123456' );
/** Database hostname */
define( 'DB_HOST', '127.0.0.1' );
$table_prefix = 'wp_';
require_once ABSPATH . 'wp-settings.php';
?>
```

（4）安装 WordPress

在安装页面中输入站点标题，站点管理员用户名、密码和电子邮箱地址等信息，务必记住密码，用于后续的登录管理，如图 8.6 所示。

图 8.6　WordPress 安装页面

单击左下角的"安装 WordPress"，即可快速完成安装，并显示安装成功页面。至此，WordPress 安装已完成。

请使以下命令重新开启 SELinux 或将 SELinux 恢复至安装前的状态。

```
[ict@openEuler22 ~]$ sudo setenforce 1
```

（5）管理 WordPress

单击左下角的"登录"，输入步骤（4）中创建的管理员用户名和密码，单击"登录"，自动进入后台管理页面，如图 8.7 所示。

图 8.7　WordPress 后台管理界面

可根据个人喜好，设置 WordPress 的外观风格或发表文章。

（6）访问 WordPress 站点

现在，读者已经可体验功能强大的 CMS，它可为个人或组织提供高性能内容管理服务。

在域名服务器中添加域名解析记录，或在访问主机本地的 hosts 文件中添加临时域名，则可通过域名访问站点。另外，为了站点的内容安全，请尝试以下拓展实践。

- 采用 cron 计划任务定期对 wordpress 数据库进行异地备份。
- 对数据库操作、wordpress 目录等进行安全审计。
- 设置滚动日志记录，定期巡检。
- 采用 nginx 建立 WordPress 站点的反向代理，既可防御外网攻击，也可实现负载均衡、秒级切换备用站点等高级功能。

8.9　本章小结

本章首先介绍了 3 种典型服务器操作系统的主要特点，并针对生产服务器和开发服务器等需要，重点介绍了用户角色、存储空间、应用程序、系统服务、计划任务及系统安全等相关的基础知识和管理方法，并给出了基于 LAMP 组合和 WordPress 建站的实例，这些内容不仅适用于生产服务器用户，也适用于小型服务器用户和嵌入式系统的高级用户。

通过对本章的学习，读者能够理解服务器操作系统有关多用户、多任务的设计特点及 CLI 下的 Shell 脚本自动化理念，并掌握相关方法，在学习和工作实践中灵活应用 openEuler 等不同

GNU/Linux 操作系统。

此外，本章从软件设计的角度，简要介绍了日志系统，它体现了 UNIX 的设计哲学，对于读者理解管理工具和软件开发都非常具有启发性。

思考与实践

1. 思考用户密码文件的特殊性：每个用户都可以更改自己的密码，即能改写这个文件，但却不能修改其他用户的密码，也不能直接在编辑器中改写这个文件。Linux 是如何做到这一点的？

2. MBR 分区和 GPT 分区的主要不同有哪些，在应用中应如何选择？

3. 利用虚拟硬盘创建逻辑卷，并使用逻辑卷进行文件系统的扩充和收缩。

4. 开发一个小程序，并编写.service 文件将其创建为系统服务，验证运行后的效果。

5. 熟悉 at 和 crontab，编辑 wordpress 数据库的定期备份任务，验证计划任务的正确运行。

6. 为 Apache 日志设置滚动存储，并观察实际效果。

7. 在 Docker 容器中部署 nginx，仅利用一台主机实现 WordPress 反向代理服务。

第 9 章
openEuler开源创新

学习目标

① 了解 openEuler 社区的基本理念

② 了解 openEuler 在内核、基础能力、全场景使能和工具链等领域的重要创新

③ 了解 openEuler 的典型行业应用案例

openEuler 是一个开源、免费的 Linux 发行版，通过开放的社区形式与全球的开发者共同构建一个开放、多元和架构包容的软件生态体系。openEuler 也是一个创新的平台，鼓励任何人在该平台上提出新想法、开拓新思路、实践新方案。openEuler 还是一个社区，在全球开源开发者的共同努力下，已经发展成为一个具有国际影响力的开源社区，成为中国开源的一个典范。

本章简要介绍 openEuler 社区在内核、基础能力、全场景使能和工具链等领域的重要创新（这些贡献来自企业、高等院校、科研院所或个人），并简要介绍几个典型的行业应用案例，帮助读者更深入地了解 openEuler 作为面向数字基础设施的操作系统及开源社区的创新性工作，以便读者更多地应用 openEuler 开源成果、更多地参与 openEuler 开源创新。

9.1 内核创新

openEuler 社区对 Linux 内核做出了持续的贡献，主要集中在芯片架构、ACPI、内存管理、文件系统、多媒体、内核文档、针对整个内核质量进行加固的 bugfix 及代码重构等方面。

openEuler 22.03 LTS SP2 基于 Linux Kernel 5.10 构建，并吸收了社区高版本的有益特性及社区创新特性，主要如下。

- SMT 驱离优先级反转特性：解决混合部署 SMT（Simultaneous Multithreading，同步多线程）驱离特性的优先级反转问题，减少离线任务对在线任务 QoS（Quality of Service，服务质量）的影响。

- CPU QoS 优先级负载均衡特性：在线、离线混合部署 CPU QoS 隔离增强，支持多核 CPU QoS 负载均衡，进一步降低离线业务 QoS 干扰。

- 潮汐 affinity 特性：感知业务负载并动态调整业务 CPU 亲和性，当业务负载低时，使用推荐 CPU 处理，增强资源的局部性；当业务负载高时，突破推荐 CPU 的范围限制，通过增加 CPU 核的供给提高业务的 QoS。

- 支持进程、容器级别 KSM 使能：在引入本特性之前，使用 KSM（Kernel Same-page Merging，内核相同页合并）需要用户态程序显式调用 madvise 来指定参与去重的内存地址范围，而一些非 C 语言编写的程序无法调用 madvise 实现去重。本特性新增了两个功能，方便程序使用 KSM 而无须显式调用 madvise。

- Damon 特性增强：Damon（Data Access Monitoring）可在轻度内存压力下，实现主动、轻量级的线上内存访问监控及回收，用户可以根据监控结果定制策略对内存区域做相应操作。

- uswap 特性增强：增加用户态换出内存页面的机制，支持用户态灵活换出内存页面到后端存储，节省内存。

- Intel EMR 新平台支持：EMR（Emerald Rapids）是基于 Intel 7 制程的新一代 CPU 平台，性能更高，在增强已有硬件特性的同时，提供了诸如 TDX（Trust Domain Extensions，信任域扩展）等新的硬件特性，对关键应用及客户计算平台的持续升级至关重要。

- 支持 ACPI for ARM64 MPAM 2.0：MPAM（Memory system component Partitioning And Monitoring，内存系统组件分区和监控）是 ARM Architecture v8.4 的扩展特性，用于解决服务器操作系统中，混合部署不同类型业务时，由于共享资源（高速缓存、互连资源）的竞争，而带来的某些关键应用性能下降或系统整体性能下降的问题。

9.1.1 SMT 驱离优先级反转特性

在云场景中，将在线业务与离线业务混合部署提升资源利用率的同时，如何保证在线业务的 QoS 是当前亟须解决的问题。在开启 SMT 的场景中，同时运行在同一个物理核上的离线业务与在线业务之间存在干扰。针对这一需求，设计混合部署 SMT 驱离方案，用于隔离离线任务对在线任务的进程间通信干扰。对 CFS（Completely Fair Scheduler，完全公平调度器）任务运行策略的改变可能会带来优先级的问题，该特性解决了被驱离离线任务占用的临界资源无法释放的问题。

开启 SMT 驱离优先级反转特性后，假设 CPU A 和 CPU B 互为 SMT 核，将在线任务绑定在 CPU A 上，离线任务绑定在 CPU B 上。如果 CPU A 上的在线任务长时间 100%占用 CPU 资源，则 CPU B 上的离线任务因为被驱离无法运行，无法释放临界资源。此时如果有高优先级任务等待离线任务占有的临界资源，就会出现优先级反转现象。该特性通过检测离线任务被压制的运行时间，判断系统是否处于优先级反转的风险状态，来决定是否需要将离线任务解除压制，直到释放内核中的临界资源。

内核提供两个用户可配置的接口。

（1）/proc/sys/kernel/qos_overload_detect_period_ms

非离线任务持续占有 CPU 超过设定的时间（单位为 ms）会触发优先级反转，时间为 100～100000，默认值为 5000。

- 设定时间过短，会频繁触发优先级反转，对在线任务影响较大，容易存在误报。
- 设定时间过长，容易因为优先级反转导致系统卡顿时间过长。

（2）/proc/sys/kernel/qos_offline_wait_interval_ms

当离线任务在超负载情况下返回用户态时，每次睡眠的时间（单位为 ms）为 100～1000，默认值为 100。

- 设定时间过长，可能会导致在线任务停止运行后，离线任务处于睡眠状态，CPU 在一段时间内处于 idle 状态，降低 CPU 利用率。
- 设定时间过短，可能会导致离线任务被频繁唤醒，干扰在线任务。

在混合部署场景中，如果开启了 SMT 驱离优先级反转特性，需要将 CONFIG_QOS_SCHED_SMT_EXPELLER 打开。

9.1.2　CPU QoS 优先级负载均衡特性

负载均衡 FIFO 任务迁移队列不区分优先级，无法解决跨核迁移抢占保障高优先级，特别是 CPU 敏感型任务的优先调度，在在线、离线容器混合部署场景下，CFS 负载均衡需要提出一种优先级队列模型，支持高低优先级的 QoS 负载均衡，确保在线业务能更快得到调度和执行，最大限度地压制离线任务的 QoS 干扰，提高整机 CPU 资源利用率。

实现一种 CFS 多优先级任务等待队列，在线任务和离线任务分别由不同优先级的 CFS 任务等待队列来维护。在多核 CPU 负载均衡过程中，优先从任务等待队列中选择高优先级任务，确保高优先级任务迁移优先得到调度；压制低优先级任务迁移，减少不必要的低优先级任务上下文切换、唤醒抢占等带来的 QoS 干扰及调度性能开销。

内核提供的用户可配置的接口为/proc/sys/kernel/sched_prio_load_balance_enabled，用于指示是否开启 CPU QoS 优先级负载均衡特性，取值为 0 或 1，默认值为 0。

在混合部署场景中，如果开启了 CPU QoS 优先级负载均衡特性，需要将 CONFIG_QOS_SCHED_PRIO_LB 打开。

9.1.3　潮汐 affinity 特性

随着服务器的核数越来越多，为了充分利用 CPU 资源，很多业务混合部署在同一台机器上。一方面，不同业务混合部署能提高 CPU 利用率，但会加剧高速缓存（Cache）等资源的冲突。另一方面，对于相同业务，在满足 QoS 的前提下，可用 CPU 资源越多，迁移更加频繁、CPU 核 idle 切换变多、跨 NUMA 访存增加等问题，都会导致 CPU 利用率下降。

潮汐 affinity 特性通过感知业务负载变化，动态调整业务 CPU 资源的供给。具体来说，当业务负载低时，在满足 QoS 的基础上，使用更少的 CPU 资源，减少 CPU 迁移、idle 切换和高速缓存缺失（Cache Miss）等，提升 CPU 利用率和能效比。当业务负载高时，通过分配更多 CPU 资源来提升 QoS，提升 CPU 资源的利用率。

在在线-在线、在线-离线混合部署场景中，绑核能带来性能提升；在由于负载动态变化无法准确绑核的业务场景中，利用潮汐 affinity 特性来提升性能和降低功耗是一个不错的选择。

9.2 基础能力创新

openEuler 社区在操作系统的基础能力方面，也进行了大量开源创新，内容涉及轻量级容器引擎、轻量级虚拟化平台、高性能服务管理工具、内核热升级，以及安全和可靠性等诸多方面，本节介绍其中几个典型创新项目。

9.2.1 iSulad 轻量级容器引擎

容器是一种创建隔离环境以方便高效打包和分发应用的技术。由于其相较于虚拟化技术具备更高的分发效率及更小的运行开销，有效提升了开发和部署的效率，越来越多的用户选择使用容器。随着 Docker 容器引擎、Kubernetes 容器编排调度及云原生概念的提出，容器生态越来越完善，容器技术也得以快速推广。

然而，随着容器技术的发展，用户对容器的需求越来越多样化，如用户对于容器的启动速度和部署速度的要求越来越高；用户对容器的资源开销要求越来越高。此外，物联网、边缘计算的蓬勃发展也对容器技术提出了新要求。

iSulad 是 openEuler 提供的新的轻量级容器引擎，其统一的架构设计能够满足 CT（Communication Technology，通信技术）和 IT 领域的不同需求。iSulad 虽然轻量，能力却不弱，可为多种场景提供灵活、稳定、安全的底座支撑。

iSulad 容器引擎提供了与 Docker 类似的 CLI，方便用户操作使用。其北向支持 CRI（Container Runtime Interface，容器运行时接口），可对接 Kubernetes，用户可使用 iSulad 作为底座，通过 Kubernetes 进行容器的编排调度。iSulad 南向支持 OCI（Open Container Initiative，开放容器计划）运行时标准，能够灵活对接 runc、LXC、Kata、Kuasar 等多种容器运行时，兼容容器生态。iSulad 架构如图 9.1 所示。

iSulad 核心能力包括容器服务、镜像服务、卷服务及网络服务。其中，容器服务用来负责对容器生命周期的管理。镜像服务用来负责提供对容器镜像的操作。iSulad 支持符合 OCI 镜像标准的镜像格式，保证 iSulad 能够支持业界主流镜像。此外，iSulad 还支持用于系统容器场景的 external rootfs 及嵌入式场景的 embedded 镜像格式。卷服务用来为用户提供容器数据卷管理的能力。网络服务可与符合 CNI（Container Network Interface，容器网络接口）标准的网络插件一起，为容器提供网络能力。

iSulad 作为一款通用容器引擎，除了支持运行普通容器之外，还支持运行系统容器与安全容器。

- 普通容器：传统的应用容器。
- 系统容器：在普通容器基础上进行了功能扩展，相较普通容器，系统容器具备管理服务的能力，支持在容器运行时动态添加或释放硬盘设备、网卡、路由及卷。系统容器主要应用在重计算、高性能、大并发的场景下，可解决重型应用和业务云化的问题。

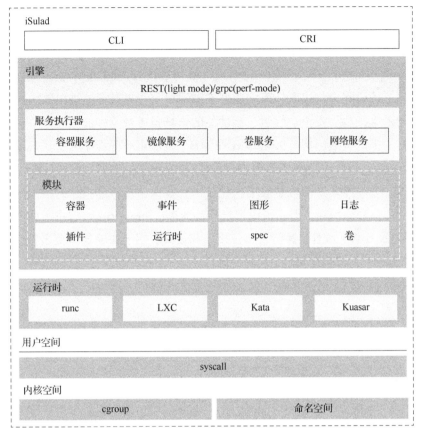

图 9.1　iSulad 架构

- 安全容器：安全容器是虚拟化技术和容器技术的结合，普通容器共用一台宿主机的内核，存在安全隐患，安全容器通过虚拟化层实现容器间的强隔离，每个安全容器都有自己独立的内核和轻量级虚拟机运行环境，保证同一个宿主机上不同安全容器的运行互相不受影响。

与 Docker 相比，iSulad 不仅在容器启动速度上更快，而且资源开销也更低。这是因为 iSulad 是通过 C/C++实现的，相较于其他编程语言，其运行开销更小。iSulad 在代码层面对调用链路进行了优化，相较于 Docker 多次 fork 及 exec 调用二进制的方式，iSulad 调用次数较少，其直接通过链接库的方式进行函数调用，缩短调用长度，从而使得容器启动速度更快。此外，由于 C 语言是天然的系统级编程语言，在嵌入式、边缘侧等场景中，Go 语言实现的 Docker "望洋兴叹"，而 iSulad 却可 "大显身手"。

经过实验测试，iSulad 的底噪开销仅为 Docker 的 30%，在 ARM 及 x86 环境下，iSulad 并发启动 100 个容器的时间相较于 Docker 减少了 50%左右。这意味着用户使用 iSulad 进行业务部署时，不仅能够更快地启动业务容器，还能够减少容器引擎带来的额外资源开销，避免其影响业务的正常性能。

作为一款轻量级容器引擎，iSulad 在云计算、CT、嵌入式、边缘侧等场景应用广泛，应用场景覆盖金融、通信等领域，助力客户提升容器启动性能。此外，iSulad+Kuasar+StratoVirt 方案正在推进，旨在共同构建 openEuler 社区的全栈安全容器解决方案。

9.2.2 StratoVirt 虚拟化

随着 QEMU 虚拟化软件的不断发展，其核心开源组件的代码规模越来越庞大，其中包含大量陈旧的历史代码，同时近年来 CVE（Common Vulnerabilities and Exposures，公共漏洞和暴露）频出，安全性差、代码冗余、效率低等问题越来越明显。业界逐步演进出以内存安全语言 Rust 实现的 rust-vMM 等架构。安全、轻量、高性能的全场景（数据中心、终端、边缘设备）通用的虚拟化技术是未来的发展趋势。StratoVirt 作为在 openEuler 开源平台上实现的下一代虚拟化技术应运而生。

StratoVirt 是一种 KVM 开源轻量级虚拟化技术，在保持传统虚拟化的隔离能力和安全能力的同时，降低了内存资源消耗，提高了虚拟机启动速度。StratoVirt 可应用于微服务或函数计算等 Serverless（无服务器）场景，保留了相应接口和设计，用于快速导入更多特性，直至支持通用虚拟化。

StratoVirt 核心架构如图 9.2 所示，从上到下分为 3 层。

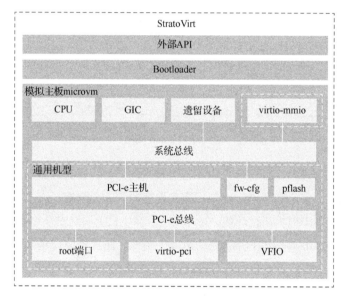

图 9.2　StratoVirt 核心架构

- 外部 API：StratoVirt 使用 QMP（QEMU Machine Protocol，QEMU 虚拟机协议）与外部系统通信，兼容 OCI，同时支持对接 libvirt。
- Bootloader：StratoVirt 在轻量化场景下，使用简单的 Bootloader 加载内核镜像，避免了烦琐的 BIOS 和 GRUB 引导方式，实现快速启动；在通用虚拟化场景下，支持 UEFI 启动。
- 模拟主板 microvm：为了提高性能和减少攻击面，StratoVirt 最小化了用户态设备的模拟；同时模拟实现了 KVM 仿真设备和半虚拟化设备，如 GIC（Generic Interrupt Controller，通用中断控制器）和 virtio-mmio 设备。
- 通用机型：StratoVirt 提供 ACPI 表以实现 UEFI 启动，支持添加 virtio-pci 及 VFIO（Virtual Function I/O，虚拟函数输入/输出）直通设备等，极大提高虚拟机的 I/O 性能。

StratoVirt 配合 iSulad 容器引擎和 Kubernetes 编排引擎可形成完整的容器解决方案，支持 Serverless 负载高效运行。

9.2.3　Kmesh 高性能服务管理工具

随着直播、AI 等应用的兴起，数据中心集群规模越来越大，数据规模呈爆炸式增长。如何高效地实现数据中心内微服务间的流量治理一直是大家关心的问题。服务网格作为下一代微服务技术，通过将流量治理从服务中剥离出来，下沉到网格基础设施中，很好地实现了应用无感的流量编排；但其代理架构引入了额外的时延（例如业界典型软件 Istio，单跳服务访问时延增加 2～3ms）和底噪开销，无法满足时延敏感应用的 SLA（Service Level Agreement，服务等级协定）诉求。如何实现应用无感的高性能流量治理，是当前面临的技术挑战。

Kmesh 是一种高性能服务管理工具，基于可编程内核技术，将流量治理从代理程序下沉到操作系统，将流量路径多跳变为一跳，大幅提升服务网格下应用的访问性能。

Kmesh 软件架构如图 9.3 所示，主要部件如表 9.1 所示。

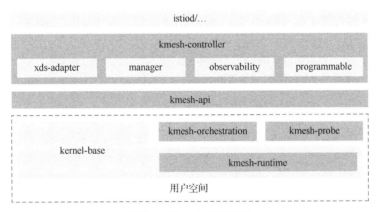

图 9.3　Kmesh 软件架构

表 9.1　Kmesh 主要部件

部件名称	描述
kmesh-controller	Kmesh 管理程序，负责 Kmesh 生命周期管理、xDS（Extensible Discovery Service，可扩展发现服务）协议对接、观测运维等
kmesh-api	Kmesh 对外提供的 API 层，主要包括 xDS 转换后的编排 API、观测运维通道等
kmesh-runtime	在内核中实现的支持 L3～L7 流量编排的运行时
kmesh-orchestration	基于 eBPF 实现 L3～L7 流量编排，如路由、灰度、负载均衡等
kmesh-probe	观测运维探针，提供端到端观测能力

Kmesh 高性能服务治理框架的主要特性包括支持对接遵从 xDS 协议的网格控制面（如 Istio）；具备流量编排能力，例如支持轮询等负载均衡策略，支持 L7 路由规则，支持按百分比灰度方式选择后端服务策略。

Kmesh 适用于电子商务、云游戏、在线会议、短视频等时延敏感应用，在 HTTP 测试场景下，Kmesh 相较于业界方案（Istio），转发性能提升了 5 倍。

9.2.4 内核热升级

为了不断引入新的功能特性，Linux 内核的开源协作开发过程一直在持续。在这一过程中，代码持续在增加，因而常会出现新的安全漏洞等问题，必须及时修复。修复漏洞的方式主要有两种：热补丁和热迁移。

热补丁无法处理 Kapi 改变或内联函数及逻辑等变动较大的情况，热补丁过多还会造成维护困难。热迁移主要适用于虚拟机，存在比较高的迁移成本。为更好地解决这些问题，内核热升级应运而生，旨在做到内核升级而无感知。

openEuler 的内核热升级特性通过快速重启内核和程序热迁移实现，支持在秒级的端到端时延下实现进程运行现场的保存和恢复。使用场景通常符合以下两个条件。

- 内核由于漏洞修复、版本更新等原因，需要重新启动。
- 运行在内核之上的业务能够在内核重启后快速恢复状态。

openEuler 提供了一个用户态工具，可自动完成内核热升级过程，以下简要介绍内核热升级工具的安装和使用方法。

（1）安装内核热升级工具 nvwa

```
[ict@openEuler22 ~]$ sudo dnf install -y nvwa
[ict@openEuler22 ~]$ sudo nvwa --help
```

nvwa 以 systemd 系统服务的形式在后台运行，安装成功后使能该服务。

```
[ict@openEuler22 ~]$ sudo systemctl enable nvwa
[ict@openEuler22 ~]$ sudo systemctl status nvwa
```

内核热升级工具 nvwa 的配置文件有两个，分别为/etc/nvwa/nvwa-restore.yaml 和/etc/nvwa/nvwaserver.yaml。

（2）配置 nvwa-restore.yaml

该配置文件用于指明内核热升级工具在内核热升级过程中如何保存和恢复现场，主要配置项目如表 9.2 所示。

表 9.2   nvwa-restore.yaml 主要配置项目

项目	描述
pids	指明内核热升级过程中需要保留和恢复的进程，此处的进程通过进程 ID 进行标识，需要注意的是，nvwa 管理的进程在 nvwa 服务启动后，会被自动恢复
services	指明内核热升级过程中需要保留和恢复的服务。内核热升级工具可直接保存和恢复进程的状态，对于服务，内核热升级工具则需要依赖 systemd 进行相关操作。此处的服务名称，应该使用 systemd 中使用的服务名称。需要注意的是，对于 nvwa 管理的服务，是否要在 nvwa 启动时自动恢复，取决于 systemd 中有没有使能该服务，且当前支持的服务类型只有 notify 和 oneshot
restore_net	指明是否需要内核热升级工具保存和恢复网络配置，如果网络配置有误，有可能导致恢复后网络不可用。该特性默认关闭
enable_quick_kexec	指明是否需要使能 quick kexec 特性，quick kexec 是 nvwa 社区推出的加速内核重启过程的一个特性。使用该特性，需要在 cmdline 中加入"quickkexec=128M"。其中，128 指分配给 quick kexec 特性的内存大小，该内存将用于在升级过程中加载内核和 initramfs，因此大小需要大于升级过程中涉及的内核、initramfs 大小之和。该特性默认关闭
enable_pin_memory	指明是否需要使能 pin memory 特性，pin memory 是 nvwa 社区推出的加速进程保存和恢复过程的特性

配置文件示例如下。

```
pids:
  -14109
services:
  -redis
restore_net: false
enable_quick_kexec: true
enable_pin_memory: true
```

（3）配置 nvwa-server.yaml

该配置文件用于指明内核热升级工具运行过程中使用到的临时信息，主要配置项目如表 9.3 所示。

表 9.3　　　　　　　　　　　　　　　nvwa-server.yaml 主要配置项目

项目	描述
criu_dir	指明内核热升级工具在保存现场的过程中，存储产生信息的文件夹路径。需要注意的是，这些信息可能会占用较多的硬盘空间
criu_exe	指明内核热升级工具使用的 criu 可执行文件的路径，除非是对 criu 进行调测，一般不建议修改
kexec_exe	指明内核热升级工具使用的 kexec 可执行文件的路径，除非是对 kexec 进行调测，一般不建议修改
systemd_etc	指明覆盖 systemd 配置过程中，使用的文件夹路径。该路径由 systemd 决定，一般不需要修改
log_dir	指明存放内核热升级工具产生的日志信息的文件夹路径

配置文件示例如下。

```
criu_dir: /var/nvwa/running/
criu_exe: /usr/sbin/criu
kexec_exe: /usr/sbin/kexec
systemd_etc: /etc/systemd/system/
log_dir: /etc/nvwa/log/
```

（4）启动 nvwa 服务

配置文件修改完成后应重新启动 nvwa 服务。

```
[ict@openEuler22 ~]$ sudo systemctl restart nvwa
```

（5）热升级内核

热升级到内核某一版本，nvwa 会在/boot 目录下寻找内核镜像和 ramfs。内核的命名格式为 vmlinuz-<kernel-version>，rootfs 的命名格式为 initramfs-<kernel-version>.img。

```
# 热升级内核前先清除 nvwa 之前产生的现场信息
[ict@openEuler22 ~]$ sudo nvwm init
# 热升级内核
[ict@openEuler22 ~]$ sudo nvwm update
```

需要注意的是，内核热升级过程有可能会失败，如果失败，部分被 dump 的进程或服务将停止运行。另外，openEuler 内核热升级特性目前仅支持 ARM64 架构。

9.2.5　安全和可靠性

openEuler 针对系统的私密性和可靠性等发起了多个创新项目，主要包括 secCrypo 全栈国密、secGear 机密计算一体化框架及 sysMaster 系统管理大师等。

（1）secCrypo 全栈国密

国产商用密码应用加速，操作系统等大量开源软件涉及密码算法，但普遍对国密算法的支持程度低，导致系统自身安全功能及上层应用无法使用操作系统原生的国密能力来保障业务安全。此外，当前国密算法性能优化不足，国密算法的应用可能会带来新的性能损耗，需要软硬件协同进一步优化。

secCrypo 全栈国密旨在为系统提供国密算法库、证书、安全传输协议等密码服务支持，并对操作系统用户身份鉴别、硬盘加密、完整性保护等使用到密码算法的关键安全特性进行国密算法支持。secCrypo 全栈国密规划全景如图 9.4 所示。

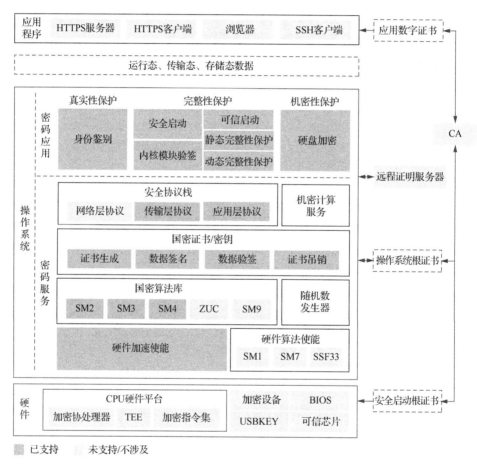

图 9.4 secCrypo 全栈国密规划全景

openEuler 当前支持的国密算法包括：openSSL、libgcrypt 等用户态算法库支持 SM2、SM3、SM4 算法；openSSH 支持 SM2、SM3、SM4 国密算法套件；openSSL 支持国密 TLCP（Transport Layer Cryptography Protocol，传输层密码协议）协议栈；硬盘加密（dm-crypt/cryptsetup）支持 SM3、SM4 算法；用户身份鉴别（PAM、libuser、shadow）支持 SM3 口令加密；入侵检测（AIDE）支持 SM3 摘要算法；内核加密框架（crypto）支持 SM2、SM3、SM4 算法，以及 AVX、CE、NEON 等指令集优化；内核完整性度量架构（IMA、EVM）支持 SM3 摘要算法和 SM2

证书；内核模块签名/验签支持 SM2 证书；内核 KTLS 支持 SM4-CBC 和 SM4-GCM 算法；操作系统安全启动（shim、GRUB）支持国密证书签名验签；鲲鹏加速引擎 KAE 支持 SM3、SM4 算法加速。

openEuler 的 secCryto 全栈国密主要应用于服务器、云计算等场景，通过在内核及用户态支持 SM2、SM3、SM4 算法，完成自身的国密改造，作为信息系统底座支撑全行业国密布局，满足密评要求。

（2）secGear 机密计算一体化框架

随着机密计算技术的快速发展，各芯片厂商纷纷推出自己的机密计算解决方案，安全应用开发者面临以下几个难点：生态隔离，同一机密计算应用，想要部署到其他平台，需要基于不同平台的 SDK 进行二次开发；开发难，部分平台仅提供底层接口，使用困难，学习和开发成本较高；性能低，机密计算应用需要拆分成 REE（Rich Execution Environment，富执行环境）和 TEE（Trusted Execution Environment，可信执行环境）两部分，频繁切换会导致性能明显下降。

secGear 是面向计算产业的机密计算安全应用开发套件，屏蔽不同 TEE 的 SDK 之间的差异，提供统一的开发框架；同时 secGear 提供开发工具、通用安全组件等，帮助安全应用开发者聚焦业务，提升开发效率。

secGear 整体架构如图 9.5 所示，主要提供三大能力。

- 跨架构：屏蔽不同 SDK 的接口差异，提供统一开发接口，实现不同架构共源码。
- 易开发：提供开发工具、通用安全组件等，帮助开发者聚焦业务，显著提升开发效率。
- 高性能：提供零切换特性，在 REE/TEE 频繁交互、大数据交互等典型场景下，将 REE/TEE 交互性能提升至原来的 10 倍以上。

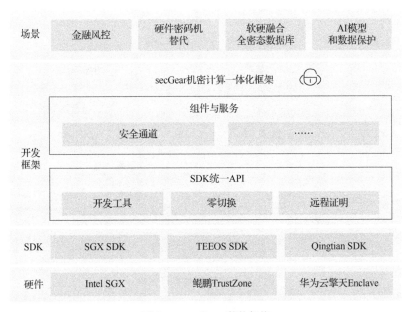

图 9.5 secGear 整体架构

secGear 在软硬融合全密态数据库、硬件密码机替代、AI 模型和数据保护、大数据等场景应用广泛，助力金融、电信等行业客户的业务快速迁移到机密计算环境，保护数据运行时安全。

（3）sysMaster 系统管理大师

在 Linux 中，1 号进程（即 PID 为 1 的进程，通常为 init 进程）是所有用户态进程的"祖先"。init 进程是系统启动时第一个被创建的进程，负责启动和管理其他所有进程，并在系统关机时关闭这些进程。在当前的 Linux 中，init 进程已经被 systemd 进程取代，但是 1 号进程（最小功能包括系统启动和僵尸进程回收）的概念仍然存在。

1 号进程是系统的核心，负责系统初始化和运行时服务管理，它面临如下挑战：可靠性差，1 号进程的功能问题带来的影响会被放大，自身发生故障时，必须重启操作系统才能恢复；复杂性高，systemd 成为 1 号进程事实上的标准，它引入了许多新的概念和工具，诸多扩展组件间依赖关系繁杂，难以针对实际使用场景进行裁剪。

sysMaster 是一套超轻量、高可靠的服务管理程序集合，是对 1 号进程的全新实现，旨在改进传统的 init 进程。它使用 Rust 编写，具有故障监测、秒级自愈和快速启动等能力，可提升操作系统可靠性和业务可用度。sysMaster 支持进程、容器和虚拟机的统一管理，并引入了故障监测和自愈技术，从而解决 Linux 系统初始化和服务管理问题，其适用于服务器、云计算和嵌入式等多个场景。

sysMaster 的实现思路是将传统 1 号进程的功能解耦、分层，结合使用场景，拆分成 1+1+N 的架构，如图 9.6 所示，主要包含 3 个方面。

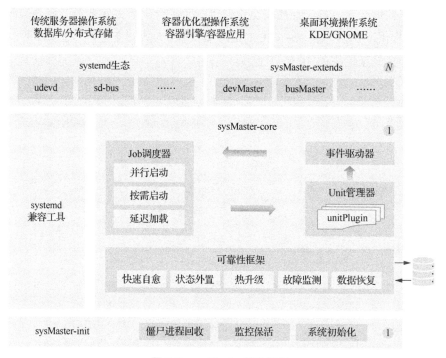

图 9.6　sysMaster 软件架构

- sysMaster-init：新的 1 号进程，功能极简，代码少，极致可靠，提供系统初始化、僵尸进程回收、监控保活等功能，可单独应用于嵌入式场景。

- sysMaster-core：承担原有服务管理的核心功能，引入可靠性框架，使其具备崩溃快速自愈、热升级等能力，保障业务全天在线。
- sysMaster-extends：使原本耦合的各组件功能独立，提供系统关键功能的组件集合（如设备管理 devMaster、总线通信 busMaster 等），各组件可单独使用，也可根据不同场景灵活选用。

sysMaster 组件架构简单，提升了系统整体架构的扩展性和适应性，从而降低开发和维护成本，主要特性如下。

- 具有自身故障秒级自愈和版本热升级能力。
- 具备快速启动的能力，以及更快的启动速度和更低的运行底噪。
- 采用插件化机制，支持按需动态加载各种类型的服务。
- 提供迁移工具，支持从 systemd 快速无缝迁移到 sysMaster。
- 结合容器引擎（iSulad）和 QEMU，提供统一的容器实例和虚拟化实例的管理接口。

未来，openEuler 将继续探索在 sysMaster 多场景下的应用，并持续优化架构和性能，以提高可扩展性和适应性。同时，还将开发新的功能和组件以满足容器化、虚拟化、边缘计算等的需求，让 sysMaster 成为一个强大的系统管理框架，为用户提供更好的使用体验和更高的效率。

sysMaster 可应用于容器、虚拟化、服务器和边缘设备，为用户带来极致可靠和极度轻量的体验。

9.3　全场景使能创新

全场景使能是 openEuler 的主要创新特色之一，它通过一套操作系统架构，南向支持多样性设备，北向覆盖全场景应用，横向对接 OpenHarmony 等其他操作系统，通过能力共享实现生态互通，突破性地实现了一套操作系统架构下，100%支持主流计算架构，是支持多样性算力的开源操作系统。

openEuler 开创性地提出全场景操作系统理念，通过全栈原子化解耦和榫卯架构，实现版本灵活构建、服务自由组合；通过一套操作系统架构，实现对服务器、云计算、边缘计算和嵌入式等场景的支持。openEuler 内容覆盖内核、中间件及应用，涉及技术领域广泛，本节选择介绍其中几个典型创新项目。

9.3.1　服务器

openEuler 在服务器领域的创新主要包括 DPUDirect 直连聚合、eNFS 多路径和 WayCa scheduler 等项目。

（1）DPUDirect 直连聚合

在数据中心及云场景下，摩尔定律失效，通用处理器 CPU 算力增长速率放缓，而网络 I/O 速率及性能不断攀升，二者增长速率的差异形成"剪刀差"，即当前通用处理器的处理能力无法满足网络、硬盘等 I/O 处理的需求。传统数据中心中，越来越多的 CPU 算力被 I/O 及管理面等处理占用，这部分资源损耗被称为数据中心税。据 AWS 和 Google Cloud 的统计，数据中心税可能占据数据中心算力的 30%以上，部分场景下甚至可能更多。

DPU（Data Processing Unit，数据处理器）的出现就是为了将这部分算力资源从主机 CPU 上解放出来，通过将管理面、网络、存储、安全等任务卸载到专有的处理器芯片上进行处理加速，达到降本增效的目标。目前主流云厂商（如 AWS、阿里云、华为云）都通过自研芯片完成管理面及相关数据面的卸载，实现数据中心计算资源 100%售卖给客户。

openEuler 的 DPUDirect 直连聚合特性旨在为业务提供协同运行环境，在主机和 DPU 的操作系统层面构建了一个跨主机无感协同框架，允许业务在 HOST 和 DPU 之间灵活卸载及迁移，总体架构如图 9.7 所示。当前 DPUDirect 已实现进程级别无感卸载功能，提供跨 HOST 和 DPU 的协同框架，支持管理面进程无须改造即可进行拆分，并无感知卸载到 DPU 上运行，卸载后进程同时保持对 HOST 侧业务进程的管理能力。用户只需要少量适配管理面业务代码，就能保证业务的软件兼容性和演进性，极大降低业务在 DPU 场景下的卸载成本，简化运维。

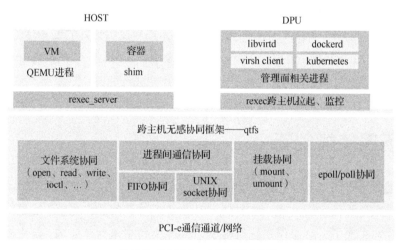

图 9.7　DPUDirect 直连聚合架构

在实现层面，本方案提供的协同机制可结合定制策略实现不同场景下的进程级别无感卸载目标，方案包含的协同机制介绍如下。

- 文件系统协同：支持跨主机文件系统的访问，为 HOST 和 DPU 进程提供一致的文件系统视图；除通用文件系统外，还包括对 proc、sys、dev 等特殊文件系统的支持。
- 进程间通信协同：实现跨 HOST 和 DPU 进程的无感通信，当前支持进程无感使用 FIFO 及 UNIX socket 进行跨主机通信。
- 挂载协同：将特定目录下的挂载操作拉远至 HOST 端，可用于适配容器 overlay 镜像构造场景；支持卸载后的管理面进程为 HOST 侧业务进程构造工作目录，提供跨节点的统一文件系统视图。
- epoll/poll 协同：支持远程普通文件及 FIFO 类文件跨主机访问的 epoll 操作，支持阻塞读写操作。

- 进程协同：通过 rexec 工具实现远程可执行文件拉起，能够接管远端拉起进程的 I/O 流并进行状态监控，保证两端进程生命周期的一致性。

通过以上协同机制的结合，在不同场景下使用定制策略，可满足管理面进程接近无感、进程拆分无须过多改造的业务要求，并可达成卸载到 DPU 的业务目标。

DPU 管理面无感卸载方案可应用于云计算中全卸载场景的容器或虚拟化管理面进程的卸载；使用无感卸载方案，可极大地减少云上容器管理面进程（kubelet、dockerd）及虚拟化管理面进程（libvirtd）卸载的代码拆分工作量，业务卸载适配和维护的工作量减少 95%左右，并且无须修改管理面业务逻辑，即可保证业务的软件兼容性和演进性。

（2）eNFS 多路径

随着应用场景扩张，数据的重要性不断提高，各行业对 NAS（Network Attached Storage，网络附接存储）的可靠性和性能提出了更高的要求。传统的单个 NFS 挂载点仅指定一个服务端 IP 地址，在使用过程中面临以下挑战：在网络接口发生故障或链路发生故障时，无法访问挂载点，导致业务 I/O 无法进行，可靠性不足；单个 NFS 挂载点的性能受限于单个物理链路的性能，重要业务存在性能瓶颈；NAS 部署于公共区，主机访问时需要跨三层组网，一端发生故障时无法感知 IP 地址，当前依靠应用层手动挂载文件系统，双活（Active-Active）链路无法自动切换。

eNFS 协议是运行在 openEuler 内核中的驱动模块，包含 NFS 协议层的挂载参数管理模块和传输层多路径管理模块。eNFS 通过指定多个本地 IP 地址和多个服务端 IP 地址，实现在不同 IP 地址之间建立多条 TCP/RDMA 链路，具备多路径建链、故障恢复和倒换、负载均衡等特性。eNFS 分布式文件系统如图 9.8 所示。

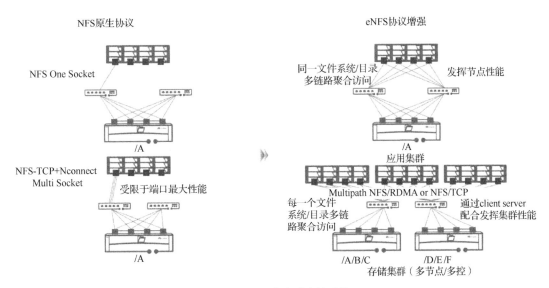

图 9.8　eNFS 分布式文件系统

相对于 NFS 原生协议，eNFS 的三大创新如下。

- I/O 路径软硬件故障，秒级切换。单个 NFS 挂载点使用多个 IP 地址进行访问，客户端和服务端之间建立多条链路，解决跨控制器及站点的可靠性问题。所有配置仅用一个文件记录，HPC 应用部署到不同的机器仅需要修改配置文件。

- 多链路聚合，提升主机并发访问能力。例如多个网卡端口/多网卡/多节点聚合，大幅提升主机访问性能。
- 三层网络双活链路自动切换，当下层存储故障或主机侧 I/O 超时时，进行跨站点双活链路自动切换，解决跨引擎失效、主机无感知问题。

eNFS 提供超越本地文件系统的高性能数据共享能力，并且为客户端到服务器之间的故障提供解决方案，确保业务不中断、无感知，全面替代原生 NFS。

（3）WayCa scheduler

当前服务器的核数越来越多，缓存和互联结构日趋复杂，不同厂商的服务器设计存在较大差异。虽然 Linux 作为通用操作系统能够支持不同厂商的硬件，但是对鲲鹏新引入的硬件拓扑架构的支持还不够完善。如何在现有软件平台上充分发挥鲲鹏硬件性能是一个挑战。

WayCa scheduler 基于鲲鹏硬件拓扑结构，如图 9.9 所示，通过结合和完善固件拓扑描述，并在 Linux 内核中完善硬件拓扑的建立和拓扑信息的导出，优化内核调度算法，让应用程序能够充分利用 CPU、高速缓存、内存、I/O 外设等组件，提升系统硬件的利用率和内存带宽，降低内存、高速缓存及外设的访问延迟，从而提升应用在鲲鹏服务器上的性能。

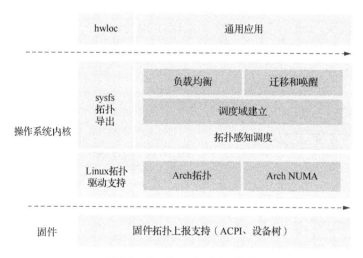

图 9.9　WayCa scheduler 架构

当前，WayCa scheduler 主要包含如下特性。

- 拓扑发现和导出：支持 Linux 的 ACPI 及拓扑驱动对硬件 CPU、高速缓存、NUMA、设备拓扑的枚举和建立，通过 sysfs 等内核接口实现硬件拓扑信息的检索。
- 调度支持和优化：基于硬件拓扑结构建立集群（Cluster）和 NUMA 调度域，修复调度器对于鲲鹏服务器支持的缺陷。任务调度能够基于硬件的集群及 NUMA 实现负载均衡和迁移，充分利用 L3 高速缓存和内存资源，优化系统的延迟和吞吐量。
- 用户态拓扑支持：考虑到 Linux 内核主要面向通用场景，而特定场景及应用需要根据自

身的业务特点和需求基于硬件进行优化,例如实现特定的 CPU 或设备的绑定策略,需
要通过对 hwloc 的适配为应用提供硬件拓扑信息的支持。

WayCa scheduler 已经嵌入 openEuler 内核及相关用户态工具,运行于鲲鹏服务器和 openEuler
的应用程序,在通用数据库等场景,可通过内核实现硬件拓扑信息的感知和调度优化,提升性
能;在特定应用场景,如 HPC 应用,可通过 hwloc 等工具获取硬件拓扑信息,满足应用本身的
优化策略需求,从而提升应用性能。

9.3.2　云计算

OpenEuler 社区针对云计算场景的创新项目主要包括 rubik 容器混合部署引擎、kubeOS 容
器操作系统和 NestOS 云底座操作系统。

(1) rubik 容器混合部署引擎

当前全球云基础设施服务支出费用极高,然而数据中心用户集群的平均 CPU 利用率却很低
(仅为 10%~20%),存在巨大的资源浪费,带来了额外的运维成本,成为制约各大企业提升计
算效能的关键问题。因此,提升数据中心资源利用率是当前急需解决的重要问题。将在线作业
与离线作业混合部署,以空闲的在线集群资源满足离线作业的计算需求能够有效提升数据中心
资源利用率,这也是当今学术界和产业界的研究热点。

rubik 是 openEuler 提供的容器混合部署引擎,其架构如图 9.10 所示,rubik 提供自适应单
机算力调优和 QoS 保障机制,旨在保障关键业务 QoS 的前提下,提升节点资源利用率。rubik
的字面意思为魔方。在 openEuler 中,rubik 象征着能够有条不紊地管理服务器。

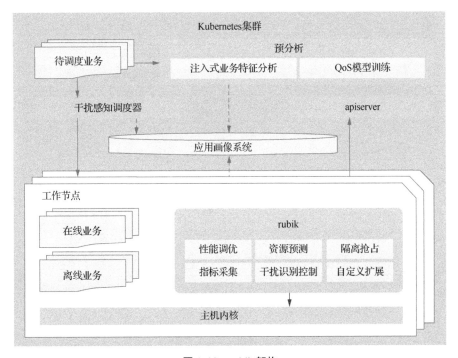

图 9.10　rubik 架构

rubik 主要特性如下。

- 兼容原生 Kubernetes 系统：基于原生 Kubernetes 的扩展接口进行能力扩展。
- 兼容 openEuler：自动使能 openEuler 提供的增强特性（如内核分级资源隔离技术）；对于其他 Linux 发行版，由于存在部分内核特性缺失，管理能力受限。
- 运行时干扰识别控制：提供关键业务性能干扰实时检测能力、干扰源快速定位能力及干扰快速控制能力。
- 自适应动态调优：对关键业务进行性能优化，使其能更高效、稳定地运行；动态调优在线/离线资源配比，减少关键业务 QoS 违规。
- 支持自定义扩展：支持高级用户针对特定业务场景开发自定义扩展插件。

rubik 在云业务容器混合部署应用比较广泛，应用场景涵盖 Web 服务、数据库与大数据、AI 等混合部署场景，助力互联网、通信等行业客户实现数据中心资源利用率突破 50%。

（2）KubeOS 容器操作系统

在云原生场景中，容器和 kubernetes 的应用越来越广泛，随之而来的就是云原生场景下的操作系统的管理问题，例如，云原生场景下应用纷纷容器化，对操作系统有着新的挑战，传统的操作系统形态过重，不再完全适用；容器和操作系统的运维管理分别独立进行，往往会出现管理功能冗余，两套调度系统协调困难的情况；单独的包管理会导致集群容器操作系统版本零散状态不统一等问题，缺乏统一的容器操作系统管理方式，容器操作系统的版本管理困难。

针对以上问题，openEuler 创新开发了 KubeOS，通过 Kubernetes 统一管理业务容器和操作系统的云原生场景，KubeOS 容器操作系统架构如图 9.11 所示，主要特性如下。

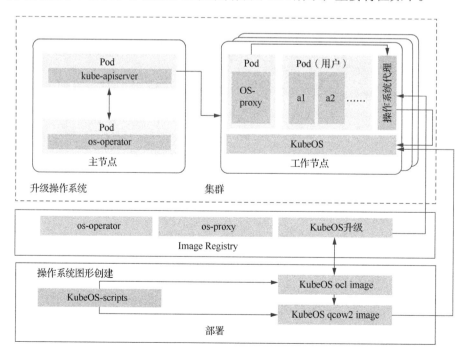

图 9.11 KubeOS 容器操作系统架构

- 统一管理：KubeOS 将操作系统作为组件接入集群，使用 Kubernetes 统一管理操作系统和业务容器，统一管理所有节点的操作系统。
- 协同调度：在操作系统变更前感知集群状况，实现业务容器和操作系统的协同调度。
- API 运维：KubeOS 使用 Kubernetes 原生的声明式 API 管理、运维操作系统，实现运维通道标准化。
- 原子管理：KubeOS 结合 Kubernetes 生态，实现操作系统的原子升级/回滚能力，保证集群节点的一致性。
- 轻量安全：KubeOS 仅包含容器运行所需组件，减少攻击面和漏洞，提高安全性，降低操作系统运行底噪和重启时间，采用只读根文件系统，保证系统不被攻击和恶意篡改。

KubeOS 主要应用在云原生场景的基础设施中，为云服务提供基础运行环境，助力云厂商和通信行业客户解决云原生场景的操作系统运维难题。

（3）NestOS 云底座操作系统

在云原生场景中，容器和 Kubernetes 等相关技术的应用越来越广泛，涌现出了多种多样的容器运行时及相关管理软件，因此在实际使用中容易出现，容器技术与容器编排技术实现业务发布、运维时与底层环境高度解耦而带来的运维技术栈不统一、运维平台重复建设等问题。

NestOS 是在 openEuler 社区孵化的云底座操作系统，集成了 rpm-ostree 支持、ignition 配置等技术，采用双根文件系统、原子化更新的设计思路，使用 nestos-assembler 快速构建；并针对 Kubernetes、OpenStack 等平台进行适配，优化容器运行底噪，使系统具备十分便捷的集群组件能力，可更安全地运行大规模的容器化工作负载。NestOS 架构如图 9.12 所示。

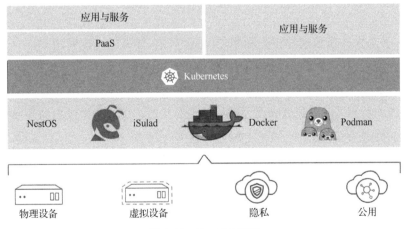

图 9.12　NestOS 架构

NestOS 主要特性如下。

- 开箱即用的容器平台：NestOS 集成、适配了 iSulad、Docker、Podman 等主流容器引擎，为用户提供轻量级、定制化的云场景操作系统。
- 简单易用的配置过程：NestOS 通过 ignition 技术，可以相同的配置方便地完成大规模集群节点的安装、配置工作。

- 安全可靠的包管理：NestOS 使用 rpm-ostree 进行软件包管理，搭配 openEuler 软件包源，确保原子化更新的安全稳定状态。
- 友好可控的更新机制：NestOS 使用 Zincati 提供自动更新服务，可实现节点自动更新与重新引导，实现集群节点有序升级而服务不中断。
- 紧密配合的双根文件系统：NestOS 采用双根文件系统实现主备切换，确保 NestOS 运行期间的完整性与安全性。

NestOS 适合作为以容器化应用为主的云场景基础运行环境，解决了在使用容器技术与容器编排技术实现业务发布、运维时与底层环境高度解耦而带来的运维技术栈不统一、运维平台重复建设等问题，保证了业务与底座操作系统运维的一致性。

9.3.3 嵌入式

openEuler 社区在嵌入式领域的创新项目主要包括 MICA、UniProton 硬实时操作系统，ZVM 嵌入式实时虚拟机等。

（1）MICA

对于嵌入式系统而言，实现包含 Linux 和 RTOS 在内的多个操作系统混合部署，从而满足以安全、实时、富功能为代表的多目标约束，主要面临的挑战有 3 方面。

- 部署：多个操作系统如何高效地部署在同一个多核（可能是同构多核，也可能是异构多核）SoC 上，同时多个操作系统间高效协同工作，共同实现全系统功能。
- 隔离：多个操作系统互不影响，一个操作系统出现问题（如崩溃、故障等）不会影响到其他操作系统，对具有高安全性、高可靠性、高实时性要求的操作系统尤其重要。
- 调度：多个操作系统能够充分利用硬件资源，有较高的资源利用率。

MICA 是一个面向多核 SoC，依托硬件辅助虚拟化、TEE、异构等技术，支持以实时与非实时操作系统、安全与非安全操作系统为代表的多个操作系统高效混合部署的框架，可充分发挥各个操作系统的特点，以满足嵌入式系统以安全、实时、富功能为代表的多目标约束。MICA 总体架构如图 9.13 所示。

图 9.13　MICA 总体架构

276

MICA 项目正在孵化中，其主要应用于制造、能源、机器人等领域中的中高端复杂嵌入式系统。MICA 当前已支持基于 OpenAMP 的裸金属形态和基于 Jailhouse 的分区虚拟化形态，未来将与 ZVM 和 Rust-Shyper 项目配合。

（2）UniProton 硬实时操作系统

工业控制应用场景对操作系统有着强烈的确定性时延要求，Linux 由于体量大、功能复杂等原因无法满足该要求，业界一直在推出小型的嵌入式操作系统以满足工业控制应用场景的要求。UniProton 凭借其轻量级内核、极致性能优化、功能可裁剪及混合关键性部署等特点，能够适应多种场景并在各场景下达成极致的低时延目标。

UniProton 是一款硬实时操作系统，既支持 MCU（Micro Control Unit，微控制单元），也支持算力强大的多核 CPU，具备微秒级低时延和灵活的混合关键性部署特性，可高效地与以 OpenEuler 嵌入式操作系统为代表的通用操作系统混合部署，非常适用于工业控制场景，它的关键特性如下。

① 低时延

- 确定性时延：最大调度时延满足业务需求。
- 极致性能：微秒级任务调度、中断时延。

② 通用性

- 兼容 POSIX：遵循 POSIX 规范 IEEE Std 1003.1 TM -2008，提供相关接口。
- 主流架构支持：支持 x86、ARM64、Cortex-M 等多种指令集架构，可在英特尔、树莓派等典型芯片上运行。
- 多核处理器支持：高效使用多核算力，同时仍具备低延时能力。
- 轻量化：可在几十 KB 的内存环境上运行。

③ 易用性

- 功能定制化：功能可裁剪。
- 维测功能：提供 cpup、异常接管功能。
- 混合关键性部署：复用 Linux 能力，并提供 RTOS 能力。

④ 丰富中间件

- 驱动框架：提供统一的标准化驱动开发框架，提升驱动开发效率。
- 网络框架：支持丰富的网络协议栈，并提供标准网络接口。
- 工业中间件：支持对接多种工业协议和开发标准，可提供 EtherCAT 等总线通信能力。

UniProton 结合了华为在 CT 领域硬实时场景积累的经验，于 2022 年 6 月开源到 openEuler 社区，在 sig-embedded 孵化，现已广泛应用于制造、医疗、能源、电力、航空航天等领域，满足工业生产、机器人控制等确定性时延要求。

（3）ZVM 嵌入式实时虚拟机

嵌入式实时虚拟化是一种允许在单个硬件平台上同时运行多个操作系统，并保障确定性和时间关键性能的技术，该技术可为嵌入式系统开发带来许多好处，例如实现硬件整合、系统隔离，提升系统可靠性、安全性和可扩展性等。嵌入式实时虚拟化主要面临着以下挑战：如何确保不同 Guest OS 间的隔离和安全性，尤其是当它们具有不同级别的关键性和可信度时；如何在不同 Guest OS 间有效地共享或分配 I/O 设备，这可能需要应用设备模拟或直通机制；如何确保作为 Guest OS 运行的 RTOS 具备低延迟和高吞吐量。

ZVM 是一款基于 Zephyr（开源 RTOS）并结合硬件辅助虚拟化技术的嵌入式实时虚拟机，支持包含 Linux、RTOS 和裸金属程序在内的多个运行时混合部署及混合关键性调度。基于架构硬件虚拟化支持与虚拟化主机拓展支持，ZVM 实现了 Guest OS 间的隔离、设备分配及中断处理，保证了系统的安全与实时性。

ZVM 总体功能分为 3 个部分：安全隔离、设备管理和系统性能提升。

① 安全隔离

利用虚拟化技术实现不同特权级的应用支持，确保不同 Guest OS 间的隔离和安全性，尤其是当它们具有不同级别的关键性时。为每个 Guest OS 分配不同的虚拟地址空间和虚拟设备，实现虚拟机间的隔离以保证系统安全。

② 设备管理

使用支持设备模拟和直通机制的管理程序，在不同 Guest OS 间有效共享或分配 I/O 设备。对于中断控制器需要独占的设备，用完全虚拟化的方式进行分配；对于 UART（Universal Asynchronous Receiver/Transmitter，通用异步接收发送设备）等非独占的设备，使用设备直通的方式进行分配。

③ 系统性能提升

在处理器方面，使用支持 ARM64 硬件辅助虚拟化拓展技术来减少上下文开销；在内存管理方面，使用基于硬件的两阶段地址转换减少性能开销；在中断方面，使用基于硬件的中断注入机制来减少上下文开销和中断时延。

9.3.4 边缘计算

openEuler 在边缘计算领域的主要创新项目有分布式软总线和 openEuler Edge。

（1）分布式软总线

边端设备的互联是实现边端设备协同工作的基础，涉及边端设备的发现、连接、组网、传输等环节。当前边端设备的互联存在诸多困境，如下所示。

- 边端设备形态不一：硬件能力各异，支持的连接方式多种多样，例如 Wi-Fi、蓝牙、NFC（Near Field Communication，近场通信）等，缺少统一的方案来覆盖各种连接方式。
- 稳定快速组网难：在边端设备间自动构建和分配组网管理角色，实现网络的健壮性，在设备退出、掉电、发生故障后仍能保持组网的稳定，实现这些目标较为困难。
- 传输性能差：如何提升边端设备间传输性能，特别是当部分边端设备对功耗有一定的要求时。
- 接口适配难：对于上层应用开发者，如何做到提供统一的接口，屏蔽底层硬件、组网的差异，让应用开发者不用关心底层实现，聚焦于业务流程，实现一次开发、边端复用。

openEuler 秉承打造"面向数字基础设施的开源操作系统"的愿景，为实现边端领域的互通和协同，首次在服务器、边缘和嵌入式领域引入分布式软总线技术。分布式软总线作为分布式设备通信基座，为设备之间的互通互联提供统一的分布式协同能力，实现设备的无感发现和数据高效传输。

分布式软总线主体功能分为发现、组网、连接和传输 4 个基本模块，如图 9.14 所示。分布式软总线南向支持 Wi-Fi、有线网络及蓝牙等通信方式，并为北向的分布式应用提供统一的 API，屏蔽底层通信机制差异。分布式软总线依赖于设备认证、进程间通信、日志和系统参数（SN号）等周边模块，在嵌入式场景将这些周边模块进行了样板性质的替换，以实现软总线基本功能。实际的周边模块功能实现，还需要用户根据实际业务场景进行丰富和替换，以拓展软总线能力。

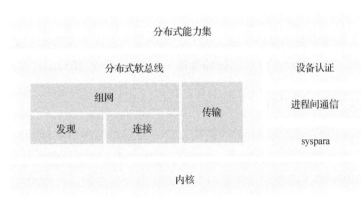

图 9.14　分布式软总线与外部模块关系示意

分布式软总线主要适用于 openEuler 边缘服务器、嵌入式设备及 OpenHarmony 嵌入式设备之间的自发现、互联互通。

分布式软总线多用于工业生产线、园区设备管理等场景，通过采用软总线的统一 API 和协议标准，让不同厂家、不同类型的硬件设备之间自连接、自组网，支持新设备即插即用，实现数据与外设互通访问。

（2）openEuler Edge

边缘计算是未来十大战略技术之一。随着智慧城市、自动驾驶、工业互联网等应用落地，海量数据将在边缘产生，IDC 预测，到 2025 年，中国产生的数据将增至 48.6ZB，集中式云计算在带宽负载、网络延时、数据管理成本等方面愈发显得捉襟见肘，难以适应数据频繁交互的需求，边缘计算价值开始凸显。

openEuler 发布面向边缘计算的版本 openEuler Edge，该版本集成 KubeEdge 边云协同框架，具备边云应用统一管理和发放等基础能力，并通过增强智能协同提升 AI 易用性和场景适应性、增强服务协同实现跨边云服务发现和流量转发，以及增强数据协同提升南向服务能力。边云协同框架的功能如下。

- 边云管理协同：实现边云之间的应用管理与部署、跨边云的通信，以及跨边云的南向外设管理等基础能力。

- 边云服务协同：边侧部署 EdgeMesh Agent，云侧部署 EdgeMesh Server，实现跨边云服务发现和服务路由。
- 边缘南向服务：南向接入 Mapper，提供外设 Pofile 及解析机制，以及实现对不同南向外设的管理、控制、业务流的接入，可兼容 EdgeX Foundry 开源生态。
- 边缘数据服务：通过边缘数据服务实现消息、数据、媒体流的按需持久化，并具备数据分析和数据导出的能力。

该项目主要应用于能源、交通、制造、金融、医疗、园区、无人系统等广泛的边云协同场景。

9.4　工具链创新

openEuler 在工具链方面也做出了诸多创新，内容涉及面向开发者的测试工具、环境构建工具、高性能编译工具，以及面向运维者的智能管理工具等，本节选择介绍其中几个典型创新项目。

9.4.1　GCC for openEuler

GCC 作为 Linux 内核的默认编译器，被视作跨平台编译器的事实标准，是操作系统中至关重要的基础软件。对 GCC 的修改往往牵一发而动全身，对上层应用影响甚大，因此 GCC 开发者不仅要熟悉编译原理等基础知识，还要有充足的技术储备来加强特性的安全性、健壮性，在增强 GCC 竞争力的同时，保证 GCC 本身的安全稳定。

GCC for openEuler 编译器基于开源的 GCC 开发，其软件架构如图 9.15 所示，GCC for openEuler 聚焦于 C、C++、Fortran 语言的优化，通过整合业界领先的反馈优化技术，实现自动反馈优化、内存优化、自动矢量化等特性，提升编译器在数据库等场景中应用的性能；此外，还对接编译器插件框架，提供通用化插件功能，支持多样算力特性和多样算力微架构优化，适配国产硬件平台，如鲲鹏、飞腾、龙芯等，充分利用国产硬件平台算力。

GCC for openEuler 的创新主要体现在以下 4 个方面。

- 基础性能：基于开源的 GCC，提升通用场景下的应用性能，支持多样算力。
- 编译优化：整合业界领先的反馈优化技术，实现程序全流程和多模态反馈优化，提升数据库等云原生场景重点应用性能。
- 芯片使能：使能多样算力指令集，围绕内存等硬件系统，发挥算力优势，提升 HPC 等场景下的应用性能。
- 插件框架：使能多样算力差异化编译诉求，使用一套插件兼容不同编译框架，打通 GCC 和 LLVM 生态。

GCC for openEuler 是基于开源的 GCC 开发和发行的基础软件，在 openEuler 等 Linux 环境中应用比较广泛，应用涵盖数据库、虚拟化、HPC 等重要场景，实现 ARM 平台下，基础性能相比开源 GCC 提升 20%，助力运营商、云厂商等行业客户将 MySQL 数据库性能提升 15% 左右。

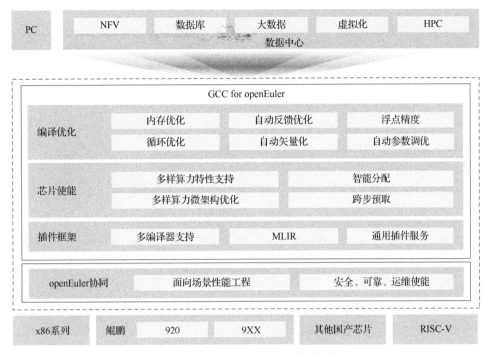

图 9.15　GCC for openEuler 软件架构

9.4.2　Compass-CI 测试平台

Linux 日趋复杂，开源软件开发者由于受到资源约束，往往只会对单一场景进行验证，面对众多的 Linux 发行版，如何快速引入开源软件并对多种场景进行验证，是摆在开发者面前的首要问题。资源单一，使用场景却是{os, arch, machine, ..}的组合，这导致大量的问题在后续的使用过程中才会被发现，带来更高的修改成本。同时，问题复现困难，大量成本消耗在环境准备上，无法进行问题的快速定位。

Compass-CI 是一个可持续集成的开源软件平台，集构建/测试系统、登录调测、测试分析与比较、辅助定位等于一体，为开发者提供针对上游开源软件（来自 GitHub、Gitee、GitLab 等托管平台）的测试服务、登录服务、故障辅助定界服务和基于历史数据的分析服务，基于开源软件 PR 进行自动化测试（包括构建测试、软件包自带用例测试等），旨在构建一个开放、完整的任务执行系统。Compass-CI 软件架构如图 9.16 所示。Compass-CI 提供的服务主要包括如下内容。

- 测试服务：支持开发者基于本地设备进行开发，并往 GitHub 提交代码，Compass-CI 可自动获取代码开展测试，并向开发者反馈测试结果。
- 调测环境登录：Compass-CI 提供 SSH 登录功能，测试过程中如果发现问题，开发者可根据需要登录环境进行调测。
- 测试结果分析：Compass-CI 可记录历史测试结果，对外提供 Web 及 CLI，支持开发者针对已有的测试结果进行分析，挖掘影响测试结果的因素。

- 辅助定位：Compass-CI 在测试过程中可自动识别错误信息，触发基于 git tree 的测试，找出引入问题模块的变化点。

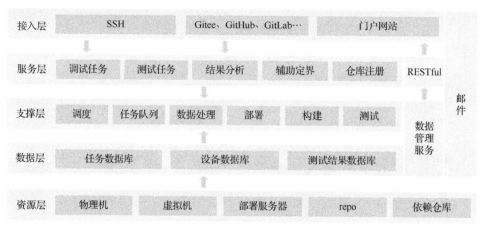

图 9.16　Compass-CI 软件架构

　　Compass-CI 作为一个通用的全栈软件测试平台，可通过主动测试数以万计的开源软件，发现这些软件在芯片和操作系统上的问题，在第一时间自动定位问题并以报告的形式反馈给第三方软件开发者，方便第三方开发者及时处理问题，保障软件质量。此外，Compass-CI 给社区开发者提供友好的开发体验，与社区开发者共建开源软件生态及提升开源软件质量。

9.4.3　EulerLauncher

　　在主流桌面操作系统上，相关开发资源（虚拟机、容器等）的便利性和稳定性是影响 openEuler 开发者体验的重要因素，对于开发资源受限的个人及高校开发者来说，影响更为明显。当前常见的虚拟机管理平台有诸多局限性，如 VirtualBox 需要下载体积庞大的 ISO 镜像，同时需要进行操作系统安装等相关操作；WSL（Windows Subsystem for Linux）无法提供真实的 openEuler 内核；绝大多数虚拟机管理软件目前对苹果 Silicon 芯片的支持尚不完善，且众多软件需要付费；等等。

　　EulerLauncher 是由 openEuler 社区技术运营团队及基础设施团队孵化的开发者工具集，通过对主流桌面操作系统中的虚拟化技术（LXD、Hyper-V、Virtualization Framework）等进行有机整合，使用 openEuler 社区官方发布的虚拟机、容器镜像，为开发者在 Windows、macOS、Linux 上提供统一的开发资源发放和管理体验，提升在主流桌面操作系统上搭建 openEuler 开发环境的便利性，有效提升开发者体验。

　　EulerLauncher 可在 Windows、macOS 及 Linux 等主流桌面操作系统上提供方便、易用、体验统一的开发者工具集，支持 x86_64 及 AArch64（包含 Silicon 系列芯片）硬件架构；并支持各平台对应的虚拟化硬件加速能力，为开发者提供高性能的开发资源。EulerLauncher 支持使用 openEuler 社区发布的虚拟机、容器（规划中）镜像、Daily Build 镜像及其他符合要求的自定义镜像，为开发者提供多种选择。

　　EulerLauncher 主要用于在 Windows、macOS、Linux 桌面环境搭建 openEuler 开发环境，以及快速获取 openEuler 开发工具和简化在社区贡献依赖的配置等场景。

9.4.4　A-Ops 智能运维

近几年随着云原生、Serverless 等技术的实施，云基础设施的运维越来越有挑战性，亚健康故障（具有间歇性出现、持续时间短、问题种类多、涉及范围广等特点）给云基础设施故障诊断带来重要挑战。对亚健康故障诊断面临的问题（包括观测能力、海量数据管理能力、AI 算法的泛化能力等）在 Linux 场景中变得尤为突出。在 openEuler 开源操作系统中，现有的运维手段不足以及时发现、定位亚健康故障，主要原因在于缺乏在线、持续性监控能力；缺乏应用视角精细化的观测能力；缺乏基于全栈观测数据的自动化、AI 分析能力等。然而，诊断亚健康故障的难点包括全栈的无侵入可观测能力；持续、精细化、低负载的监控能力；自适应不同应用场景的异常检测、可视化故障推导能力；业务无感的补丁管理、修复能力；等等。

A-Ops 是基于操作系统维度的故障运维平台，提供从数据采集、健康巡检、故障诊断、故障修复到智能运维的解决方案。A-Ops 项目包括若干子项目：覆盖故障发现（Gala）、故障定位支撑（X-diagnosis）、缺陷修复（apollo）等。A-Ops 软件架构如图 9.17 所示。

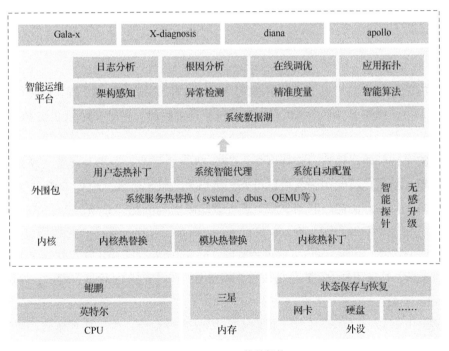

图 9.17　A-Ops 软件架构

（1）Gala 项目

Gala 项目采用 eBPF + Java Agent 无侵入观测技术，并以智能化辅助，实现亚健康故障（比如性能抖动、错误率提升、系统卡顿等）诊断，主要功能如下。

- 在线应用性能抖动诊断：提供数据库类应用性能在线诊断能力，包括网络类（丢包、重传、时延高、TCP 零窗口等）问题、I/O 类（硬盘满盘、I/O 性能下降等）问题、调度类（包括 sysCPU 冲高、死锁等）问题、内存类（内存用尽、泄露等）问题等。
- 系统性能诊断：提供通用场景下 TCP、I/O 性能抖动问题的诊断能力。

- 系统隐患巡检：提供对内核协议栈丢包、虚拟化网络丢包、TCP 异常、I/O 时延异常、系统调用异常、资源泄露、JVM（Java Virtual Machine，Java 虚拟机）异常、应用 RPC 异常（包括 8 种常见协议的错误率、时延等）及硬件故障（UCE、硬盘介质错误等）等隐患的秒级巡检能力。
- 系统全栈 I/O 观测：提供面向分布式存储场景的 I/O 全栈观测能力，包括 Guest OS 进程级、Block 层的 I/O 观测能力，以及虚拟化层存储前端 I/O 观测能力和分布式存储后端 I/O 观测能力。
- 精细化性能分析（Profiling）：提供多维度（包括系统、进程、容器、Pod 等）、高精度（10ms 采样周期）的性能（包括 CPU 性能、内存占用、资源占用、系统调用等）火焰图、时间线图，可实时在线持续采集。
- Kubernetes Pod 全栈可观测及诊断：提供 Kubernetes 视角的 Pod 集群业务流实时拓扑能力，包括 Pod 性能观测能力、DNS 观测能力、SQL（Structure Query Language，结构查询语言）观测能力等。

（2）X-diagnosis 项目

X-diagnosis 是 Linux 操作系统运维套件，具有问题定位工具集、系统异常巡检、ftrace 增强等功能。

- 丰富的问题定位工具集：提供了网络、I/O、CPU 调度、文件系统、内存等类型问题的定位工具，例如 ICMP、TCP、UDP 丢包及异常检测、系统文件只读或 I/O 性能下降等的定位工具。
- 丰富的系统问题巡检项：支持网络、CPU 调度、硬盘、服务及配置、系统资源等类型的问题巡检项，巡检结果支持以日志和接口方式输出告警。例如 DNS 配置异常、CPU 占用高、硬盘分满盘、时间跳变、进程数超限制等问题巡检项。
- 提供系统调试和分析工具 eftrace 和 ntrace：eftrace 是 ftrace 工具的增强版，支持自动计算结构体偏移量，降低了 ftrace 的使用难度；ntrace 支持快速输出协议栈固定函数 kprobe 的关键参数，协助用户快速定位协议栈流程问题，同时支持 IP 地址、端口、协议类型过滤。

（3）apollo 项目

apollo 是一个智能补丁管理框架，提供 CVE/bug 实时巡检、冷热补丁修复，实现自动发现和零中断修复等功能。

- 补丁服务：支持冷热补丁订阅，提供在线获取补丁的能力。
- 智能补丁巡检：支持基于单机和集群的 CVE/bug 巡检和通知能力，具备冷热补丁混合管理、一键式修复和回退功能，极大减少补丁管理成本。
- ragdoll：配置导致的故障占操作系统问题的 50%以上，ragdoll 提供系统配置监控能力，可实时发现系统配置变化，快速定位配置错误问题。
- 配置基线：支持按照集群基线已有配置文件，可通过插件扩展配置文件类型，支持客户自定义的配置文件。
- 配置溯源：支持在后台自动巡检系统配置文件变更情况，并通过告警和邮件通知管理员。

- 配置定位：通过 eBPF 监控文件操作来快速定位配置文件变更原因。

A-Ops 在 openEuler 等 Linux 环境中主要应用于数据库、分布式存储、虚拟化、云原生等场景。它为金融、电信、互联网等行业客户提供全栈可观测能力，能实现亚健康故障诊断；可检测集群中人为导致的配置错误，具备实时检查能力；还具备冷热补丁混合管理能力，避免引入热补丁导致的补丁管理复杂。针对内核中高风险的 CVE 直接提供热补丁，避免修复内核紧急问题而需要重启系统。

9.4.5 A-Tune 智能调优引擎

随着硬件和软件应用的不断发展，Linux 内核越来越复杂，整个操作系统的规模也越来越庞大。在 openEuler 中，仅 sysctl 命令（用于运行时配置内核参数的命令）的参数（可通过 sysctl -a | wc -l 统计）就超过 1000 个，而完整的 IT 系统从最底层的 CPU、加速器、网卡，到编译器、操作系统、中间件框架，再到上层应用，可调节参数超过 7000 个。但大部分使用者只使用了这些参数的默认配置，因此无法充分发挥系统的性能。

针对特定的应用场景进行调优存在以下几方面的难点：参数数量多，且参数间存在依赖关系；上层应用系统种类多，不同应用系统的参数不同；每个应用的负载复杂多样，不同负载对应的最优参数值不同；等等。A-Tune 是一款基于 AI 的操作系统性能调优引擎，其整体架构如图 9.18 所示。A-Tune 利用 AI 技术，使操作系统"了解"业务需求，简化 IT 系统调优工作的同时，让应用程序发挥出色性能。

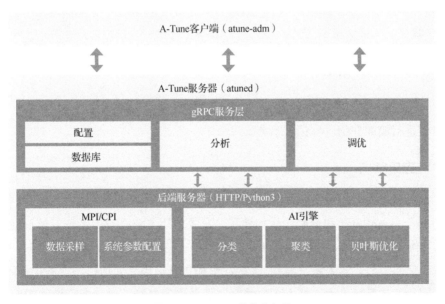

图 9.18 A-Tune 的整体架构

A-Tune 整体上采用 C/S 架构。客户端 atune-adm 是一个命令行工具，通过 gRPC 协议与服务端 atuned 进程进行通信。服务器端 atuned 中包含一个前端 gRPC 服务层（采用 Go 语言实现）和一个后端服务器。gRPC 服务层负责优化配置数据库管理和对外提供调优服务，主要包括分析和调优。后端服务器是一个基于 Python 实现的 HTTP 服务层,包含 MPI(Model Plugin Interface,模型插件接口)/CPI(Configurator Plugin Interface,配置器插件接口)和 AI 引擎。其中,MPI/CPI 负责与系统配置进行交互,而 AI 引擎负责为上层提供机器学习能力,主要包括用于模型识别的分类、聚类和用于参数搜索的贝叶斯优化。

A-Tune 目前主要提供两个能力:智能决策和自动调优。

智能决策的基本原理是通过采集系统数据,并使用 AI 引擎中的聚类和分类算法对采集到的数据进行负载识别,得到系统中当前正在运行的业务负载类型,并从优化配置数据库中提取优化配置,最终选取适合当前系统业务负载的最优参数配置,主要功能如下。

- 重要特征分析:自动选择重要特征,剔除冗余特征,实现精准用户画像。
- 两层分类模型:通过分类算法,准确识别当前负载。
- 负载变化感知:主动识别应用负载的变化,实现自适应调优。

自动调优的基本原理是基于系统或应用的配置参数及性能评价指标,利用 AI 引擎中的参数搜索算法,反复迭代,最终得到性能最优的参数配置,主要功能如下。

- 重要参数选择:自动选择重要的调优参数,缩小搜索空间,提升训练效率。
- 调优算法构建:用户可从适用场景、参数类型、性能要求等方面选择最优算法。
- 知识库构建:用户可将当前负载特征和最优参数增加到知识库,提升后续调优效率。

A-Tune 在 openEuler 等 Linux 环境中应用比较广泛,应用场景涵盖大数据、数据库、中间件、HPC 等场景,助力金融、电信等行业客户实现 MySQL、Redis、宝兰德中间件等应用性能提升 12%~140%。

9.5 行业应用案例

目前,openEuler 在金融、能源、云计算和科研等行业均已获得成功应用,以下选择若干典型的应用案例进行简要介绍,供读者参考。

9.5.1 金融应用案例

(1)A 银行分布式信用卡核心业务系统

A 银行基于 openEuler 和鲲鹏技术构建了分布式信用卡核心业务系统,单日交易量超过 1 亿笔,峰值 TPS(Transaction Per Second,事务数/秒)超过 6000。

A 银行的信用卡核心业务系统具有"客户数量和信贷规模等 4 项核心业务指标同行业第一"的特点,A 银行客户基数庞大,样本多样性强,业务形态复杂,对业务一致性的要求非常高,对系统运行的稳定性要求也非常高。除此之外,银行的 IT 系统要在高可用、高可靠的前提下,实现弹性扩展、敏捷交付,金融行业面临着关键信息基础设施安全可靠的问题,在基础设施升级的同时需要兼顾安全与数字化发展的问题。

A 银行基于银河麒麟高级服务器操作系统 V10 进行底层深度适配调优,并采用 GaussDB 作为数据底座、TaiShan 200 服务器作为算力底座，对原有基础设施（x86+RHEL+Oracle）进行升级，构建了分布式信用卡核心业务系统，完成主机系统到分布式系统的数据迁移，实现 ARM 和 x86 异构平台双轨运行，支持应用层基于微服务的敏捷处理框架、数据层分布式作业海量数据处理平台。

该系统主要具有以下优势。

- 基于鲲鹏处理器和银河麒麟高级服务器操作系统 V10，实现了对现有信用卡核心业务系统的创新。
- 系统有构建成本低、可快速响应业务需求、可扩展性强、处理效率高及容错能力强等优势。
- 在安全可靠方面，基于银河麒麟高级服务器操作系统 V10 内生安全框架为客户提供内核、服务、应用等多层安全防护体系。

（2）B 银行核心业务系统国产化改造项目

B 银行作为自主创新金融行业建设单位之一，为响应加强安全创新、实现自主创新的市场需求，将核心业务系统向自主创新平台迁移，建成的全栈自主创新平台在性能、安全性、功能等方面均需满足核心业务系统需求。

该项目采用华为鲲鹏服务器作为基础计算平台，银河麒麟高级服务器操作系统 V10 作为操作系统，基于华为 FusionCompute 虚拟化平台，完成了对 B 银行核心业务系统的改造升级，主要具有以下优势。

- 全栈国产化：采用自主、安全、创新的全栈国产化产品，支撑起金融行业总行级核心业务系统的运行。
- 高安全性：基于银河麒麟高级服务器操作系统 V10，全面兼容主流虚拟化平台、中间件、数据库等各类软硬件环境，降低网络数据安全建设成本。

（3）C 公司证券分布式核心交易平台

C 公司基于自主创新技术构建的证券分布式核心交易平台可对低时延场景进行针对性优化，通过将 openEuler 与业界领先的分布式低时延消息中间件 AMI 深度结合，达到自上而下整体性能最优，创造出优秀的业务效果。

该平台基于 openEuler+鲲鹏底座和证券核心交易平台 ATP 构建，用于服务国内证券公司。它为券商连接证券交易所提供快速和完整的通道，具有高吞吐、低时延、松耦合、高可用、易扩展、接口易用、平台开放等特性，为投资者提供高品质的交易服务。证券核心交易平台 ATP 使用鲲鹏应用使能套件 BoostKit 加速特性全面优化，同时使用 openEuler、毕昇 JDK 提升性能，实现低时延、高可用的交易服务。

该平台主要具有以下优势。

- 使用 openEuler、毕昇 JDK 提升性能，实现低时延、高可用的交易服务。
- 利用鲲鹏超低时延、超强算力、高吞吐传输的优势，处理上万笔订单，每笔订单仅产生微秒级时延，有效提升存储及各类加速器的性能，I/O 总带宽提升 66%。
- 满足期货公司、银行等机构的低时延、高可用交易需求，打造自主创新的证券分布式核心交易平台，提升中国金融基础设施能力。

9.5.2　能源应用案例

（1）D 电网配电自动化系统

D 电网新一代配电自动化系统主站以大运行与大检修为应用主体，为运行控制与运维管理提供一体化的应用，满足配电网的运行监控与运行状态管控需求，大大降低系统建设成本，提高配电网运行监控效率。

该系统采用基于 openEuler 发行的麒麟信安服务器操作系统 V3 和鲲鹏等主流芯片架构构建，遵循 GB/T 20272—2019《信息安全技术　操作系统安全技术要求》中第四级安全技术要求，支持可信计算度量规模应用，构建了基于配电网分析模型中心和运行数据中心的新一代配电网调度支撑平台，为运行控制与运维管理提供一体化的应用，满足配电网的运行监控与运行状态管控需求。

该系统主要具有以下优势。

- 全面遵循 IEC 61968、IEC 61970 标准，实现与 EMS（Energy Management System，电能管理系统）、PMS（Production Management System，生产管理系统）等多系统的数据共享。
- 覆盖全部配电设备，形成配电网运行监控与调度作业的全过程闭环管理。
- 实现配电网调控运行、生产运维管理、状态检修、缺陷及隐患分析等精益化管理，并为配电网规划建设提供数据支持。

（2）E 智能调度系统 D5000 工程

该工程从 2009 年开始进行操作系统的迁移工作，本着可用、高效、安全的原则，选择了安全等级高、使用便捷的操作系统——麒麟信安操作系统，作为其"调度系统"的软件运行平台，陆续完成了 x86 平台上的操作系统迁移。从 2019 年开始向华为鲲鹏服务器平台迁移，操作系统选用麒麟信安操作系统（欧拉版），逐渐实现核心调度系统软件的基础软硬件平台的安全创新。

该系统主要具有以下优势。

- 完成智能电网调度 D5000 系统从原有操作系统到麒麟信安操作系统（欧拉版）的迁移。
- 实现了基于鲲鹏服务器和麒麟信安操作系统（欧拉版）的业务系统高效运行。
- 为后续 D5000 系统的基础软硬件全面迁移进行充分的技术验证和准备工作。

9.5.3　云计算应用案例

（1）F 云

F 云根据操作系统领域新趋势，结合自身业务需求，推出基于 openEuler 的自研操作系统 CTyunOS，服务"云改数转"战略，助力数字经济发展。CTyunOS 针对云计算场景进行深度的优化，同时针对 CPU 调度、内存管理、I/O、进程管理等核心模块进行专项优化，具备高性能、高可靠、强安全、易扩展等关键特征，支持多业务场景和多样性算力的异构统一调度。

（2）G 云边缘计算云服务平台

G 云边缘计算云服务平台，致力于为图形云计算、AI、HPC、工业互联网等 5G 新型应用场景提供超算性能、超低时延和超大数据传输的云计算基础设施能力。G 云边缘计算云服务平台现网主要使用的操作系统是 CentOS 和 Ubuntu，随着业务规模的快速扩大，解决操作系统的可靠性问题和应对随之而来的运维挑战迫在眉睫。

openEuler 社区根据 G 云边缘计算云服务平台的业务诉求，提供定制化服务器及支持长期自主创新的超聚变操作系统 FusionOS，软硬件协同深度优化，进一步提升平台的可靠性、运维能力及性能，基于"安迁"一站式迁移平台提供端到端迁移服务，助力其完成了操作系统、业务的高效迁移。

9.5.4　科研应用案例

H 大学基于 openEuler 构建工业机器人操作系统，打造了"开箱即用"的机器人基础软件平台。

机器人操作系统是机器人的核心基础软件，支撑着机器人应用对系统实时性、安全性及智能化等方面的共性诉求。H 大学面向智能工业机器人领域，突破开放式体系架构，在实时系统内核、通信协议栈、运动控制库、集成开发工具等方面进行研究，打造了"开箱即用"的机器人基础软件平台，其系统架构如图 9.19 所示。

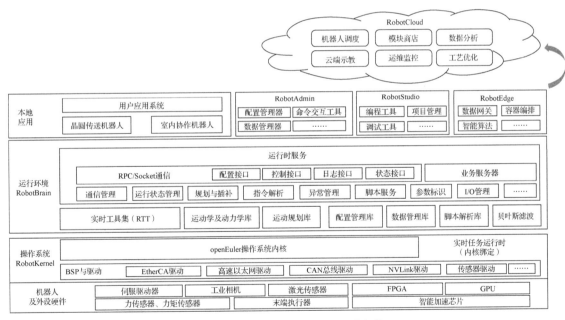

图 9.19　机器人基础软件平台系统架构

该系统主要具有以下优势。

- 基于 openEuler LTS 22.03 内核，支持 x86 系列平台，并将支持 ARM 平台等。
- 操作系统内核实现良好的实时性，7×24h 不间断运行，最大中断时延小于或等于 10μs，满足 EtherCAT 小于或等于 1ms 的通信周期需求。
- 基于 openEuler 的开放式嵌入式控制系统架构，驱动六轴工业机械臂正常运行，具有良好的可扩展性和易用性。

- 面向典型行业应用已完成案例实施，系统可靠性在工业领域应用得到验证。

9.6　本章小结

本章简要回顾了 openEuler 社区的基本理念，主要介绍了 openEuler 在内核、基础能力、全场景使能和工具链等领域的开源创新项目，以及在金融、能源、云计算和科研等行业的成功应用，展现了 openEuler 社区优秀的创新能力、突出的开发活力和巨大的发展潜力。

通过对本章的学习，读者可对 openEuler 有更为深入的认识，openEuler 对 GNU/Linux 社区做出了重要的贡献和创新，对于满足 ICT 时代云边端等多场景计算要求具有重要的价值。更重要的是，作为国内发起的开源社区，openEuler 快速成长并逐步形成上下游开源创新生态，在国际上逐步发挥重要影响。

此外，openEuler 还面向企业级应用的升级全流程开发了 openEuler DevKit 和 x2openEuler 等迁移工具套件，覆盖操作系统基础兼容性、兼容性评估、移植适配和搬迁实施 4 个方面的工具链和解决方案，支撑企业平稳、简单、高效地进行操作系统升级。openEuler 有望在更多行业的升级转型中获得应用，并在更多开源参与者的共同努力下进一步发展壮大。

思考与实践

1. 阅读 openEuler 内核源码，了解内核创新的具体实现。
2. 查阅社区文档，尝试使用 iSulad 容器部署网络服务。
3. 在虚拟机 openEuler 中体验内核热升级功能。
4. 在树莓派上体验 A-Tune 智能调优功能。
5. 结合学习或工作实际情况，针对所在行业的典型应用场景提出基于 openEuler 的升级方案。